煤灰熔融流动调控技术及应用

李风海　房倚天　编著

化学工业出版社
·北京·

我国煤炭资源丰富，以煤炭为主的能源结构在今后相当长的时间内不会有很大的改变，实现煤炭高效洁净利用的需求日趋迫切。煤灰熔融流动可控调整作为煤炭转化利用的关键因素之一，受到了国内外研究者的广泛重视。本书在探讨煤气化技术对煤质特性要求的基础上，对煤灰熔融特性的预测模型以及助剂、配煤、生物质和工业残余物对煤灰熔融特性的影响及其调控机制进行了较为系统的论述。

全书具有较高的学术水平和重要的实用价值，不仅丰富了煤灰化学理论，而且对气化煤种的调变和气化炉的设计、稳定运行具有重要的指导意义，为煤化工行业的教学、科研和煤转化技术的研发提供了有益的参考。本书可供从事能源、燃气、煤化工、煤炭综合利用等有关生产技术人员、研究人员参考，也可作为化学工程与工艺专业、能源化工专业等相关专业参考用书。

图书在版编目（CIP）数据

煤灰熔融流动调控技术及应用/李风海，房倚天编著.—北京：化学工业出版社，2017.8

ISBN 978-7-122-29841-6

Ⅰ.①煤… Ⅱ.①李…②房… Ⅲ.①煤灰-熔融-研究 Ⅳ.①TQ536.4

中国版本图书馆 CIP 数据核字（2017）第 126397 号

责任编辑：朱　彤　　　文字编辑：王　琪
责任校对：边　涛　　　装帧设计：刘丽华

出版发行：化学工业出版社（北京市东城区青年湖南街 13 号　邮政编码 100011）
印　　刷：三河市航远印刷有限公司
装　　订：三河市瞰发装订厂
710mm×1000mm　1/16　印张 14½　字数 298 千字　2018 年 1 月北京第 1 版第 1 次印刷

购书咨询：010-64518888（传真：010-64519686）　售后服务：010-64518899
网　　址：http://www.cip.com.cn
凡购买本书，如有缺损质量问题，本社销售中心负责调换。

定　　价：78.00 元

序

PREFACE

我国是世界上最大的煤炭生产和消费国，2050年前我国以煤为主体的能源结构不会改变，煤炭仍将是我国最重要的能源和重要的化工原料。煤炭的清洁高效利用直接关系到国民经济的可持续发展，是我国能源多元化、低碳化发展的必然趋势，也是实现煤炭与其他传统化石能源、可再生能源和清洁能源协调发展的必由之路，而煤炭的清洁高效转化利用是弥补我国石油资源不足、保障能源安全的迫切需要和现实选择。

煤气化是煤炭清洁高效转化的龙头。现代煤气化炉通常在高温和高压下操作，此时煤中有机质反应性的差异已经很小，影响煤气化过程稳定运行的关键因素是煤中无机矿物质的演化和移出。煤中矿物质在气化条件下的高温演化行为包括一系列复杂的物理化学变化过程，涉及挥发、熔融、结晶、沉积等，其表观行为通常以煤灰熔融特性表述，而煤灰熔融特性的调控关系到气化炉的设计和稳定运行。由于各类气化技术操作方式不同，对煤中的灰含量、灰渣及熔渣特性要求也不一致，往往需要添加助熔剂/阻熔剂或配煤来实现气化炉的正常操作。但目前由于缺乏对煤灰熔融流动特性调控机制的深入认识，以往添加物和配煤技术大都靠经验或摸索，费时、费力，缺乏有效的理论指导，因此需要通过对煤灰熔融流动特性的研究，解决煤种与气化炉的适应性，并且建立煤种选择、添加助熔剂或配煤的指导方法。我国拥有世界上规模最大、种类繁多且不断发展的煤化工产业，做好煤灰熔融流动调控的研究对实现煤炭的清洁高效转化意义重大。

本书将作者及其团队多年来的煤灰熔融流动特性研究成果进行了系统的总结，并且借鉴国内外最新研究成果，从煤气化技术对煤质特性要求入手，以实验结果为基础，结合矿物质反应热力学，对煤灰熔融特性预测模型以及助剂、配煤、生物质和工业残余物对煤灰熔融特性的影响及其调控机制进行了论述，并且将煤灰的熔融流动特性与气化技术的选择相关联。丰富了煤灰化学理论，对气化煤种的调变和气化炉的设计、稳定运行具有重要的指导意义，为煤化工行业的教学、科研和煤转化技术的研发提供了有益的参考。

中国科学院山西煤炭化学研究所所长、研究员

王建国

2017年6月

前言

FOREWORD

煤炭占我国一次能源的70%以上，煤的洁净转化是当前我国能源和煤化工发展的重要途径之一。煤灰熔融性是气化用煤和动力用煤的重要指标，是影响煤炭洁净高效转化的重要因素。煤灰熔融流动特性的可控调整成为了国内外研究的热点。

本书在探讨煤气化技术对煤质特性要求的基础上，对煤灰熔融特性的预测模型以及助剂、配煤、生物质以及工业残余物对煤灰熔融特性的影响及其调控机制进行了较为系统的论述。本书对煤灰熔融流动特性的可控调整、促进煤气化技术的发展具有非常重要的参考价值。本书可作为化学工程与工艺专业、能源化工专业学生的参考教材，也可供化学工程、化学工艺（煤化工方向）研究生选用，还可作为从事能源、燃气、煤化工、煤炭综合利用等有关生产技术人员的参考用书。

本书的编著者多年来从事煤气化与煤灰熔融流动特性的可控调整方面的研究，本书是多年科研成果的总结。在研究过程中，先后得到了中国科学院创新性项目（KGCX2-YW-397，多段分级转化流化床煤气化技术及中试研究）、煤炭转化国家重点实验室开放基金（J12-13-102，低阶煤矿物质演变对气化结渣特性的影响）、中国科学院战略性先导科技专项（XDA07050103，低阶煤多段床气化飞灰黏附特性的研究）、山东省自然科学基金（ZR2014BM014，调控煤灰熔融流动特性的气流床气化配煤研究）和山西省青年科技研究基金（Y5SJ1A1121，赤泥改变高熔点煤灰熔融特性的研究）的资助。研究生肖慧霞、马修卫、李振珠、李萌参与了项目的研究工作。本书的出版得到山东省“十二五”重点学科应用化学资助项目（2011350-1）和山东省普通本科院校应用型人才培养专业发展支持计划项目的支持。

本书由李风海和房倚天编著。第1章、第2章、第5章和第6章由李风海编写，第3章、第4章由中国科学院山西煤炭化学研究所房倚天编写。研究生尚慧、李秀秀、祖国晶、张燕婷和曲雅男参与了本书的校核工作，并且提出了一些良好的建议，河南理工大学的马名杰教授对全书进行了审核。对于本书的出版，化学工业出版社的编辑给予了很大的帮助。

鉴于时间和能力所限，本书不妥之处在所难免，恳请读者批评指正。

编著者

2017年6月

目录

CONTENTS

第1章

煤气化与煤灰熔融特性

1.1 煤气化

煤气化是指在气化炉内煤与气化剂反应生成煤气的过程。气化炉、气化原料和气化剂是煤气化过程的基本条件，气化剂主要是氧气或空气以及水蒸气等。气化炉是气化的主要设备，在气化炉内的气化反应主要是煤中的碳与气化剂中的氧气、水蒸气、二氧化碳和氢气的反应，还有碳与产物以及产物与产物之间进行的反应。

煤的气化过程是一个非常复杂的物理化学过程，涉及的化学反应过程包括温度、压力、反应速率的影响和化学反应平衡以及平衡移动等问题，物理过程包括原料煤和气化剂的传质、传热、流体力学等一系列基本问题。而煤气化过程包括煤的部分燃烧和气化过程两部分，在外界不提供热源的情况下，煤气化的热源主要依靠煤自身的部分燃烧生成 CO_2 而释放出热量。

1.1.1 基本化学反应

在气化炉内，煤依次经过干燥、热解、气化等过程。

(1) 干燥　加入气化炉后，煤在热气流之间进行热交换，煤中的水分会被蒸发。

$$\text{湿煤} \xrightarrow{\text{加热}} \text{煤} + H_2O$$

(2) 热解　热解是煤受热后自身发生的一系列物理和化学变化的复杂过程。

① 煤热解过程的物理形态变化　在煤热解阶段，煤中的有机质随温度的提高而发生一系列变化。随温度的升高，煤中的挥发分逸出，并且残存半焦或焦炭。煤的热解过程可以分为干燥脱气、解聚和分解及二次脱气阶段。

② 煤炭热解过程的化学反应　煤热解的化学反应异常复杂，其间的反应途径非常多。煤热解反应一般有裂解和缩聚反应两大类。在热解前期以裂解反应为主，热解后期以缩聚反应为主。一般来说，热解可以表示成以下宏观形式：

$$煤\xrightarrow{加热}煤气(CO_2、CO、CH_4、H_2O、H_2、NH_3、H_2S)+焦油(液体)+焦炭$$

(3) 气化　气化炉中发生的气化反应是十分复杂的体系，煤的分子结构复杂，主要含有碳、氢、氧等元素，在讨论气化反应时通常做如下假定：仅考虑煤炭中的主要元素碳，且气化反应前发生煤的干馏或热解。在此假设下，气化反应主要是指煤中的碳与气化剂中的氧气、水蒸气和氢气的反应，还包括碳与反应产物以及反应产物之间进行的反应。

气化反应按反应物的相态不同可划分为两种类型的反应：均相反应和非均相反应。均相反应是气态反应产物之间相互反应或与气化剂的反应，而非均相反应是气化剂或气态产物与固体煤粒或煤焦的反应。在气化过程中气化剂不同会发生不同的气化反应，也会存在平行反应和连串反应。煤气化反应过程主要分为碳-氧反应、碳-水蒸气反应以及甲烷生成反应三种类型，还有煤中其他元素与气化剂的反应。

① 碳-氧反应

$$C+O_2 \longrightarrow CO_2$$
$$2C+O_2 \longrightarrow 2CO_2$$
$$C+CO_2 \longrightarrow 2CO$$
$$2CO+O_2 \longrightarrow 2CO_2$$

在四个反应中，碳与二氧化碳之间的反应，通常称为二氧化碳还原反应，也可称为 Boudouard 反应。该反应是较强的吸热反应，需要在较高的温度下才能进行，而其他三个反应均为放热反应。

② 碳-水蒸气反应

$$C+H_2O \longrightarrow CO+H_2$$
$$C+2H_2O \longrightarrow CO_2+2H_2$$

此反应是制造水煤气的主要反应，也称为水蒸气分解反应，两个反应均是吸热反应。反应生成的一氧化碳还可进一步和水蒸气发生下列反应：

$$CO+H_2O \longrightarrow CO_2+H_2$$

此反应为放热反应，称为一氧化碳变换反应，也称为均相水煤气反应或水煤气平衡反应。在相关的工艺过程中，为了把一氧化碳全部或大部分转化为氢气，往往在气化炉外进行这个反应。在目前所有的合成氨厂和煤气厂，制氢装置均设有此变换工序，采用专用催化剂，提高了转化率。

③ 甲烷生成反应

$$C+2H_2 \longrightarrow CH_4$$
$$CO+3H_2 \longrightarrow CH_4+H_2O$$
$$2CO+2H_2 \longrightarrow CH_4+CO_2$$
$$CO_2+4H_2 \longrightarrow CH_4+2H_2O$$

这四个反应都是放热反应。

④ 煤中其他元素与气化剂的反应

$$S+O_2 \longrightarrow SO_2$$

$$SO_2+3H_2 \longrightarrow H_2S+2H_2O$$

$$SO_2+2CO \longrightarrow S+2CO_2$$

$$2H_2S+SO_2 \longrightarrow 3S+2H_2O$$

$$C+2S \longrightarrow CS_2$$

$$CO+S \longrightarrow COS$$

$$N_2+3H_2 \longrightarrow 2NH_3$$

$$N_2+H_2O+2CO \longrightarrow 2HCN+\frac{3}{2}O_2$$

$$N_2+xO_2 \longrightarrow 2NO_x$$

这些反应产生的含硫和含氮产物会腐蚀设备和造成污染，因此在气体净化时必须要除去。在产物中，含硫化合物主要是 H_2S，COS、CS_2和其他含硫化合物仅占次要地位。在含氮化合物中，NH_3是主要的产物，NO、NO_2和 HCN 是次要产物。

需要说明的是，前面所列气化反应是煤气化的基本化学反应，不同的气化反应过程是上述或其中部分反应以串联或平行的方式组合而成。上述的反应方程式指出了反应的初始状态，可以进行物料衡算和热量衡算，还可以用来计算由这些反应方程式所表示的平衡常数。

1.1.2　三种煤气化技术

煤气化技术种类繁多，按照气化炉的类型可分为固定床、流化床、气流床等。

1.1.2.1　固定床（移动床）

（1）固定床气化　属于逆流操作。可分为常压气化和加压气化两种。为保证气化过程的顺利进行，床层必须保证均匀性和透气性。这要求入炉煤要有一定的粒度和均匀性。同样，煤的热稳定性、黏结性、机械强度、结渣性等都与透气性有关，因此要对入炉煤做很多限制。

（2）混合发生炉煤气　混合发生炉是移动床常压气化技术最成熟的气化方法之一。煤在煤气发生炉内与空气和水蒸气组成的混合气化剂反应，生成混合发生炉煤气。该煤气属于低热值煤气，其热值通常在 4.6～7.5MJ/m^3之间，可用作工业燃料气。

① 气化炉的构造　气化炉为圆筒形，外壳是由钢板制造。气化炉是由炉体加煤装置、炉箅、气化剂入口和煤气出口等部分组成。煤气发生炉内，燃料层大致由下到上可以分为灰渣层、氧化层、还原层、干馏层、干燥层。

② 气化过程的工艺条件　在混合发生炉气化过程中，主要的工艺条件包括气化温度、水蒸气加入量和鼓风速度，这些条件会直接影响气化炉的运行状况以及煤气组成。

③ 气化过程的强化途径　强化气化过程的实质就是提高炉内气化反应的速率。主要可以通过提高气化剂中氧气的浓度、提高气化温度以及提高鼓风速度等途径来提高气化反应速率。

(3) 典型的移动床气化工艺

① Lurgi 煤气化工艺　Lurgi 加压气化法是世界上应用最多的煤气化工艺之一。固定床加压煤气化炉是 Lurgi 公司开发的煤气化技术，其主要特点是带有夹套锅炉固态排渣的加压煤气化炉。原料是碎煤，经加压气化得到粗煤气（一氧化碳和氢气）。煤和气化剂在炉中逆流接触，煤在炉中的停留时间为 1～3h，压力为 2.0～3.0MPa。适宜于气化活性较高、块度 5～50mm 的褐煤以及弱黏结性煤等。Lurgi 炉是一种比较古老的技术，但由于经过不断的改进和发展，因此还是可以列入新技术之列。Lurgi 炉开发历程见表 1-1。

表 1-1　Lurgi 炉开发历程

项　目	第一代	第二代		第三代	第四代
年代	1936～1954 年	1952～1965 年		1969～2008 年	2010 年
炉型	直径 2.6m，侧面除灰炉型	直径 2.6m，中间除灰炉型		直径 3.8m，MARK-Ⅳ型	直径 3.8m，SASOL-Ⅲ型
煤种	褐煤	弱黏煤	不黏煤	所有煤种	所有煤种
生产能力/(m^3/h)	8000	14000～17000	32000～45000	36000～55000	75000～100000
气化强度/[m^3/(m^2·h)]	1500	2600～3200	3500～4500	3500～4500	3800～5000

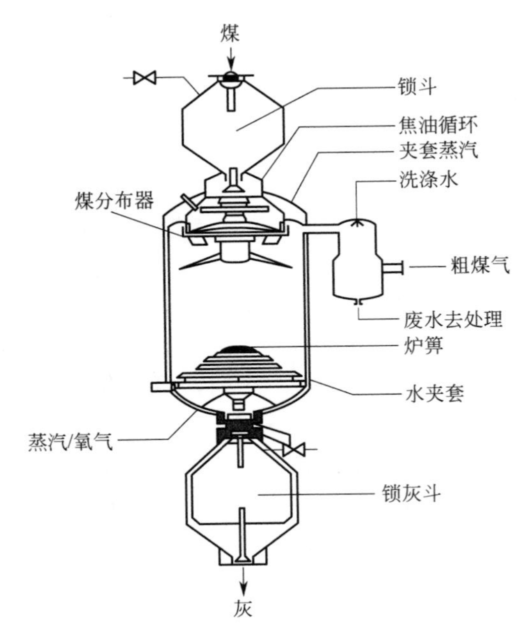

图 1-1　Lurgi 炉各个部位的功能

Lurgi 气化炉对我国的工业生产也产生了巨大的影响。从第一台 Lurgi 炉的引进至目前在我国运行的 Lurgi 炉已有 30 多台。在此之间我国对这种气化炉进行了大量的研究，提出了不少的改进意见和措施，并且取得较好的气化效果。通过对气化炉的不停改进和创新，解决了自身的生产问题，为国内煤化工行业提供了宝贵的经验。Lurgi 炉的固定床层由上到下可分为干燥区、干馏区、气化区、燃烧区和灰渣区五部分。在反应过程中除了燃烧区和气化区之间以氧气浓度为零来划分外，其余各区并没有明确的定义，各区之间可以重叠覆盖。图 1-1 为 Lurgi 炉各个部位的功能。Lurgi 气化工艺流程如图 1-2 所示。

② BGL 块/碎煤熔渣气化炉工艺

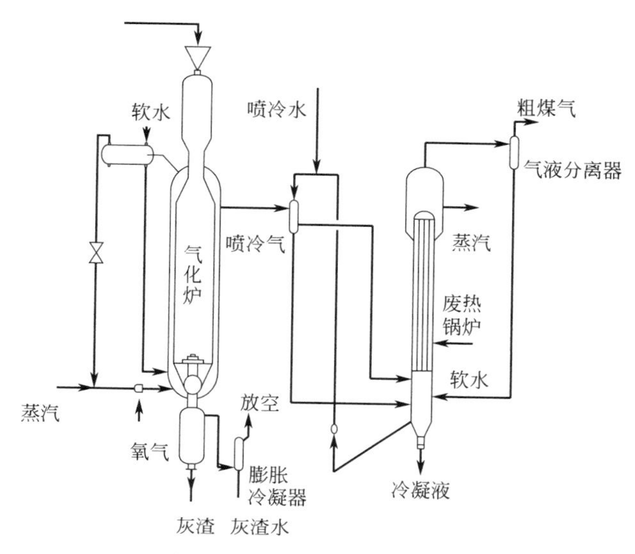

图 1-2　Lurgi 气化工艺流程

BGL 气化炉炉体简单，采用常规压力容器材料制成，配有常规耐高温炉衬及循环冷却水夹套（图 1-3）。喷嘴、渣池及间歇排渣系统的设计为核心专有技术。可以气化 6～50mm 的块/碎煤或机械型煤，可掺杂适量粉煤，还可以通过喷嘴喷入水煤浆或将焦油回收进行再次气化。BGL 气化技术以氧气和水蒸气为气化剂，温度为 1400～1600℃。

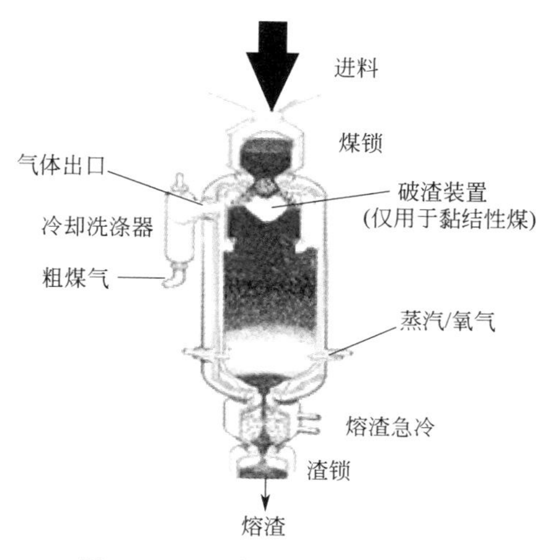

图 1-3　BGL 块/碎煤熔渣气化炉

BGL 块/碎煤熔渣气化炉工艺相对于 Lurgi 煤气化工艺有以下优点：综合优势强；有效成分产率高；气化强度高；氧耗低；废热回收成本低；煤种的选择范围宽；设备制造、运输、安装成本低；资源利用率高，不带来污染。表 1-2 是 BGL 气化相应的数据。

表 1-2　BGL 块/碎煤熔渣气化技术的各项指标

参　数	固态排渣气化工艺	BGL 熔渣气化工艺
灰熔点 T_1/℃	1024	1024
灰熔点 T_2/℃	1070	1070
灰熔点 T_3/℃	1250	1250
煤的含油率(ad)/%	5.07	5.07
气化炉操作压力/MPa	2.4	2.4

续表

参　　数	固态排渣气化工艺	BGL 熔渣气化工艺
气化炉操作温度/℃	700～1100	700～1400
气化炉出口温度/℃	200～250	300～350
投煤速度/(kg/h)	8600	25800
供给过热蒸汽/(kg/h)	8200	4429
夹套副产蒸汽/(kg/h)	1000	2268
氧气消耗①/(m^3/h)	1200	3552
煤气产量①/(m^3/h)	9025	2700

① 标准状况下。

1.1.2.2 流化床

(1) 流化床气化　流化床气化又称为沸腾床气化，气化剂（蒸汽和富氧空气或氧气）由炉底进入炉内，使煤颗粒在炉内上下翻滚呈沸腾状态进行气化反应。

(2) 流化床气化过程　流化床气化使用小于 8mm 的小颗粒煤为气化原料，气化剂同时作为流化介质，通过流化床的布风板自下而上经过床层。根据原料的粒度分布和颗粒特性，控制气化剂的流速，使床层内的原料都处于流化状态，在剧烈的搅动和翻混中，颗粒与气化剂充分接触，同时进行化学反应和热量传递。利用碳燃烧放出的热量，对煤进行干燥、干馏和气化。生成的煤气在离开流化床床层时，会带着固体颗粒（包括 70%的灰粒和部分未气化的炭粒）从炉顶离开气化炉。部分密度增加的渣粒会从排灰机构排出。采用加压流化床气化技术可以改善流化质量，克服常压气化的许多缺陷。其中床层内反应的分布、床层内温度的分布、流体特性、流化床内颗粒充分混合情况、带出物等都与生产能力息息相关。

(3) 典型的流化床气化工艺

① 灰熔聚流化床粉煤气化工艺　灰熔聚流化床粉煤气化技术根据射流原理，以空气（氧气或富氧空气）和蒸汽为气化剂，在适当的煤粒度和气速下，颗粒在气化炉内沸腾，气固两相充分接触，在部分燃烧产生的高温下发生煤的还原反应，最终实现煤的气化。

流化床反应器的混合特性有利于传热传质及粉状原料的使用，但这也造成了排灰和飞灰中碳的损失较高。根据射流原理，在流化床底部设计的灰团聚分离装置形成床内局部高温区，使灰渣团聚成球，借助重力的差异使灰团与半焦分离，根据飞灰立管流动原理，设计了特殊的飞灰循环系统，提高了碳转化率，这是灰熔聚流化床不同于一般流化床气化技术的关键。表 1-3 为灰熔聚流化床粉煤气化技术的主要指标。

表 1-3　主要气化指标

项　　目	数　　值	项　　目	数　　值
碳转化率/%	90	1km^3 CO+H_2煤耗量/kg	650
冷煤气效率/%	70	氧煤比/(m^3/t)	462
煤气中 CO+H_2浓度/%	68～72	蒸汽比/(t/t)	1.0
排灰碳含量/%	<10		

灰熔聚流化床气化工艺的特点包括：气化炉是一个单段流化床；有效避免炉内结渣现象的产生；保证了灰与煤的有效分离；大大提高碳的利用率；提高了热效率，降低了煤气温度，减少了后系统的冷却水量；煤种适应性广，可利用碎煤，对煤的灰熔点没有特殊要求；气化炉的气化强度高，气化温度适中；必须保持床层低碳灰比和低操作温度，而灰融聚流化床是在非结渣情况下，连续有选择地排出低碳含量的灰渣；床内碳含量高，床温度高等。

② 恩德粉煤气化工艺　恩德粉煤气化技术是在温克勒炉技术的基础上经过多次改进和创新发展起来的。恩德煤气炉与传统温克炉相比主要有三大改进：炉底部改成一定角度的锥体，以布风喷嘴代替原有的炉箅；在发生炉出口增加了旋风除尘返料装置；改变废热锅炉位置，减轻了磨损。恩德炉气化装置设备主要包括储煤槽及卷扬机、煤气炉、旋风分离器、废热锅炉、螺旋供煤机、煤气洗涤器、冷却塔、喷嘴、软水泵和闸阀等。恩德炉的消耗指标见表1-4。恩德粉煤气化技术的特点包括：煤种适应性较广；气化效率高，煤气质量高；技术成熟可靠，开工率高；“三废”处理简单，环境影响小；运转稳定可靠，检修维护少；运行成本低等。

表1-4　恩德炉的消耗指标

项　　目	中热值煤气	空气煤气	合成气
热值/(kg/m^3)	6280	4180	9080
气体$CO+H_2$含量/%	45.5～47.5	29.0～32.2	72.0～74.0
CH_4含量/%	1～2	约1	约2.5
煤/kg	395～415	283～287	577～565
电/kW·h	62	18	150
蒸汽/kg	185～208	81.4～92.73	51～400
循环水/t	27～28	22～25	27.5～29.0
氧气/m^3	74～75(纯度93%)	262～265(纯度98%)	
软水/t	0.55	0.55	0.60
氮气/m^3	25～30	25～30	40
冷却水/t	1.0	1.0	1.0
副产蒸汽/kg	460	450	400
气化效率/%	76	71	76
热效率/%	84	86	84
装置年运转率/%	91	91	91
炉底灰渣碳含量/%	8～10	8～10	8～10
带出物碳含量/%	13～20	13～20	13～20

1.1.2.3 气流床

(1) 气流床气化　气流床气化就是将气化剂（氧气和水蒸气）夹带着粉煤，通过特殊喷嘴喷入炉膛内。在较高的温度下，氧煤混合物瞬间着火，迅速燃烧，产生大量热量，火焰的中心温度可达2000℃，煤颗粒立即气化，所有的干馏产物均迅速分解，转化成含一氧化碳和氢气的煤气。粉煤气流床气化一般具有以下特性：气化剂采用纯氧而不采用空气；气流床气化，炉内温度可达1500～1600℃，煤种的选择应考虑煤灰软化温度的影响，软化温度低的煤比较理想，当选用煤灰的软化温度或液渣黏温特性不够理想的煤，可以添加助剂或进行配煤改善煤灰熔融特性；由于反应物在离开火焰高温区后，通常要求70%以上的粉煤通过200目筛；采用高压气化，生产能力提高，气相分压增大，气化反应加快，停留时间延长，使碳转化率提高。

(2) 典型的气流床气化工艺

① Shell煤气化工艺　在高温、高压下进行，粉煤、氧气和少量的蒸汽在加压条件下一起进入气化炉，在较短的时间内完成升温、挥发分脱除、裂解、燃烧以及转化等一系列物理和化学过程。由于炉内温度较高，在有氧的条件下，碳、挥发分和部分气化产物以发生燃烧反应为主，当氧气消耗完之后就会发生碳的各种转化反应，即进入到气化反应阶段，最终形成以一氧化碳和氢气为主要成分的煤气而离开气化炉。SCGP煤气成分见表1-5。Shell煤气化工艺简图如图1-4所示。

表1-5　SCGP煤气成分

气体成分	CO	H_2	CO_2	CH_4	N_2+Ar	H_2S+COS
体积分数/%	67.1	23.84	3.84	微量	5.22	1700mg/m^3

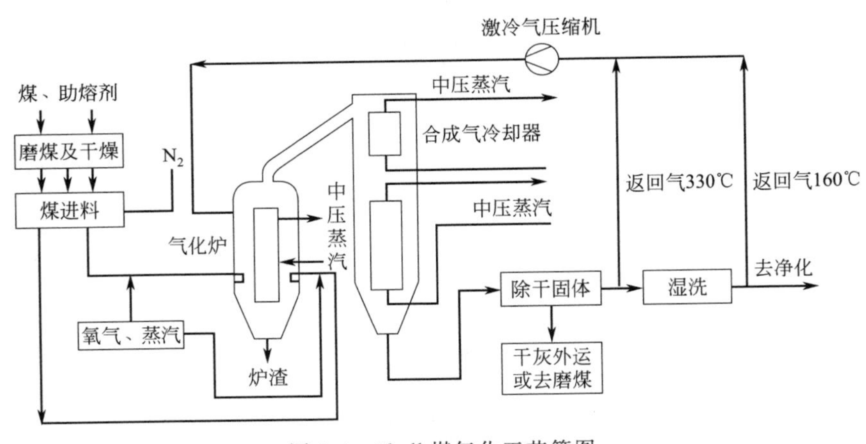

图1-4　Shell煤气化工艺简图

Shell煤气化工艺的特点包括以下几点。

a. 煤种适应性较广，原则上无烟煤、烟煤、褐煤、石油焦均可气化，对煤的灰熔点要求比其他工艺范围宽一些。对于高灰分、高水分、高硫含量的煤种也同样适应。在实际的生产中尽量选择较好的煤种。粉煤用密封料斗法升压，常压粉煤经变压仓升压进入工作仓，其压力略高于气化炉，粉煤用氮气或二氧化碳经喷嘴送入炉。

b. 气化温度为1400～1600℃，压力为3.0～4.0MPa，碳的转化率可达到99%

以上，产品气体相对洁净，高温气化不产生焦油、酚等凝聚物和重烃等物质，甲烷含量很少，不会污染环境，煤气质量好，有效成分可达90%以上。工艺耗氧较低，吨煤耗量约为600m^3，因而与之配套的空分装置规模比水煤浆略小一些，不同煤种耗氧比是不同的，差别甚大。Shell煤气化炉使用多个喷嘴，采用成双对称布置。气化炉喷嘴安装在气化炉下部，对称分布，一般为4～6个，喷嘴冷却水系统的作用是防止气化炉内高温对喷嘴造成过热损坏。软水经喷嘴冷却水泵分别打入喷嘴，出喷嘴的冷却水进入冷却器冷却后循环使用。

c. Shell煤气化炉的单炉生产能力较大，日处理量达1000～2700t。气化炉采用水冷壁结构，没有耐火砖衬里，维护量少，运转周期长，无须备炉。炉主要由外筒和内筒两部分构成：外筒只承受静压而不承受温度，内筒形成气化空间、炉渣收集空间、气体输送空间。内筒上部为燃烧室，下部为激冷室，粉煤和氧气在燃烧室内反应，温度为1400～1600℃。气化操作采用先进的控制系统，包括壳牌公司专有的工艺计算机控制技术，为保护设备和操作人员的安全，设有必要的紧急停车系统，使气化操作在最佳状态下进行。气化炉温度较高，排出的熔渣经激冷后成为玻璃状颗粒，性质较稳定，对环境影响比较小。气化污水中氰化物较少，容易处理，有利于环保。Shell煤气化工艺的主要性能参数见表1-6。

表1-6　Shell煤气化工艺的主要性能参数

项　　目	主要性能参数	项　　目	主要性能参数
气化工艺	气流床、液态排渣	单炉最大投煤量/(t/d)	2000
适用煤种	褐煤、次烟煤、烟煤、石油焦	合成气耗氧量/(m^3/km^3)	330～360
气化压力/MPa	2.0～4.0	碳转化率/%	约99
气化温度/℃	1400～1600	冷煤气效率/%	80～85
气化剂	纯氧	合成气/%	约90
进料方式	干煤粉		

② Texaco水煤浆气化　Texaco（德士古）水煤浆加压气化工艺简称为TCGP，水煤浆加压气化技术具有流程简单、压力较高、技术成熟、投资低等优势。水煤浆和99.6%的纯氧经过烧嘴呈射流状态进入气化炉，在高温、高压下进行气化反应，生产以一氧化碳和氢气为主要成分的粗合成气。在气化炉内进行的反应也较复杂。气化主要分三步进行：煤的裂解和挥发分的燃烧；燃烧及气化反应；气化反应。

水煤浆加压气化工艺的特点包括：较广的煤种适应性；较高的连续性，但应定期检查以确保安全性；气化炉结构简单，气化强度高，设备体积较小，布置紧凑，生产能力大；气化在高温、高压下进行，采用激冷流程或废热锅炉的方式回收热量；大大减轻了对环境的污染；采用先进的DCS集散控制系统，自动化程度高，为了使装置可以安全可靠的运行，系统设置了复杂的安全连锁。图1-5 Texaco为水煤浆气化工艺流程。

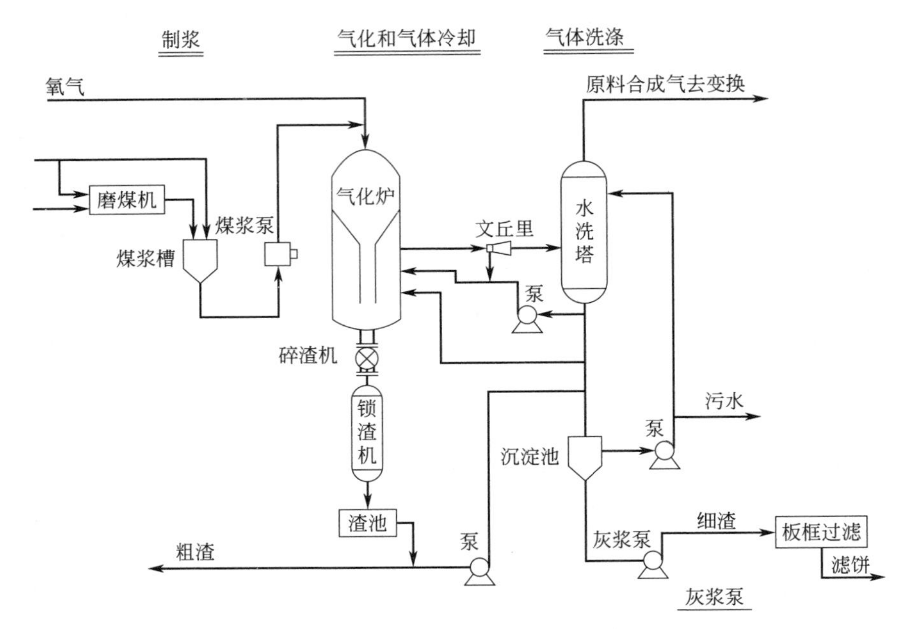

图 1-5　Texaco 水煤浆气化工艺流程

1.2　煤气化过程的影响因素与指标

1.2.1　煤气化过程的影响因素

影响煤气化的因素比较多，主要包括煤的物理化学性质（反应活性、黏结性、结渣性、热稳定性、机械强度以及粒度）、工艺条件（气化温度、压力、升温速度、反应器等）、催化剂等因素。研究煤气化过程中的影响因素，对改进煤气化技术、提高煤气热值、降低污染物排放、实现煤炭高效清洁利用有着重要意义。

1.2.1.1　煤的性质对气化过程的影响

(1) *反应活性*　反应活性是指在一定条件下，煤炭与不同的气体介质（二氧化碳、氧气、水蒸气、氢气）相互作用的反应能力。一般以被还原为 CO 的 CO_2 量占通入 CO_2 总量的体积分数，也称为 CO_2 的还原率，作为反应活性的指标。除此之外，煤的着火点、活化能也能大致反映煤的反应活性高低。反应活性高的煤，在气化和燃烧过程中反应速率快，效率高。反应活性的高低会直接影响产气率、耗氧量、煤气的组成、灰渣或飞灰的碳含量以及气化热效率。反应活性高有利于各种煤气化工艺。

大量的实验表明（图 1-6），煤阶是煤气化反应活性的重要影响因素，一般情况下，随煤变质程度的增加，其煤焦的反应活性急剧下降，但并不能直接说低阶煤的气化反应活性一定总是比高阶煤高，因为煤的气化反应活性不仅与煤阶有关，还与煤内部的含氧基团和无机化合物的含量有关，随着煤变质程度的加深，煤的微观结构、表面特性将发生变化，进而影响煤气化反应特性。

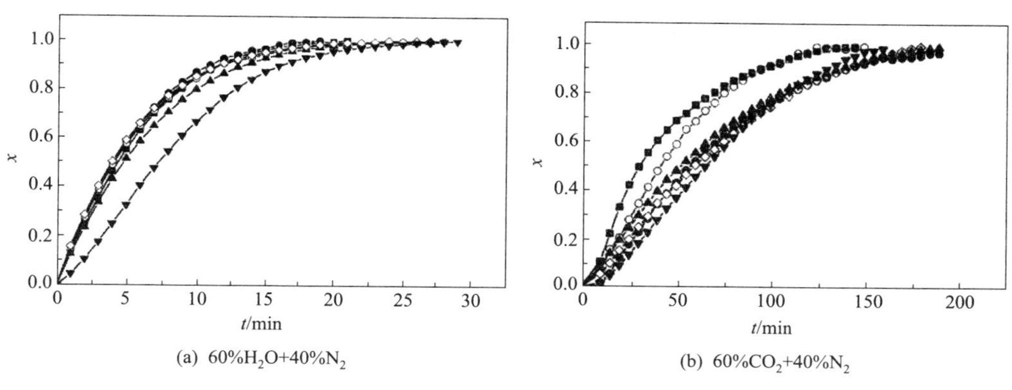

图 1-6　无烟煤焦与水蒸气、二氧化碳反应 x-t 曲线

■ 晋城；● 阳泉；○ 汝箕沟；▲ 湖南；◆ 广东；▼ 龙岩

年轻煤（如褐煤）水分、挥发分含量高，加之结构疏松，生成煤焦反应比表面积大，又具有丰富的过渡孔和大孔，使反应剂容易扩散到这些反应表面，因而褐煤的反应活性高。而年老煤（如无烟煤）因为水分、挥发分含量低，结构致密，生成的煤焦空隙少，反应比表面积小，所以活性低。煤化程度的加深也会造成煤中碳含量增多，氢和氧含量减小，煤内部的缩合芳香烃结构增多，脂肪烃结构减少，石墨化程度增大，进而导致其气化反应活性的下降。

除此之外，煤中所含的矿物质对煤气化也有重要影响。诸多研究表明，煤内部所含的矿物质或灰分中的碱金属、碱土金属和过渡金属元素对煤气化反应具有催化作用。年轻褐煤煤焦的高活性还与它所含矿物质相关。当对褐煤煤焦进行酸洗除灰后，发现其反应活性明显下降，并且褐煤越年轻，这种下降越剧烈。如果对无烟煤进行酸洗除灰，则反应活性不但不下降，反而会急剧上升。主要原因是除灰虽然会去除起催化作用的矿物质，但是疏通了反应气体在孔内扩散的通道，减少了传质阻力，而且增大了反应比表面积，从而增大了反应速率。

碱金属会对煤焦微晶结构产生影响。在气化阶段，作为催化剂的碱金属，降低了气化反应活化能，延长了反应速率达到最大值的时间。以水蒸气作为气化剂，采用热重法在 900～1000℃条件下研究脱碱金属煤外加不同浓度 NaCl 和 NaAc 的水蒸气气化反应性。研究结果表明：外加的碱金属均能够降低气化反应过程的活化能，但 NaAc 具有显著的催化作用，并且随着温度的升高而增强；而 NaCl 的催化作用相对较弱，因此对高 NaCl 含量煤可进行洗涤，改善气化过程的操作性。然而，煤中矿物质所含的碱金属和碱土金属对气化反应的正催化作用主要在 1000℃以下实现。在 1100～1500℃高温下矿物质在弱还原性气氛中会发生变化。高温下部分无定形矿物质发生了熔融，主要成分为硅铝酸盐。在煤焦的 CO_2 气化过程中，熔融的硅铝酸盐与煤焦表面接触并发生化学反应，与碱金属生成无催化作用的非水溶性化合物，降低了碱金属的催化作用，从而抑制了气化反应的进行。此外，值得注意的是，硫是对气化反应最为有害的元素，这主要是由于它可以与过渡金属如铁元素反应生成稳定的硫铁化合物，从而阻碍了催化反应的进行或者使催化剂彻底失活。

(2) 黏结性　煤的黏结性是指煤被加热到一定温度时，煤质受热分解并产生胶质体，最后黏结成块状焦炭的能力。实验评定煤黏结性的方法有很多，可以基本归纳为以下三大类：测定胶质体的数量和性质，如胶质层厚度、基式塑性度、奥亚膨胀度等。按规定条件加热，观察所得焦块的外形和性质，如自由膨胀序数、葛金焦型和焦渣转鼓指数等；测定煤黏结惰性物质的能力，如罗加指数以及黏结指数等。

已经发现，煤的黏结性不利于气化过程的进行。黏结性较强的煤粒，在气化炉上部，当温度加热到 400～500℃时，会出现较高黏度的液体，使料层黏结和膨胀，小块的煤粒就会被黏合成大块，破坏料层中气流的均匀分布，并且阻碍料层的正常向下移动，引起气化过程的恶化。黏结性强的煤，经破黏处理后可用作气化用煤。若以胶质层厚度指标 Y 值作为判据：$Y<8$mm，可以不加搅拌装置正常气化；$Y=8\sim18$mm，移动床气化炉需要加搅拌装置；$Y>20$mm，需经破黏预处理，方可作为气化用煤使用。胶质层厚度指标 Y 值在判定黏结性较小的煤时误差较大，这时可以采用黏结指数 G 作为判据：$G<18$，可以不用加搅拌装置气化；$18<G<40\sim50$，需要加搅拌装置。还可采用自由膨胀序数作为判据：适用于移动床和流化床的煤的自由膨胀序数应该小于 4.5，小于 2.5 会更好。

(3) 结渣性　煤中的矿物质在高温和气体介质的作用下，转变为牢固的黏结物或熔融物质炉渣的能力称为煤的结渣性。对移动床气化炉，大块的炉渣将会破坏床内均匀的透气性，使气流不均匀，从而影响生成煤气的质量，降低气化效率，严重时炉箅不能顺利排渣，需要人工捅渣，甚至被迫停炉卸渣。除此之外，炉渣还包裹了未气化的原料，造成了原料的浪费。对流化床来说，即使少量结渣，也会破坏正常的流化状态。

测定煤的结渣性，可将煤制成 3～6mm 的试样，以空气为气化介质，按一定的规范做实验。冷却后取出灰渣称重，在灰渣中大于 6mm 的渣块占灰渣总量的百分比称为结渣率。结渣率低于 5%～25%的为中等结渣煤，结渣率高于 25%的为强结渣煤。煤的结渣性不仅与煤的灰熔点和灰分含量有关，还与气化温度、压力、停留时间以及外部介质等操作条件有关。在实际生产中，往往以煤灰熔点作为判断结渣性的主要指标。煤灰熔点越低的煤越容易结渣。气化用煤要求软化温度高于 1250℃。

(4) 热稳定性　热稳定性是指煤在高温下燃烧或气化过程中，对温度剧烈变化的稳定程度，也就是指块煤在温度发生急剧变化时，保持原来粒度的性能。热稳定性好的煤，在燃烧或气化过程中，能以原来的粒度烧掉或气化，而不碎成小块；热稳定性差的煤，则迅速碎裂成小块或粉煤。对于移动床气化炉来说，稳定性差的煤，会增加气化炉的内阻力，降低煤的气化效率，并且使带出物增加。

测定热稳定性，可以取粒度为 6～13mm 的煤样，在 850℃ 的马弗炉内加热 30min，取出速冷后称重并筛分，以大于 6mm 的残焦百分比作为煤热稳定性的指标。煤的热稳定性与煤的变质程度、成煤过程的条件、煤中的矿物组成以及加热条件有关。一般烟煤的稳定性最好，褐煤、无烟煤和贫煤的热稳定性较差。因为褐煤中的水分含量较多，受热后水分迅速蒸发使块煤碎裂。无烟煤则因其结构致密，受热后内外温差较大，膨胀不均匀产生应力，使块煤碎裂。贫煤急剧受热也容易爆裂，热稳定性也较差。热稳定性差的煤在进入移动床气化炉的高温区前，先在较低的温度下做预热处理，可使其热稳定性提高。

（5）机械强度　煤的机械强度是指块煤的抗碎强度、耐磨强度和抗压强度等综合性物理和力学性能。测定机械强度的方法主要是块煤落下实验法。实验采用粒度为 60～100mm 的块煤为试样，使煤样从 2m 高度落到 15mm 厚的金属板上，自由落下 3 次，以大于 25mm 的块煤占总量的百分比表示煤的机械强度。

机械强度高的煤在移动床气化炉的输送过程中容易保持原来的粒度，从而有利于气化过程的均匀进行，减少颗粒的带出量。机械强度较低的煤，只能采用流化床或气流床进行气化。一般情况下，无烟煤的机械强度较大。

（6）粒度分布　不同的气化方式对原料煤的粒度要求不同，移动床气化炉要求粒径 10～100mm 且较均匀的块煤，流化床气化炉要求粒径 0～8mm 的细煤粒，气流床气化炉则要求粒径小于 0.1mm 的粉煤。

在移动床气化炉中，原料煤粒的均匀性非常重要。粒度不均匀将导致炉内燃料层结构不均匀，大块燃料滚向炉壁，小颗粒和粉末落在燃料层中心，从而造成炉壁附近阻力较小，大部分空气从这里穿过，使这里的燃料层上移，严重时可使燃料层烧穿。均匀的炉料可使炉内料层有很好的均匀透气性，获得较好的煤气质量，提高气化效率。移动床气化炉原料用煤一般要求进行分级过筛，不可以让大、小块及煤屑混杂，大、小块粒径比最好为 2。对流化床气化炉来说，原料粒度分布过宽，则气流带出的小颗粒就会增多。块度小的燃料有较大的比表面积，有利于气化，但阻力较大，而块度大的燃料阻力较小，比表面积也较小。

1.2.1.2　工艺条件对煤气化过程的影响

（1）温度　工艺条件是影响煤气化过程的重要因素，其中主要包括气化温度、压力、升温速度、反应器等。气化温度是影响煤气化反应特性的最重要因素之一。利用热天平实验装置对霍林河、义马、神华、兖州、大同、平朔六大煤矿的典型煤焦进行水蒸气气化反应特性实验研究，由图 1-7 可发现，温度是影响反应活性的重要因素。

由图 1-7 可以发现，随着反应温度的提高，煤焦气化反应活性均增加。这主要是由于煤本身由数量不均且不等的芳香环组成，芳香环中的碳碳键在受热过程中断裂并与气化剂结合生成 CO、CO_2和烃类等产物，且随着温度的升高，碳碳键获得

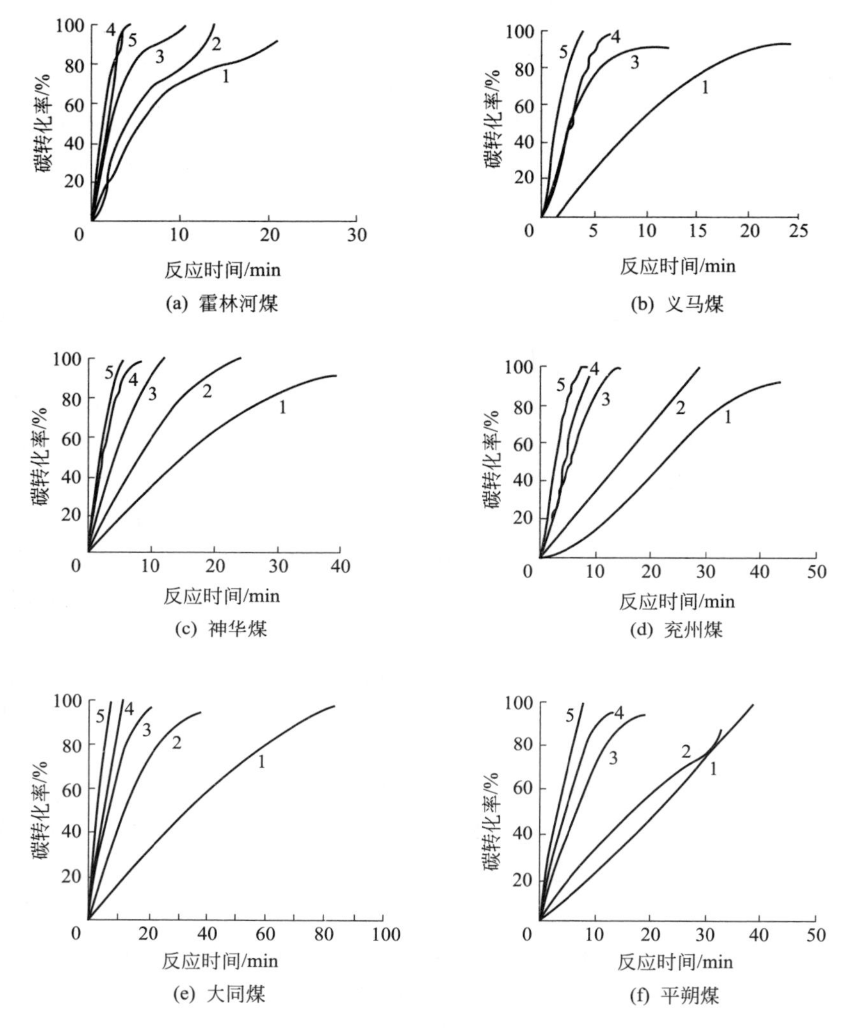

图 1-7 煤焦碳转化率随时间的变化

1—850℃；2—900℃；3—950℃；4—1000℃；5—1050℃

能量越多，导致其越容易断裂，反应程度也就越深。此外，煤焦水蒸气气化反应过程是典型的非均相吸热反应，随着反应温度的升高，反应速率常数增大，进而反应速率增加，反应活性增强。同时，由于温度的升高，气化剂与煤焦的碰撞、接触概率增加等因素也是造成煤焦反应活性增加的原因。

除此之外，有人利用 STA409PC 综合热分析仪以等温法对本钢煤焦、阜新煤焦-CO_2高温气化反应进行实验研究。图 1-8 为本钢煤焦、阜新煤焦碳转化率随时间的变化，同样可发现温度对煤焦气化反应有很大影响。由图 1-8 发现，当气化温度低于煤焦的灰熔点（本钢煤灰的变形温度高于 1500℃，阜新煤灰的变形温度高于 1225℃）温度时，煤焦的碳转化率和反应速率随气化温度升高而显著增大，而当气化温度高于煤焦的灰熔点温度时，煤焦碳转化率和反应速率则变化不太明显，甚至有下降趋势。

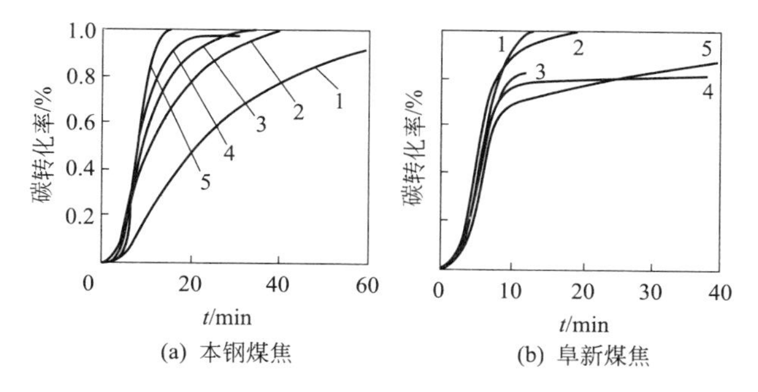

图 1-8 本钢煤焦、阜新煤焦碳转化率随时间的变化

1—1150℃；2—1250℃；3—1300℃；4—1350℃；5—1400℃

（2）压力 通过大量实验发现，压力对烟煤热解的影响强于无烟煤。随着操作压力的增加，挥发分和焦油的产量出现下降。高温下，压力对挥发分和焦油产量的影响加强。但在过高的压力下，其影响会变弱，因为焦油在高压下会大量分解为小分子。挥发分在 H_2气氛下含量明显升高。由提高热解压力引起的焦油二次反应和挥发分逸出难度的增大，导致了上述现象。

压力的影响还与焦油初期产物的蒸气压有关。焦油组分蒸气压的高低与其分子量的大小呈反比例关系，这样原本在低压下能够逸出的大分子产物，在加压下不会逸出，这也解释了加压下煤热解产物产量低，且组分多为小分子的情况。由于焦油二次反应的重新聚合和煤自供氢行为，增加了煤气产量，特别是 CH_4 的产量。煤在加热过程中会发生膨胀，加压情况下膨胀度增加。热解压力对煤焦表面形态有很大影响。大量多孔、薄壁的煤焦颗粒会随着压力的增加而生成，同时煤中的镜质组含量极大影响着上述煤焦颗粒的比例。在加压情况下制得的煤焦的表面积小于常压下制得的煤焦表面积。表面积的变化与煤在加热过程中的热塑性有关。

图 1-9、图 1-10 表示了在氮气和氢气下热解压力对煤焦气化反应活性的影响。由图 1-9 可以发现，热解氮气压力增大明显影响煤焦的 CO_2 初始反应速率。氮气中加压热解所制煤焦的初始气化反应速率要比常压热解所制煤焦的初始反应速率低约50%。随着气化反应的进行，加压热解焦的气化反应速率逐渐增大，在转化率约为11%时达到最大值，此后加压热解焦和常压热解焦表现出相似的气化特性。煤在热解过程中脱出挥发性组分和焦油，增大外压会增加可挥发组分和焦油在煤颗粒中的停留时间，焦油在压力和温度的作用下发生二次反应，即焦油的再沉积和再聚合反应。焦油二次反应的产物活性很低，覆盖于煤焦颗粒表面。在气化初期，气化剂先与焦油二次反应产物发生反应，使初期气化反应速率明显降低。实验还发现，焦油二次反应产物形成的惰性层覆盖煤焦表面微孔的开口。由于煤焦颗粒的孔结构特征与煤焦的气化反应活性存在一定的联系，因此对煤焦气化反应造成影响。

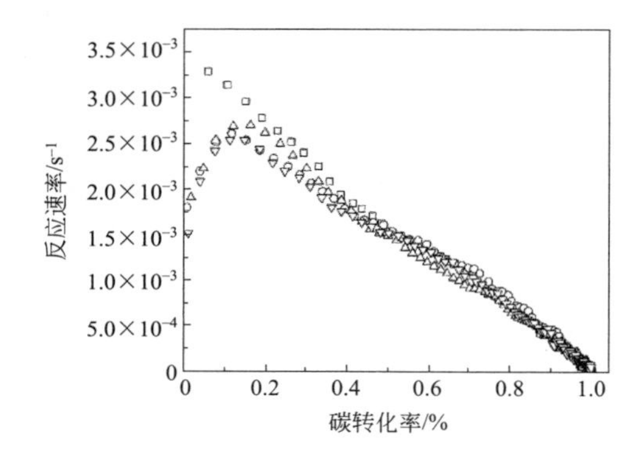

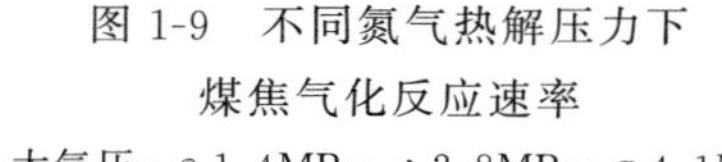

图 1-9 不同氮气热解压力下煤焦气化反应速率

□大气压；○1.4MPa；△2.8MPa；▽4.1MPa

图 1-10 不同氢气热解压力下煤焦气化反应速率

□大气压；○1.4MPa；△2.8MPa；▽4.1MPa

由图 1-10 可见，煤焦在氢气气氛下热解，压力增大可以在一定程度上提高产物煤焦的气化反应活性，高压（2.8MPa 和 4.1MPa）加氢热解所制煤焦的气化反应活性高于低压（常压和 1.4MPa）加氢热解所制煤焦。在加氢热解过程中，原煤先脱挥发分生成煤焦，煤焦与氢气发生加氢反应，即加氢气化反应，生成甲烷和其他碳氢化合物。加氢气化反应过程中，氢气与煤焦中的碳发生反应，破坏碳结构而留下活性位，活性位在气化反应中更易与气化剂气体分子结合而发生反应。已有的研究表明，随着氢气压力的增大，加氢反应的程度加深，留下更多的活性位，产物焦的气化反应活性升高。

热解气氛也会对煤焦气化反应活性产生影响。由氢气和氮气中热解所制煤焦的半反应时间（$t_{0.5}$）与热解压力的关系图 1-11 可以发现，在相同的热解压力下，氢气中热解所得煤焦的气化活性明显高于氮气中热解所制煤焦。惰性气氛下，加压热解过程中，焦油二次反应给煤焦气化反应活性带来负面影响；氢

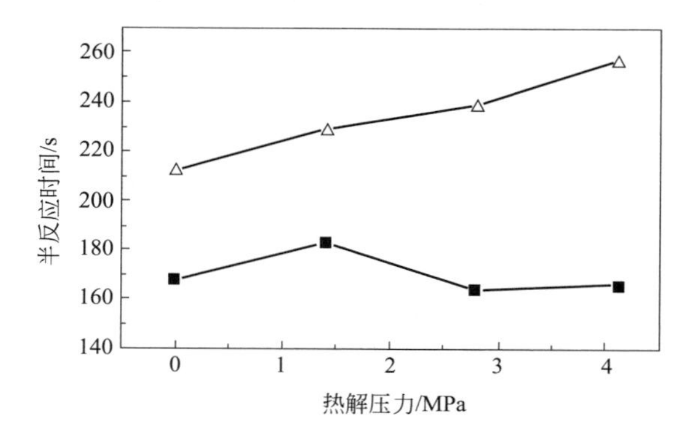

图 1-11 半反应时间（$t_{0.5}$）与热解压力的关系

■氢气气氛下；△氮气气氛下

气中热解，压力也导致焦油发生二次反应，但是加氢气化反应在一定程度上消除了二次反应的负面影响，所以在氢气中热解所得煤焦具有较好的气化反应活性。

除此之外，国外有学者分别通过测定各显微组分富集物与 CO_2 气化反应产物的收率和气化程度，研究压力对不同显微组分富集物气化反应活性的影响。研究结果发现：当压力从 0.1MPa 升高到 1MPa 时，稳定组和惰质组富集物的总反应产物收率均降低，当压力进一步升高时两者均逐渐增加；而镜质组富集物的总反应产物收率则在整个压力变化过程中均有所增加，且其总反应产物收率始终高于惰质组富集物。还有研究表明，不同热解压力下煤焦的表面反应速率不同，但颗粒内部反应速率相近，因此热解压力只是影响了焦炭表面结构（开孔率和比表面积），而对决定内部反应活性的化学结构作用不大。

（3）升温速度　升温速度对煤焦气化反应的影响也较显著，通过实验利用热失重仪以恒升温速度（非等温）法，研究升温速度对神府煤焦-CO_2 气化反应的影响，分别得到煤焦碳转化率、煤焦反应速率和时间、温度的关系，如图 1-12、图 1-13 所示。

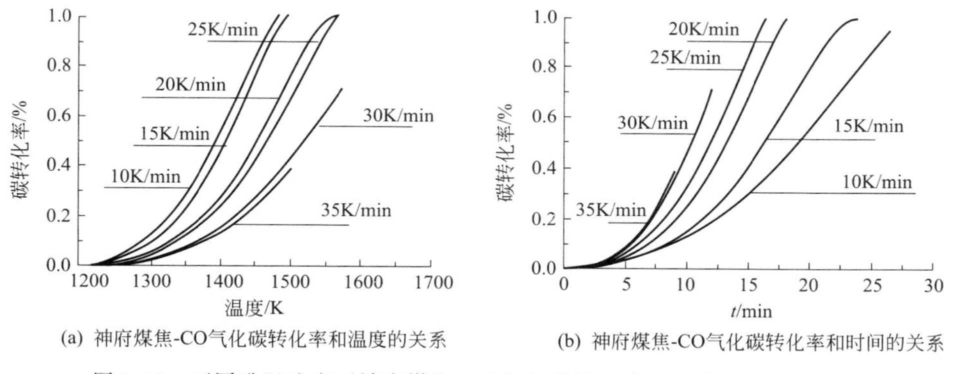

(a) 神府煤焦-CO气化碳转化率和温度的关系　(b) 神府煤焦-CO气化碳转化率和时间的关系

图 1-12　不同升温速度下神府煤焦-CO 气化碳转化率和温度、时间的关系

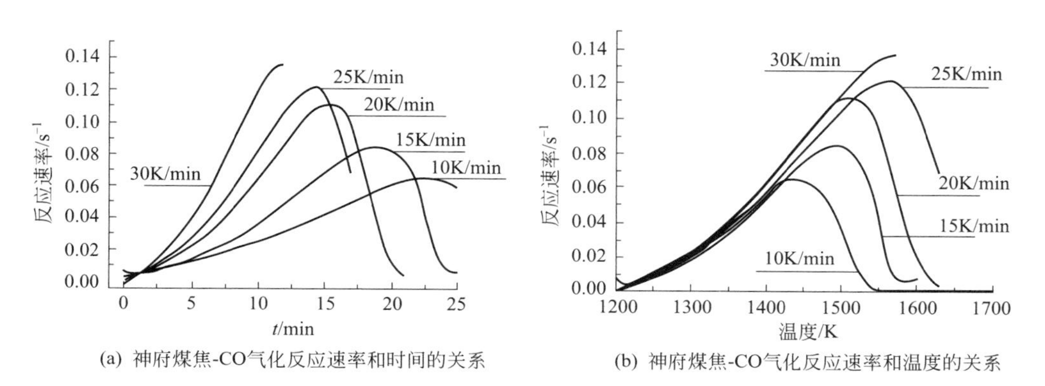

(a) 神府煤焦-CO气化反应速率和时间的关系　(b) 神府煤焦-CO气化反应速率和温度的关系

图 1-13　不同升温速度下神府煤焦-CO 气化反应速率和时间、温度的关系

由图 1-12(a) 可以发现，升温速度对煤焦-CO_2气化反应有明显影响，升温速度越大，气化温度增加得越快，煤焦在不同温度停留时间越短，煤焦来不及反应就进入更高温度，所以相同反应温度时，煤焦碳转化率越低。但是升温速度越大，达到较高气化反应温度所需时间短，所以气化反应开始相同时间的煤焦碳转化率越高［图 1-12(b)］。由图 1-13(a) 可以看出，升温速度越大，反应速率增加得越快，达到最大反应速率所需的时间越短。图 1-13(b) 中气化反应速率随温度升高而增大，升温速度越大，反应所能达到的最高反应速率越大。也有学者研究发现升温速度存在一个上限值，当达到该值后，煤焦碳转化率将变化缓慢甚至不再增加，并且这一上限值随煤种的不同而不同。

升温速度造成气化反应特性改变可能是由于气化反应模型发生了相应的变化，即在较低的升温速度下可能是扩散控制，随着升温速度的增大又逐渐转变成了动力控制，这导致反应动力学参数随之发生改变，从而使气化反应机理发生相应的变化。此外，煤气化反应器对气化反应活性也有着极大的影响。目前煤气化反应器主要有气流床、移动床（又称为固定床）、沸腾床（又称为流化床）和熔融床等。选择不同结构的反应器，就应该要考虑相应煤质参数的煤粉进行匹配，所得到的煤气成分和热值也不同。

1.2.1.3 催化剂对煤气化过程的影响

目前已实现工业化应用的煤气化技术尽管各有优势，但也存在明显的缺点和不足，如反应温度高、能耗高、对生成气的净化困难、对设备要求高、生成气的冷却强度大等一系列问题。这也直接促进了煤的催化气化技术的研究。煤的催化气化是在煤的固体状态下进行的，催化剂与煤的粉粒按照一定的比例均匀地混合在一起，煤表面分布的催化剂通过侵蚀开槽作用，使煤与气化剂更好地接触，并且加快气化反应。

除了煤中矿物质本身的催化作用外，在气化过程中添加催化剂可显著提高气化反应速率，并且使气化产物具有选择性，从而提高高热值煤气的产率，并且实现了煤的温和气化（气化温度降低 200～300℃），降低煤气化过程的能耗以及对设备、材料的要求。与传统的煤气化相比，煤的催化气化可以明显降低反应温度，提高反应速率，改善煤气质量，提高煤气产率。其生成气可进行许多合成过程，例如，在催化剂作用下，可合成甲醇、甲烷、氨等化工原料，缩短了工艺流程，提高工业生产的经济性。目前，国内外学者对煤气化催化剂做了大量研究，主要分为两大类：一类是以碱金属、碱土金属为主的金属氧化物以及金属氢氧化物和盐类，这一类物质在煤内部的矿物质中也存在；另一类则是过渡金属。表 1-7 为碱金属、碱土金属和铁系催化剂的主要性质比较。

(1) 单体金属盐或氧化物催化剂　20 世纪 80～90 年代，国内外研究者对煤催化气化产生了极大的兴趣，进行了大量研究，以 K_2CO_3 为催化剂对煤焦进行水蒸气气化制氢，发现催化剂 K_2CO_3 在煤焦中质量分数为 10.0%～17.5% 和温度在 700～750℃时催化效果较为显著，与没有添加催化剂的煤焦水蒸气气化相比，添加催化剂的煤焦水蒸气气化对 H_2 有较好的选择性。也有国外学者通过实验研究发现，对煤和焦炭催化气化而言，碱金属碳酸盐催化剂的相对催化活性从大到小的顺序依次为 Li_2CO_3、Cs_2CO_3、K_2CO_3、Na_2CO_3。

表 1-7　碱金属、碱土金属和铁系催化剂的主要性质比较

项　目	碱金属(K、Na)	碱土金属(Ca)	铁系金属(Fe、Ni)
碳表面积对催化剂的影响	小	大	大
碳表面性质对催化剂的影响	灵敏	不灵敏	灵敏
矿物质对催化剂的影响	易中毒	不清楚	不太灵敏
催化剂总量对气化效率的影响	近似成比例	易达到平衡	成比例
蒸汽气化时主要 C_1 产物	CO_2	CO_2	与无催化剂相同

对于碱土金属作为催化剂，国内外学者也进行了大量的研究，发现含钙的矿物质作为煤气化催化剂可以降低产物中焦油的含量，认为钙对煤中的羟基具有催化裂解作用。有学者对 CaO 作为煤气化的催化剂进行了一系列的研究，发现添加 CaO 后煤裂解活化能下降了 34.5%，裂解温度下降了约 60℃。CaO 粒子对煤气化生成的焦油裂解具有明显的催化作用，此外，CaO 还具有明显的固硫和固 CO_2 的作用。

对于过渡金属，通过大量实验发现，Ni 盐作为催化剂进行煤催化气化，在较低的温度（500℃左右）下表现出非常高的催化活性。以氧化钼和碳酸钾为催化剂进行 CO_2 气化时，发现氧化钼在较低的温度（500℃左右）下表现出较好的催化活性。但是使用 Ni 和 Mo 作为催化剂代价高，且在 500～600℃时很容易因硫中毒而失活。而铁作为廉价的催化剂被研究得较多，研究铁对褐煤的催化作用时发现：铁催化剂能使煤气化的温度降低 120℃，且铁催化剂可以在较短的反应时间里使褐煤完全气化；铁作为催化剂对设备没有腐蚀，且添加量少（铁在煤中的质量分数小于 1%），不过铁催化气化的温度不低于 800℃，且容易硫中毒。

单体催化剂主要在早期研究得较多，除了对钾盐催化剂的研究之外，其他的研究实用性不是太强，例如稀有金属 Ni 和 Mo 作为煤气化催化剂，如果催化剂回收率不高，且回收成本高，那么它们作为催化剂在工业应用中的经济性就难以保证，无法在煤化工行业中大规模使用。在催化气化反应时，单体催化剂在催化气化反应时与煤的接触受添加方式影响很大。由于单体催化剂在进行催化气化时反应温度比较高，很容易在高温下蒸发进入气相而流失，造成严重的损失。目前研究得最多的单体催化剂是 K_2CO_3。用 K_2CO_3 作为催化剂，不仅成本低，制备方法简单，而且稳定性也较好。K_2CO_3 也是目前唯一一种工业应用的煤催化气化催化剂。对于单体催化剂，催化剂的回收和重复利用是关键。在使用 K_2CO_3 作为催化剂的 Exxon 法中，由于一部分钾与煤灰中硅酸铝反应，故仅用水洗法只能回收 60%～80%。

(2) 复合催化剂　20 世纪以来，研究者把目光也转向了复合催化剂上。如实验研究表明，当以 K_2SO_4 和 $FeSO_4$ 的混合物为催化剂对匹兹堡 HVA 煤焦进行水蒸气气化时，可以使煤焦的转化率达到很高的值。转化率与催化剂中所对应的 K、Fe 原子的物质的量之比有关：当催化剂中 K、Fe 原子的物质的量之比为 9∶1 时，

K_2SO_4 与 $FeSO_4$ 的混合物的熔点达到最低值，煤气化转化率达到最大值。K_2SO_4 和 $FeSO_4$ 混合催化剂不仅价格便宜，而且对甲烷选择性较好，煤中的硫对催化剂也并无影响。分别用三元催化剂 Li_2CO_3-Na_2CO_3-K_2CO_3、二元催化剂 Na_2CO_3-K_2CO_3、单体催化剂 K_2CO_3 对煤进行气化动力学研究，可发现 Li_2CO_3-Na_2CO_3-K_2CO_3 中三种组分按质量分数分别为 43.5%、31.5%、25.0%配比催化气化的活化能低于 Na_2CO_3-K_2CO_3 中两种组分按质量分数分别为 29%、71%配比时催化气化的活化能和单体催化剂 K_2CO_3 的催化气化的活化能。这三种催化剂的催化气化的活化能分别为 98kJ/mol、201kJ/mol、170kJ/mol，这是由于在气化温度 700～900℃下，三元催化剂呈液态，而二元催化剂和单体催化剂 K_2CO_3 为固态。由于催化剂以液态存在，具有较好的流动性，更容易扩散到反应体系，煤炭的活性点相应增加，因此活性就相对较高。

我国学者利用综合热分析仪进行 Ni-K 复合催化剂对陕西神府煤的催化气化实验研究，图 1-14、图 1-15 表示了不同催化剂的催化效果，以及 Ni-K 组成关系对反应转化率的影响。由图 1-14 可以看出，添加 Ni-K 复合催化剂后，煤的气化速率显著加快，反应转化率也有了明显增大，使煤炭接近完全气化。可见复合催化剂的催化效果远远高于单组分催化剂，比公认较好的 K_2CO_3 催化剂还有所提高。所以，复合催化剂对煤的催化气化研究是一项很有前途的方法。由图 1-15 可以看出，Ni 的含量不同，催化效果也不尽相同（Ni0.05K 表示在 Ni-K 复合催化剂中含镍 5%，其余以此类推）。在 800℃时不同镍含量对催化效果的影响可见图 1-16。由图 1-16 可以发现，Ni-K 复合催化剂的催化效果在镍含量 15%左右时达到最大。在最佳配比时，其催化效果是非催化气化的大约 6 倍，是目前公认较好的单组分催化剂 K_2CO_3 的 1.2 倍。

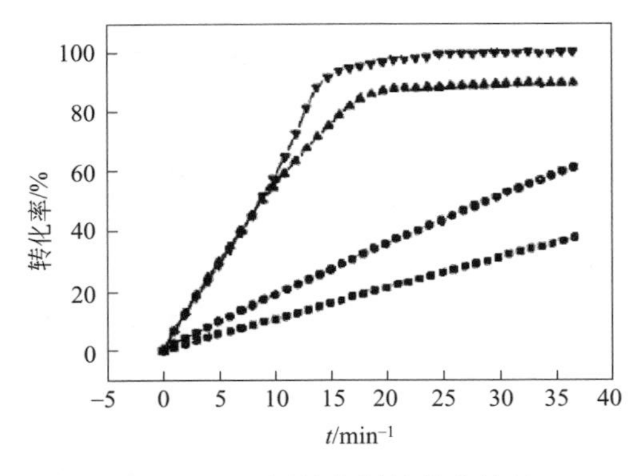

图 1-14 不同催化剂的催化效果

■ 没有催化剂；●Ni；▲ K；▼ Ni-K

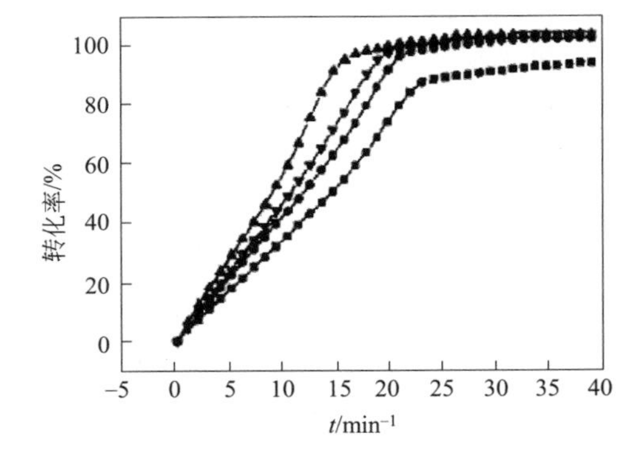

图 1-15 不同比例的 Ni-K 复合催化剂的催化效果

■ N0.05K；● N0.10K；▲ Ni0.20K；▼ Ni0.15K

复合催化剂选择性好，反应温度较低，熔点较低。催化剂熔点越低，其催化活性越高。这是由于熔点越低，在气化温度下流动性越好，越容易扩散到反应体系，且活性点增加。众多研究表明，复合催化剂的工业化前景较好，但是催化剂回收重复利用是其经济性生产的关键，因此在催化剂回收利用方面的研究还要进一步加强。

（3）可弃催化剂　可弃催化剂是指一种经工业催化应用后无须回收而直接废弃的催化剂。煤催化气化的可弃催化剂主要包括硫铁矿渣、生物质灰、工业废碱液、转炉赤泥、工业废固碱等。实验研究发现，在 895℃ 下煤焦与生物质灰质量之比为 1∶9 时，可使煤焦的气化率提高 8 倍左右，由此可以推测生物质灰中的钾盐对煤焦的气化具有催化作用。这表明钾盐含量较高的生物质灰可以作为一种可弃催化剂进行深入研究。采用工业废碱液作为催化剂用于福建无烟煤固定床水蒸气催化气化实验时得到图 1-17 以及图 1-18。

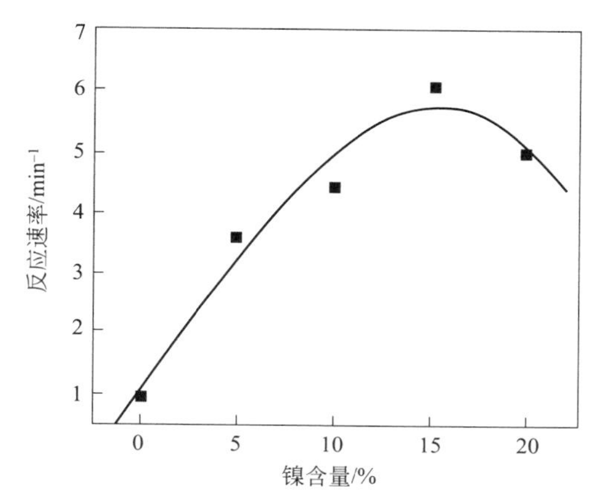

图 1-16　镍含量对催化剂催化效果的影响

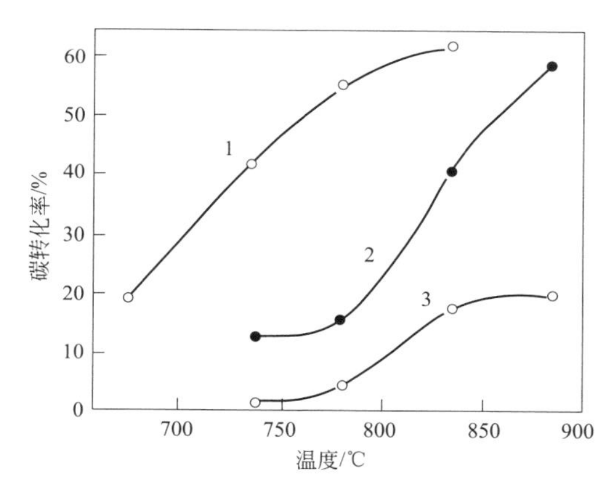

图 1-17　不同催化剂下温度对碳转化率的影响

1—废碱液；2—8%Na_2CO_3；3—没有催化剂

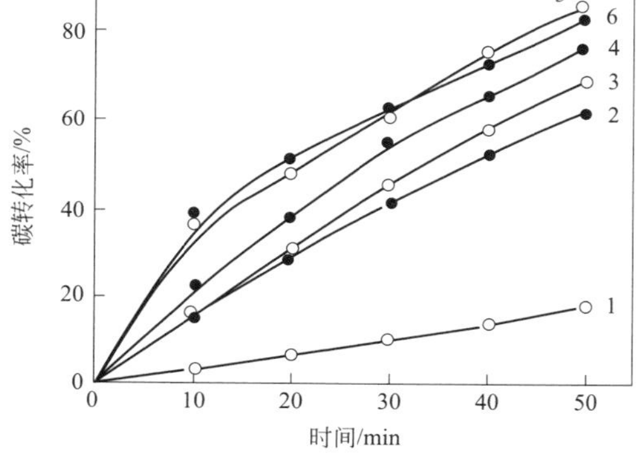

图 1-18　废液碱添加量对碳转化率的影响

1—0；2—3%；3—5%；4—8%；5—10%；6—12%

由图 1-17 可以看出：不管有无添加催化剂，碳转化率均随温度的升高而增加，但是在添加催化剂的情况下，碳转化率增加更为迅速；添加 3%废液碱的碳转化率在 835℃ 下已达 60%以上，明显大于不加催化剂时的转化率，并且与添加 8% Na_2CO_3在885℃下的碳转化率（58.4%）相当。这充分显示出该工业废液碱对煤的气化已具有比 Na_2CO_3更高的催化活性，并且随着温度的升高，这一催化活性也不断加强。由图 1-18 可以看出，添加 3%废碱液与纯煤样相比，可使碳转化率增加两倍以上。在 10%与 12%的废碱液添加量下，气化时间 10～50min 的碳转化率从添加 3%废碱液与 5%废碱液时的 14.9%～61.5%与 15.1%～ 68.4%分别增加到 35.8%～85.3%与 3817%～8219%。但需指出，在添加量为 10%废碱液与 12%废碱液条件下，碳转化率出现了明显的交叉重叠现象，且变化率不大，也就是说此时废碱液添加量的增加已不再是影响催化气化反应的主导因素。这是由于在煤的催化气化反应中，当催化剂添加量达到其负荷饱和度时，反应活性不再随添加量的增加而增大，甚至有可能反而下降。

廉价及高效催化剂的来源是煤催化气化的研究热点。可弃催化剂作为一种加速煤气化反应的有效与廉价催化剂，逐渐引起研究者的注意。可弃催化剂在煤气化后不必回收，从而省去催化剂回收环节。可以作为煤气化催化剂的工业废料很多，有效物质的含量不尽相同，催化效率差异很大。包括锯末、农作物秸秆、稻壳等在内的生物质也对煤气化有催化作用。因此，也可以用生物质作为催化剂进行煤催化气化研究。一旦催化效率研究得到突破，可弃催化剂将为煤催化气化的工业化创造良好的条件，创造更高的经济价值。

1.2.2 煤气化指标

煤气化指标主要有煤气质量、煤气产率、气化强度、原料损失、冷煤气效率、气化热效率等指标。影响煤气化过程的因素有很多，主要取决于三个方面：煤的理化性质、气化过程的工艺条件和气化炉的结构等。

(1) 煤气的热值和组成　煤气热值的高低主要取决于煤气中可燃成分的含量。可燃成分含量的多少既取决于气化原料中挥发分产率和组成，又取决于气化反应中生成 CO 及 H_2的量。CO 和 H_2主要来自 CO_2的还原反应和水蒸气的分解反应。适当减小原料粒度、增加反应表面积、控制适当低的饱和温度、维持较高的料层温度及增加料层厚度，可延长气化反应时间，均有利于气化反应的充分进行。气化原料的反应活性与结渣性对一氧化碳和氢气的含量也有一定的影响，在炉内温度一定的情况下，反应性较好的原料有利于气化反应的进行；结渣性较弱的原料可以适当提高气化炉内温度，也可以提高煤气中的有效成分，提高煤气的热值。

(2) 煤气产率　煤气产率是指气化单位质量的原料所得到煤气在标准状况下的体积。煤气产率取决于原料煤中的水分、灰分、挥发分以及固定碳的含量，还与气化方法有关。对于同一类型的原料来说，原料中的水分和灰分越低时，煤气的产率就越高。煤气产率还与原料可燃组分中挥发分的含量有关。挥发分含量越高，煤气产率就越低。这主要是因为在气化过程中原料中挥发分干馏裂解或加氢生成甲烷的数量较少，有相当部分转化成了焦油，转变成煤气的部分则相应减少。

(3) 原料的损失　煤气化过程中的原料损失主要是随离开气化炉的煤气带出的损失和灰渣残炭排出的损失。当气化原料的颗粒较小、气流速度增大时，由煤气带出的颗粒物就增多、损失会增大。所以，原料的机械强度越低，热稳定性越差，气化过程中就会产生越多的细小颗粒和粉末，造成原料带出损失。排出损失是由熔融的灰分将未反应的煤粒包裹，使之成为不能与气化剂接触的碳核，并且随灰渣一起排出炉外，造成损失。它与原料灰分含量、灰分性质、操作条件以及气化炉结构有关。原料煤灰软化温度低、灰分含量高、气化过程中水蒸气用量大以及操作过程中料层移动过快等因素都将导致排出损失增加。

(4) 气化效率 气化效率是指生成物的发热量与所使用原料发热量之比，只利用冷煤气的潜热时称为冷煤气效率，同时利用热煤气显热时称为热煤气效率。

(5) 气化热效率 气化热效率是指生成物的发热量与可回收热量之和占所供给总热量的百分率，表示所有直接加入气化过程中热量的利用程度。当不回收废热时，气化热效率低于气化效率。在实际生产中，由于存在多种热损失，实际气化效率只有70%～80%。气化过程中能量的损失主要有气化热产物带走的热量以及发生炉对周围环境的热损失。热产物带走的热量主要有煤气的显热、未分解水蒸气的热焓以及带出物、焦油、灰渣排出物的化学热、潜热和显热等。

(6) 气化强度 气化强度是指气化炉炉体单位截面上的生成强度，气化强度可以有以下三种不同的表示方法：以消耗的原料量表示，单位为kg/(m^2·h)；以生产的煤气量表示，单位为m^3/(m^2·h)；以产生的热量表示，单位为kJ/(m^2·h)。气化炉的生产能力主要取决于气化炉截面积和气化强度。气化强度与气化方法、气化原料特性以及气化炉的结构有关。在实际的气化炉生产煤气时，一般煤种和气化炉的截面积都是固定的，只有适当提高气化强度，才能提高生产能力，同时改善煤气的质量。

1.3 煤灰熔融特性

1.3.1 煤灰熔融流动特性概述

煤灰熔融性，又称为灰熔点，是指煤灰在高温下达到熔融状态的温度。煤灰是煤在高温下燃烧后得到的无机物，是由结晶态和玻璃态的矿物质组成的复杂混合物。由于煤灰中各种成分的含量和熔点差异较大，因此煤灰在温度升高的过程中逐渐熔化，在一定温度范围内逐渐由固态向液态转变，不存在固定熔融温度。煤灰熔融性对煤的燃烧、气化和液化过程中煤灰形态的变化有重要影响，也是衡量煤质的一个重要参数。采用固态排渣方式的气化炉，要求原料煤具有较高的灰熔融温度，而采用液态排渣方式的气化炉，要求煤灰熔融温度较低，以利于排渣顺畅。因此，从煤灰成分、气氛及矿物质等角度研究煤灰熔融特性以便更好地调控煤灰熔融特性，对扩大煤种的适用范围、满足不同排渣方式的气化技术要求具有重要意义。一般以煤灰软化的温度ST作为衡量煤灰熔融性的指标。

1.3.1.1 煤灰熔融特性的测量方法

煤灰熔融性是指煤灰在高温条件下软化、熔融、流动时的温度特性，是动力用煤和气化用煤的重要性能指标。煤灰熔融特性的测定方法主要分为角锥法、热机械分析（TMA）、灰柱法等。通常煤灰熔融性采用角锥法进行测定，这种方法直观、操作简单、效率高，但是主观误差大。我国也是采用角锥法作为测定煤灰熔融特性的标准。根据我国GB/T 219—2008，通常用糊精（用10%的糊精水溶液将少量镁砂调成糊状）将灰样与阿拉伯树胶混合制成三角锥体（高为 20mm、底部边长为 7mm 的正三角锥），然后放在高温炉中加热。在一定的气氛中，以规定的升温速度加热、在 900℃以前，升温速度为 15℃/min；900℃以后的升温速度为（5±1）℃/min。观察在加热过程中灰锥的变形情况，依此确定煤灰熔融性。通常用四个特征温度表示，如图 1-19 所示。

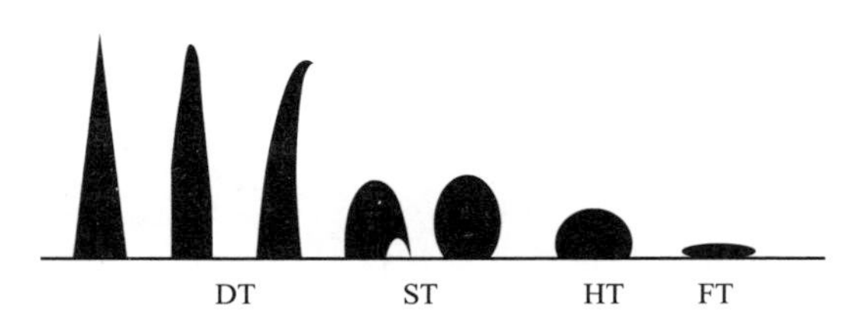

图 1-19　煤灰熔融特性示意图

变形温度（DT）是指煤灰锥体尖端开始弯曲或变圆时的温度。软化温度（ST）是指煤灰锥体弯曲至锥尖触及底板变成球形或半球形时的温度。半球温度（HT）是指煤灰锥体变形至近似半球状，即高约等于底边长的一半时的温度。流动温度（FT）是指煤灰锥体完全熔化展开成高度小于 1.5mm 薄层的温度。

目前自动灰熔点测定仪已经存在，此仪器能自动测量灰锥的四个特征温度。分析过程是先由电子光学仪器通过连续扫描得到锥体的高宽比，再由微处理机做出判断。

1.3.1.2　煤灰熔融特性的分类

按照煤灰熔融温度的高低可将煤灰熔融性分为四类：易熔灰分（ST≤1100℃）、中等熔融灰分（1100℃＜ST≤1250℃）、难熔灰分（1250℃＜ST≤1500℃）、耐熔灰分（ST＞1500℃）。

煤灰熔点的高低对流化床锅炉的安全运行影响很大，煤灰熔点过低，会导致锅炉运行中炉膛结渣，难以维持正常的流化状态，无法保证燃料在炉膛内的有效燃烧，最终造成被迫停炉。对于经验丰富的人来说，从煤灰颜色也能大概判别煤灰的熔点。煤灰呈深红色，则三氧化二铁成分较多，煤灰软化温度在 1250℃以下；煤灰呈白色，则铝、硅的氧化物较多，煤灰软化温度在 1250℃以上。

1.3.1.3　煤灰熔融特性的影响因素

从本质上讲，煤灰熔融特性是随着灰的化学组成变化而改变的，但其他因素对煤灰熔融特性也有很大影响，大致分为内在因素（化学组分及矿物组分）和外在因素（气氛、温度和压力等）的影响。

（1）煤灰化学成分对煤灰熔融特性的影响　煤灰组成复杂，国内外学者通常用 SiO_2、Al_2O_3、Fe_2O_3、CaO、MgO、TiO_2、Na_2O、K_2O、SO_3 和 P_2O_5 10 种氧化物的形式表示，而进行煤灰熔融特性研究时通常仅考虑前 8 种。煤灰化学组成与煤灰熔融特性的关系可以从定性和定量两个角度分析。根据 Vorres 的等离子势观点，8种氧化物可大致分为两大类：一类是阳离子势较高的酸性氧化物（SiO_2、Al_2O_3、TiO_2），主要作用是提高煤灰熔融温度；另一类是阳离子势较低的碱性氧化物（Fe_2O_3、CaO、MgO、Na_2O、K_2O），主要作用是降低煤灰熔融温度。其中，各氧化物对煤灰熔融特性的作用大小顺序如下：酸性氧化物分别为SiO_2、Al_2O_3、TiO_2；碱性氧化物分别为Fe_2O_3、CaO、MgO、Na_2O、K_2O。酸性组分中SiO_2和Al_2O_3通常情况能升高煤灰熔融温度，但当SiO_2和Al_2O_3含量较高或较低时，却存在诸多不确定性。随着SiO_2含量增加，煤灰熔融温度先降低后升高，而且当SiO_2超过60%时，SiO_2含量的增加对煤灰熔融温度的影响无一定规律。SiO_2是网络形成体氧化物，含量较高时，能与其他修饰中间氧化物（Al_2O_3及Cd、Pb、Zn的氧化物）和修饰网络氧化物（Na_2O、CaO及K、Li、Mg、Ba的氧化物）相互作用表现出助熔的不确定性；而SiO_2含量较低时可与硅酸盐形成低温共熔体。当Al_2O_3低于12%时，熔点出现先降低后升高的规律。Al_2O_3熔点为2050℃，在熔融过程中起“骨架”作用，但当含量较低时，决定熔点的主要是其他无机组分。因此，有时也很难从SiO_2或Al_2O_3的含量变化解释熔融性的差异，有研究者发现硅铝比与煤灰的熔融性有一定的关联性。碱性组分中，Fe_2O_3的助熔效果与煤灰所处气氛有关。在弱还原性气氛或氧化性氛围中，Fe_2O_3均起到降低煤灰熔点的作用。但在弱还原性气氛中Fe_2O_3被还原成FeO，FeO具有更强的助熔效果，因此弱还原性气氛下的熔融温度要比氧化性气氛低40～170℃。CaO在煤灰中的含量变化较大，对煤灰熔融温度的影响也相对复杂。CaO含量足够时，一般起到降低煤灰熔融温度的作用。但当CaO单体的熔点高达2590℃以及CaO含量增加到一定量（45%以上）时，煤灰熔融温度就会随着CaO含量的增加而升高。MgO的助熔作用与CaO类似，MgO含量为13%～17%时煤灰熔融温度最低，小于或大于这个含量，煤灰熔融温度将升高，但由于煤灰中MgO含量较少，可认为它在煤灰中只起到降低熔点的作用。刘新兵等和Liu等认为K_2O等碱性氧化物若以游离态存在时能显著降低煤灰熔融温度，但多数煤灰中的K_2O是作为伊利石组成存在的。而伊利石受热直到熔化仍无K_2O析出，因此K_2O的助熔作用明显降低。

国内外学者常采用改变煤灰组成、人工配灰、数据统计等方法来定性分析煤灰成分对煤灰熔融温度的影响。刘勇晶等为扩大低灰熔点煤的适用范围，在煤灰中添加不同氧化物，从而研究不同氧化物对煤灰熔融温度的影响。而Li等通过水洗、酸洗、浮选的方法，得到碱性氧化物总含量不同的煤灰，发现煤灰熔融温度和碱性氧化物含量的变化有很好的对应关系。修洪雨等用5种氧化物进行了人工配灰，系统考察了CaO对其他4种成分熔融特性的影响。人工配灰虽然可以较好地反映煤灰成分对煤灰熔融温度的影响，但在熔化机理上人工配灰与真实煤灰之间有较大的区别。

（2）煤灰中矿物质成分对煤灰熔融特性的影响　煤灰中矿物质主要有以下几类：黏土矿物、硫化物、碳酸盐、硫酸盐、氧化物和氢氧化物。通常富含石英、高岭石、伊利石的煤，煤灰熔融温度较高；而富含蒙脱石、斜长石、方解石、菱铁矿和石膏的煤，煤灰熔融温度较低。煤中矿物质在气化和燃烧过程中经过高温后变为灰渣，此过程中矿物质发生复杂的变化。

煤灰中的主要矿物质有石英、莫来石、赤铁矿、硬石膏、长石类矿物质等，并且由于加工温度的不同，矿物质种类可能出现较大变化。煤灰中矿物可分为耐熔矿物质和助熔矿物质。煤灰中的主要耐熔矿物质有莫来石（$3Al_2O_3 \cdot 2SiO_2$）、石英（SiO_2）、偏高岭石（$Al_2O_3 \cdot 2SiO_2$）、金红石（TiO_2）等；常见的助熔矿物质是硬石膏（$CaSO_4$）、酸性斜长石、硅酸钙（$2CaO \cdot SiO_2$）和赤铁矿（Fe_2O_3）等。总的来说，煤灰中硅酸盐含量低，而氧化物和硫酸盐含量高，则煤灰熔融温度相对较低；硅酸盐含量较高的煤灰，则煤灰熔融温度一般较高。

根据矿物质与碳基体的结合方式，煤灰中矿物质又可分为内在矿物质与外在矿物质。内在矿物质可分为原生矿物质和次生矿物质。原生矿物质是指成煤植物中包含的矿物质，含量一般不超过1%～2%。次生矿物质是指在成煤过程中进入煤层的矿物质，包括由水力和风力搬运到泥炭沼泽中而沉积的矿物质碎片等，其含量约在10%以下。这两类矿物质较难洗选脱除。外在矿物质是在采煤过程中混入煤中的矿物质，其含量一般为5%～10%，高的可达20%以上。这类矿物质易于采用洗选的方法除去。

在研究煤灰矿物质组成对煤灰熔融性的影响时，常用热重分析法、差热分析法、X射线衍射法和Mossbauer谱仪法等分析方法来检测灰中矿物质组成，并且用扫描电子显微镜-能谱分析仪或高温显微镜SEM-EDS来观察灰中矿物质在受热过程中的演变。

Yang等研究了温家良煤的灰结渣特性，利用热重-差示扫描量热法（TG-DSC）来研究煤灰随温度变化而变化的物化特性，然后又用XRD以及SEM-EDS方法分析灰样。结果发现温家良煤在980℃开始熔融，到1200℃大部分熔融，并且出现了很多孔隙，在1340℃形成玻璃体，而钙长石和钙黄长石是980～1340℃的中间矿物，这也是引起温家良煤的灰熔点低的主要原因。Wu等通过ASTM、XRD、三元相图系统和量子化学计算方法，研究了在1073～1573K的气化气氛下的主要矿物质熔融特性和矿物质反应机理。结果表明，随着低灰熔点煤灰的添加，混合灰在三元相图中的位置从莫来石区域向钙长石区域转移。含钙的矿物质（像硬石膏、方解石等）能够和莫来石反应，转变成低熔点的矿物质（像钙长石、钙黄长石和铁橄榄石等）。川井隆夫等选用了21种不同地质年代的煤，研究了黏土矿物对灰熔融特性的影响。发现年老煤中的矿物质主要是熔点较高的高岭石，因而其灰熔点要高于年轻煤的灰熔融温度；且灰熔融性与高岭石矿物的含量有较好的相关性，其相关系数r为0.89。

Li等研究了煤与污泥混合物的灰熔融特性，实验测定了三种煤（A、B、C）、两种污泥（W1、W2）以及它们混合物的熔融温度，而灰熔融过程中的矿物质组成是通过XRD进行分析的，结果表明，大部分煤-污泥混合物的AFT都低于煤和污泥的熔融温度。在不同的加热过程中有不同的矿物组分。AWI的矿物组分处于

SiO_2-Al_2O_3-CaO三元相图的低温共熔区域中，BW1中的矿物质几乎与煤灰B中的相同。CW1的灰熔融温度高于煤灰C，主要是因为出现了蓝晶石。而NaOH添加进W2中，导致了煤-污泥混合样的灰熔融温度降低。李慧等利用红外光谱研究煤灰中的矿物质组成，其结果表明，随着灰化温度的升高，矿物质中水的特征峰逐渐消失，碳酸盐矿物发生分解，而高岭石相转变为莫来石相。而添加助熔剂导致其与煤灰中其他矿物反应形成赤铁矿、铁橄榄石、铁尖晶石、钠长石、硬石膏、钙长石等助熔矿物，从而影响灰熔融性。Wei等通过对煤和秸秆混合燃料中的矿物质与碱金属进行研究，分析矿物质对碱金属滞留和释放的影响。研究结果表示，Si、Al、Ca、Mg和S对Cl、K和Na的沉积会有明显影响，并且煤与秸秆混燃比例大于1∶1时，通过XRD检测发现，燃料所含的钾大部分与硅和铝反应，生成了$KAlSi_2O_6$，而这种矿物质能起到抑制锅炉表面积灰的作用，能减少锅炉表面的积灰。Marek Pronobis考察了生物质与煤混合燃烧灰的熔融性。选用分别具有低结渣倾向和高结渣倾向的上等Silesian煤和麦秆、木材、干污泥和骨粉四种生物质，计算了矿物质的化学组成，并且探讨了积灰结渣的判别指标。研究结果表明，煤与生物质混烧增加了结渣的危害。危害最为严重的是添加了污泥和骨粉的混烧情况。

此外，其他很多学者也进行了燃烧和气化过程中煤和生物质灰中矿物质转变的研究，发现矿物质能够很好地反映灰熔融特性，因此研究煤或生物质灰中矿物质的转变是决定灰熔融特性的关键。

(3) 外在因素对煤灰熔融特性的影响

① 压力对煤灰熔融特性的影响　压力对煤灰熔融性的影响主要是通过压力变化影响灰成分而进行的，其影响程度因煤种不同而变化。同样在弱还原性气氛下，增大压力能促进低钙铁高硅煤灰低温共熔体的生成，促进煤灰的熔融，而压力升高对高钙铁低硅煤灰熔融的促进作用不明显；而在氧化性气氛下，压力对两种煤灰矿物质变化几乎没有影响，因而对煤灰的熔融性变化也就不存在影响。

Wu等研究了压力（0.1～1.5MPa）对煤灰形成特性的影响，得出高压下产生更细的粒径的煤灰是由于半焦结构的差异。在高压下产生的半焦样品有更大的孔隙率，能够破碎形成较细的煤灰颗粒。半焦结构是研究压力对煤灰形成特性影响的重要参数。在较高压力1.5MPa下，半焦样品主要包含高孔隙度的第一类颗粒，如图1-20所示。在常压时，主要是第二类和第三类颗粒。在燃烧过程中，第一类颗粒会经过大量破碎，减少内部矿物质的聚合，因此产生大量的小灰颗粒。对第三类颗粒，半焦颗粒破碎的概率小得多。对聚合的内部矿物质颗粒，形成大灰颗粒的可能性较大。来自第二类颗粒的大小就介于第一类和第三类颗粒之间。

Wall等系统研究了压力对粉煤燃烧和气化过程中煤的反应特性。分别从压力对煤灰形成的影响、对外部矿物质转变和化学反应平衡的影响以及对煤灰冷凝和团聚的影响等方面，研究了煤灰形成的过程。气化数据显示，外部矿物质出现在灰渣中，碳含量很少，内部矿物质则被携带出气化炉。气化过程中形成的煤灰颗粒比燃烧形成的煤灰颗粒粒径小。气化炉的设计和运行依赖煤的矿物质特性，并且表明压

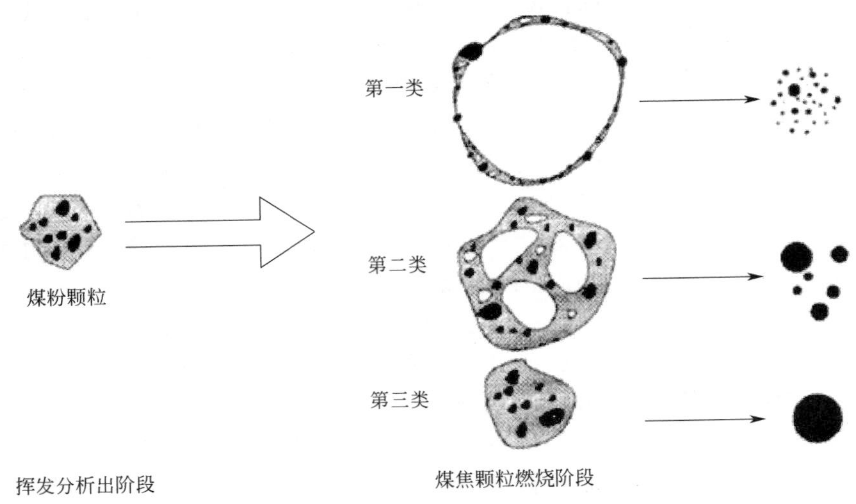

图 1-20 煤焦颗粒破碎过程

力可能影响大部分矿物质的物理转变，还会影响其化学变化。

② 气氛对煤灰熔融特性的影响 测定煤灰高温熔融特性时，实验气氛通常分为三种：氧化性气氛、弱还原性气氛和强还原性气氛。氧化性气氛是指高温炉中保持空气自由流通，并且不放任何含碳物质；弱还原性气氛是指向高温炉中通入体积分数 50%氢气（H_2）和体积分数 50%二氧化碳（CO_2）的混合气体或者通入体积分数 40%二氧化碳（CO_2）和体积分数 60%一氧化碳（CO）的混合气体；而强还原性气氛是指高温炉中全部通入强还原性气体一氧化碳与氢气（H_2）。工业气化炉内的气氛性质对煤灰熔融性影响较大，尤其是当煤灰中氧化铁含量较多。煤灰中的铁在不同气氛下体现出不同的价态：在炉内氧化性气氛和还原性气氛条件下测得的煤灰熔融温度差别很大，特别是煤灰中 Fe_2O_3 含量较多时，差别更大，有时会高达 300℃。这是因为煤灰中的铁在不同气体介质中以不同的价态出现，不同价态铁的熔点各不相同，如在氧化性气氛下，煤灰中的铁元素主要呈三价（Fe_2O_3）；弱还原性气氛下，煤灰中的铁元素呈二价（FeO）；强还原性气氛下，铁呈金属状态。其中，以 Fe_2O_3 熔点最高（1560℃），FeO 熔点最低（1420℃），金属铁熔点介于二者之间（1535℃）。故在弱还原性气氛下所测煤灰熔融性数据最低。另外，氧化性气氛与弱还原性气氛下测得的软化温度差和流动温度差随 Fe_2O_3 含量增加而增加。在熔融过程中，铁和煤灰中硅酸盐等矿物质共熔，形成熔点较低的共熔物。因此，在测定煤灰熔融特性时，必须严格控制炉内的气体成分。为了客观地反映实际工业气化炉内的条件，煤灰熔融性温度测定应该在与之相似的弱还原性气氛中进行。

Song 等研究了我国典型煤灰及人工配灰在强还原性气氛及惰性气氛下的煤灰熔融特性，发现煤灰中的氧化铁在强还原性气氛下还原为单质铁，煤灰熔融温度在强还原性气氛下的测定值高于其惰性气氛下的测定值。闫博等研究了弱还原性气氛与氧化性气氛下配煤的灰熔融温度30～100℃，即还原性气氛下配煤降低灰熔融温度效果更为显著。Hirato等也对煤灰在氧化性气氛与弱还原性气氛下的熔融特性进行对比研究，当煤灰中Fe_2O_3含量增加时，熔融温度在不同气氛下的差异增大。

李小敏研究了高钙铁低硅煤灰、低钙铁高硅煤灰、高钙铝煤灰在不同气氛下的煤灰特征温度，发现氧化性气氛下煤灰的特征温度（DT、ST、HT、FT）均高于还原性气氛下的特征温度。除变形温度外，封碳法测得的高钙铁低硅煤灰的特征温度均低于CO/CO_2和H_2/CO_2气氛下的特征温度；低钙铁高硅煤灰的特征温度均高于H_2/CO_2气氛下的特征温度，而低于CO/CO_2气氛下的特征温度；高钙铝煤灰的特征温度高于H_2/CO_2气氛下的特征温度，与CO/CO_2气氛下的特征温度相差不大。煤气化时煤灰所处气氛因煤种、气化剂和设计因素而不同，因此在已知煤气化气氛的情况下，最好通过配气法来测煤灰熔融温度，这样测得的温度才对锅炉结渣或者气化排渣方式选择有指导意义。

1.3.2 煤灰熔融流动特性的表示方法

煤灰熔融流动特性可通过煤灰熔点、煤灰的烧结特性以及煤灰黏度表示。

1.3.2.1 煤灰熔点

煤灰熔融的四个特征温度是DT、ST、HT、FT。其中DT为变形温度，ST为软化温度，HT为半球温度，TF为流动温度。这四个温度一般采用灰熔点测定仪直接测定。

（1）*煤灰变形温度* 还原性气氛中的变形温度是预测炉内结渣倾向的一种常用指标。用DT测量煤种结渣性的界线为：DT>1289℃，不结渣；1108℃<DT<1288℃，中等结渣；DT<1107℃，严重结渣。美国CE公司判断的界线与我国略有不同：DT>1371℃，不结渣；1093℃<DT<1204℃，易结渣。

（2）*煤灰软化温度* 哈尔滨成套设备研究所采用ST三段最优法确定结渣性。确定的判据为：ST>1390℃，不结渣；1260℃<ST<1390℃，中等结渣；ST<1260℃，严重结渣。日本判断的界线与我国略有不同：ST>1230℃，结渣性低；ST<1230℃，结渣性高。

（3）*煤灰熔点结渣指数* 煤灰熔点结渣指数以R表示，$R=(4DT+HT)/5$。其中HT取在氧化性气氛和弱还原性气氛两种测量值中的较高者；DT取在氧化性气氛和弱还原性气氛两种测量值中的较低者。判别的界线为：$R>1343℃$，不结渣；$1149℃<R<1343℃$，中等结渣；$R<1149℃$，严重结渣。

（4）*熔点温差法* 用灰渣液化温度FT和变形温度DT差值来衡量灰渣在水冷壁上的附着力。判别标准如下：FT－DT<149℃，水冷壁结渣附着力强，易结渣；FT－DT>149℃，水冷壁结渣附着力弱，不易结渣。

（5）*软化温度与煤种发热量相结合法* 在还原性气氛中测得的软化温度ST和煤的收到基低位发热量$Q_{net,ar}$也可作为结渣判别指标。我国电厂运行实践表明：ST>1350℃，$Q_{net,ar}<12.6MJ/kg$的煤，一般不具有结渣性；相反，ST<1350℃，

$Q_{net,ar}$>12.6MJ/kg 的煤，则具有一定的结渣性，有时还很严重。

煤灰熔点是在已分解或氧化了的矿物质的生成物基础上测定的，而不是在煤中原来存在的矿物质基础上测定的。尽管存在这些缺陷，煤灰熔点法仍是目前判别煤灰结渣的主要方法，因为其65%的分辨率在众多判别方法中是最高的，并且已经积累了许多经验。

煤结渣特性和煤灰从固定相转变为液相的熔融性与流变性有关。煤灰的熔融温度可反映煤中矿物质在锅炉中的动态，根据它可预测锅炉的结渣和沾污倾向。变形温度与锅炉轻微结渣和吸热表面轻微积灰的温度相对应；软化温度与锅炉大量结渣和大量积灰的温度相对应；流动温度与灰渣呈液态或从吸热表面滴下及在燃烧床炉栅上严重结渣的温度相关联。一般来说，熔融性温度高的煤不易结渣，熔融性温度低的煤易结渣。煤灰熔融性取决于煤灰成分的组成比例及气氛的氧化还原性。另外，测试煤灰熔点时的气氛不一样，其测试结果也不一样。通常用来测定煤灰熔融性的方法（如角锥法）本身存在较大误差。凡此种种都会导致测量偏差。而且在实际熔融过程中，一般铁和煤灰中的硅酸盐及其他矿物质共熔，形成熔点更低的复合物。此外，在炉内氧化性气氛和还原性气氛条件下分别测得的煤灰熔融温度差别很大，特别是煤灰中氧化铁含量较多时，差别更大，有时会高达300℃。虽然煤灰熔融温度仍是目前预测煤灰熔融性的重要工具，但文献已经表明，煤灰熔融温度或许不能代表煤中矿物质或矿物相的真实熔融温度。例如，煤灰中的 Fe^{2+} 可以与煤中的其他组分反应在700℃时形成液相，扫描电镜点数据（SEMPC）分析表明在1000℃煤灰中一些矿物质已经发生了熔化。在气化条件下，煤中黄铁矿会生成熔融温度为924℃的FeS-FeO的低熔点共熔物，导致褐煤在加压空气、水蒸气中发生的气化在床层温度930℃左右因结渣而停止。Bhattacharya 等在常压循环流化床对三种 Victorian 褐煤和一种澳大利亚南部褐煤进行燃烧实验中发现，澳大利亚南部褐煤在800℃下运行不到30h就因严重的聚集和流化问题而停止，主要原因是颗粒与床层之间的相互作用和低熔点共熔物的形成。

1.3.2.2 煤灰烧结特性

煤灰熔融特性的研究应包含烧结特性的研究，主要是因为在燃烧或气化系统中，会出现炉膛温度分布不均。在较低温度下灰样首先会发生烧结，进而产生熔融现象。煤灰烧结和熔融过程是在交替进行，它们都会影响燃烧或气化过程中的成灰特性，因此煤灰熔融特性的研究必须涵盖其烧结特性。

烧结是固态粉末集合物加热后，在低于其熔点或共熔点的高温下，气孔排除，体积收缩，成为致密的具有一定强度的多晶体的过程。煤灰的烧结是煤灰中相邻粉状颗粒在过量表面自由能作用下的黏结。Al-Otoom 等提出烧结是一个自发且不可逆的过程，系统表面能降低是推动烧结进行的基本动力。粉体颗粒比表面积越大，其具有的表面能也就越高，根据最小能量原理，它将自发地向最低能量状态变化，同时系统的表面能减少。Raask 认为黏性流机理是煤灰烧结的主要机理。在表面张力的作用下，结晶态物质像不定形物质一样，表现出流动的性质，发生了烧结。图

1-21 为煤灰烧结示意图，其表现为随着煤灰烧结的进行，煤灰颗粒之间的封闭孔变小，开放孔变大。

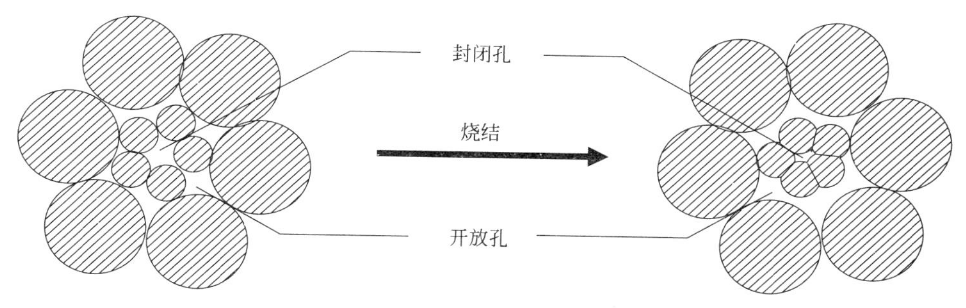

图 1-21　煤灰烧结示意图

煤灰的烧结特性是流化床燃烧或气化系统中床料团聚、管路积灰、炉膛结渣等现象的主要影响因素之一，对流化床燃烧和气化系统的设计与运行具有较大的影响。由于多组分物质的存在和炉内气氛的影响，烧结过程很复杂，往往不是一种机理的作用。灰熔点测定中的初始变形温度并不是灰团聚的最低极限温度，决定灰团聚作用的是煤灰初始烧结温度，煤灰烧结温度不仅取决于煤灰成分和矿物质组成，还与煤灰所处的气氛、压力相关。一般认为烧结温度低的煤在流化床气化过程中易产生结渣现象。

一定温度下煤灰的结渣强度反映煤灰在该温度的结渣性能，一般来说，结渣强度大的煤灰易结渣。影响烧结强度的因素有煤灰成分、烧结时间、烧结温度及炉内气氛等。煤灰成分是影响煤灰烧结过程的主要因素，钠具有增高烧结强度的作用，钙明显地抑制烧结过程，挥发的碱金属促进煤灰烧结；相同的烧结温度，不同的烧结时间，其烧结强度相差很多；提高烧结温度，烧结强度呈指数规律增加；相同温度下还原性气氛下比氧化性气氛下容易发生烧结，烧结强度更高。

Mason 等研究了煤在流化床中的气化过程，结果表明煤灰低温熔融基体是 FeS 和石英、黏土之间的反应形成的，这个基体充当了熔聚发生的黏结剂。Skrivars 等研究了流化床锅炉中柳枝燃烧产生灰的烧结特性，结果表明钾盐降低了硅酸盐混合物的烧结温度。另外，煤中的硫、氯和钾一起在合适的配比下在 550～600℃之间会形成一定量的熔融物，从而加剧了床料熔聚和热交换器的腐蚀。含钠和硫量高的煤种一般积灰比较厚，并且积灰的速率反比于系统中方解石的含量。Al-Otoom 等利用自己搭建的小型加压流化床燃烧炉研究了澳大利亚五种褐煤煤灰发生熔聚的倾向，发现具有较高比例的硅铝酸钙的煤种有较强的熔聚和失流态化倾向；烧结温度低于加压流化床运行温度的煤易发生烧结。另外，该研究将加压流化床气化中得到的灰和实验室制得的灰分别用压差法测煤灰烧结温度，结果证明实验室灰能够很好地代替加压流化床气化灰来研究烧结温度和失流态化。

流化床燃烧或气化技术具有处理量大、强度大、炉内传热传质好、适用煤种广和对环境污染小等特点，是实现煤的清洁利用的重要途径，从而受到了普遍关注。

流化床燃烧或气化系统实际的运行经验表明，高温下流化床燃烧或气化系统经常出现床料团聚、气体管道和受热面积灰、高温气体过滤系统积灰等问题，从而降低了系统的热经济性，严重时甚至影响系统的稳定运行。流化床燃烧系统中床料团聚以及管路积灰等现象主要是由于两方面原因：其一是系统设计问题；其二是由于煤灰的烧结特性引起的。可见煤灰的烧结特性是流化床燃烧或气化系统中床料团聚、管路积灰、炉膛结渣等现象的主要影响因素之一，对流化床燃烧和气化系统的设计与运行具有较大的影响。

1.3.2.3 煤灰成分影响煤灰烧结温度研究

煤灰的化学成分是影响煤灰烧结特性的主要因素之一。有学者曾提出，钠具有增高烧结强度的作用，钙明显地抑制烧结过程，而挥发性的碱金属促进煤灰烧结。Vassilev 的离子势观点可以很好地解释碱性氧化物的助熔机理。离子势高的酸性阳离子易与氧结合形成复杂离子或多聚物，而碱性阳离子则为氧的给予体，能够终止多聚物集聚，降低其黏度，表现出助熔效果。

Skrivars 研究了流化床锅炉中柳枝燃烧产生的煤灰的烧结特性，结果表明，钾盐降低了硅酸盐混合物的烧结温度。目前关于煤灰成分对煤灰熔融特性影响的研究虽然比较多，但有关流化床燃烧或气化系统中煤灰的烧结特性的研究比较少。本书从煤灰的烧结特性出发，研究煤灰成分在燃烧或气化气氛下对烧结特性的影响。基于模拟流化床烧结时的运行状态，Al-Otoom 和 E. Raask 等提出了压差法煤灰烧结温度测量方法，其主要通过测量灰柱两端的压差变化进而得到煤灰的烧结温度，如图 1-22 所示。压差法是一种比较敏感的测量方法，灰柱内发生任何变化，都可以很快地以压差变化的形式表现出来，而且可以模拟任何浓度的气体对流化床运行的影响，该方法的理论基础是达西定律，即：

$$\frac{\Delta p}{L}=\frac{u\eta}{B_0}$$

式中，Δp 为压差；L 为灰柱长度；u 为气体流速；η 为气体黏度；B_0为可渗透系数。

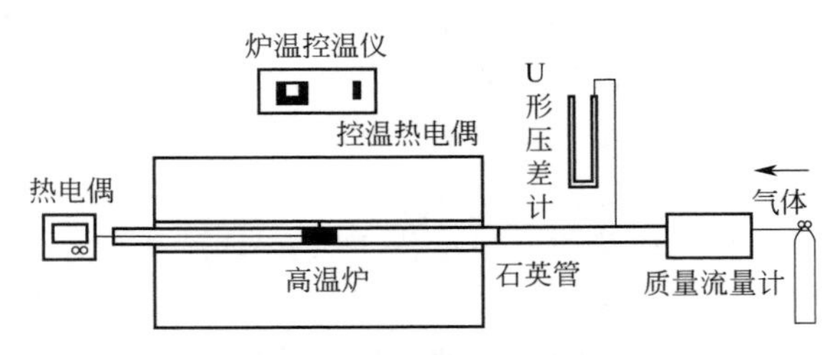

图 1-22 压差法测煤灰烧结温度实验台系统

从上式得到，在气体流速、可渗透系数、灰柱长度保持不变的情况下，压差随气体黏度增大而增大，而气体黏度随温度升高而升高，所以压差随温度升高而升高。当煤灰烧结发生时，灰柱会收缩，在灰柱和管道之间以及灰柱内部会形成新的气体通道，从而导致压差减小。所以烧结发生时，压差随温度的变化曲线上有个转折点，此点所对应的温度即为煤灰烧结温度。

王勤辉等利用压差法煤灰烧结温度测量装置，通过用化学纯试样替代煤中灰成分来改变煤灰不同组分的含量，研究了在典型燃烧反应气氛和气化反应气氛下 SiO_2、Fe_2O_3、Al_2O_3、CaO、Na_2O、K_2O 等灰中化学成分对煤灰烧结温度的影响特性。实验结果表明：以煤原有灰分为基础，添加 SiO_2 成分在燃烧气氛下一般提高烧结温度，而气化气氛下 SiO_2 与氧化物结合生成的硅氧化物会和硅酸盐矿物群产生低温共熔现象，导致在一定含量范围内降低了烧结温度；在煤灰中添加 Fe_2O_3 在气化气氛下降低煤灰的烧结温度，在燃烧气氛下对煤灰烧结温度影响不大。其原因主要是煤灰中不同价态的铁离子在不同气氛下产生的不同作用所致。在燃烧气氛或气化气氛下的煤灰中加入 Al_2O_3 会降低煤灰烧结温度，是因为 Al_2O_3 促进了与其他氧化物生成低温共熔的矿物质，从而使烧结温度降低。而当其含量超过一定比例后，又会提高煤灰烧结温度。无论在燃烧还是气化气氛下加入 MgO 都会降低煤灰的烧结温度，但当其含量超过一定比例后，对煤灰的烧结温度影响不大。随着 K_2O 的加入，其对煤灰烧结温度先有降低作用，当其含量超过一定比例后，又会提高煤灰烧结温度。在煤灰中添加 CaO 和 Na_2O，无论在燃烧还是气化气氛下都会和其他矿物质反应产生低温共熔现象，降低煤灰的黏度，进而降低煤灰的烧结温度。

1.3.3 我国煤灰熔融流动特性的特点

我国一次能源结构中75%以上是煤。在很长一段时间内，以煤为主的能源结构将很难改变。煤化工行业的发展对于缓解我国石油、天然气等优质能源供求矛盾及促进钢铁、轻工、化工和农业的发展具有重要的意义。因此煤炭的洁净转化在我国具有不可替代的地位。

我国煤炭中高灰、高灰熔点的煤占总储量的50%左右，且高灰（灰含量23%）、高硫、高灰熔点（FT高于1500℃）的煤（“三高”煤）所占比例较高。煤灰分含量为22%～30%，硫分为2.4%～3.0%，灰熔点高于1500℃的“三高”劣质煤被认为是非经济性资源。实现“三高”煤洁净利用既能增加我国资源利用率，又能提升企业可持续发展能力，“三高”煤转化的关键是寻求先进合理的煤转化技术。液态排渣是大规模煤气化技术的发展趋势，选用合适的煤灰助熔剂来改变灰渣的熔融特性，以适应煤气化技术发展的需要，是一项重要的研究课题。由于对煤灰的熔融特性有一定的要求，寻找一种能够改变煤灰熔融特性的助熔剂是很有必要的。“三高”煤的煤质特点（成浆性差和制浆成本太高），决定了“三高”煤气化不宜采用水煤浆气化技术，只能采取干粉煤气化技术。气流床气化“三高”煤的技术关键是解决排渣问题，保证气化炉稳定运行。目前粉煤气流床气化温度在1500℃左右，为了保证顺利排渣，气化炉的操作温度要高于进料煤煤灰的熔融性温度FT（流动温度）50～100℃，但气化炉操作温度过高会影响气化炉的寿命。在其他操作条件不变的情况下，氧气的消耗随气流床气化炉操作温度的提高而增加。

为了适应气化炉操作温度，可以通过配煤或添加助熔剂降低煤灰的熔融性温度。对于高灰熔点煤可以利用配灰分中碱性组分比例较高的低灰熔点煤或通过加入 CaO 来调节煤灰的酸碱值以破坏硅铝的网状结构，从而降低煤的灰熔点。在煤中加入一定量的氧化钙，除降低灰熔点外，也会起到固硫的作用，减少酸性气体的释放，也就降低了酸性气体对设备的腐蚀，也会减轻后续工艺的脱硫压力。由于 CaO 的不稳定性，可以通过加入适量粉碎的石灰石，石灰石受热分解后进行助熔。加入助熔剂可以降低灰熔点，但是“三高”煤本身灰分较高，添加助熔剂又增加了灰含量，这样灰渣量太大也会带来排渣难的问题，通过对原料煤的洗选降低煤中的灰分，另外，通过配入一定比例的低灰分、灰熔点较低的煤种也可以降低原料煤中的灰含量。煤中的灰分具有一定的催化作用会降低气化反应的活化能，煤灰中的 CaO 在气化中通过与煤焦表面碳原子的作用起催化作用。在原料煤中添加石灰石助熔剂，石灰石受热分解生成的 CaO 除助熔外也会对气化起催化作用。

煤灰熔融性是气化用煤和动力用煤的重要指标，是影响煤灰性能的一个重要因素。况且我国电力工业已步入“大电网、大机组、高电压、高自动化”的发展新阶段，煤灰锅炉在发电厂中数量巨大，然而无论在大机组或小机组运行中，许多燃煤锅炉不同程度存在炉膛结渣问题，以致造成锅炉损坏、经济效益滑坡，有些甚至引发重大事故。因此，寻求调控煤灰熔融性的方法，以适应不同排渣方式的气化或燃烧技术，从而扩大煤种的使用范围，无疑具有非常重要的理论和工业实践意义。

本 章 小 结

本章重点介绍了煤气化及其技术、煤气化过程中的影响因素和指标以及煤灰熔融流动特性。气化炉是气化的重要设备，煤的气化过程是一个非常复杂的物理化学过程，在气化炉内的气化反应主要是煤中的碳与气化剂中的氧气、水蒸气、二氧化碳和氢气的反应，还有碳与产物以及产物之间的反应。受到温度、压力、催化剂等许多因素的影响。

煤灰熔融性是气化用煤和动力用煤的重要指标，是影响煤灰性能的一个重要因素。我国煤炭中高灰、高灰熔点的煤占总储量的50%左右。高灰熔点煤直接气流床气化易引发结渣问题，导致整个气化系统的停止。进行煤灰熔融流动特性的研究对实现煤的洁净转化具有非常重要的意义。

第2章

煤灰熔融特性的预测

气流床气化炉采用液态排渣，熔渣流动特性直接关系到灰渣能否连续顺利地排出气化炉，是气化装置长周期稳定运行的关键因素之一。为了保证连续稳定排渣，炉膛操作温度应高于煤灰流动温度，但是过高的操作温度会导致合成气有效组分的减少，气化炉氧耗、煤耗的增加，并且加速耐火砖的高温侵蚀。因此，炉内熔渣流动行为是当前气化技术基础研究的重要内容，其中，最重要的两个参数为煤灰熔融温度和黏温特性。鉴于熔渣流动直接观察的困难性和间接手段的局限性，建立熔渣流动模型并对模型的准确性进行验证，是解决这一问题的有效手段。

灰熔点预测模型本质上分为两类：第一类采用数学回归方法，建立熔点与化学组成含量或其表达式之间的统计关系；第二类以全液相温度等变量作为中间媒介，建立灰熔融温度和化学组成的联系。目前，世界各国学者在大量实验基础上总结出了基于煤灰组成的灰熔融温度预测公式。但由于煤灰成分的复杂多样性，且各组分含量变化较大，煤灰熔融温度与煤灰成分之间是一种不确定的数量关系，因此，两者间的普遍适用性关联式成为研究的热点。

2.1 BP神经网络模型对煤灰熔点的预测

2.1.1 BP神经网络模型基本原理

BP神经网络是一种按照相对误差逆传播训练的多层前馈网络，通过反向传播来不断调整网络权值和阈值，使相对误差平方和最小。其拓扑结构包括输入层、隐含层和输出层，这是因为任何一个定义在时速 R^d 上的连续函数，可以通过一个3层前向神经网络任意逼近。现在以褐煤配入高灰熔点煤的灰熔点预测为例说明BP

神经网络模型的基本运行机理。

2.1.2 预测模型中煤灰成分输入参数的计算方法

实验煤样：低灰熔点褐煤分别为小龙潭褐煤（XLT）、文山（WS）褐煤和霍林河（HLH）褐煤，2种高灰熔点煤的灰样。将原煤破碎研磨至0.178mm以下，其中褐煤分别记作A_{XLT}、A_{ws}和A_{HLH}，高灰熔点煤记为A_A、A_B。灰成分分析依照GB/T 1574—2007，灰熔点测定依照GB/T 219—2008，每组实验重复5次，采用封碳法标定弱还原性气氛。5种原料的灰成分分析见表2-1。

表2-1　原煤灰成分分析（质量分数）

样品	成分/%							
	SiO_2	Al_2O_3	Fe_2O_3	CaO	MgO	SO_3	K_2O	Na_2O
A_{XLT}	13.19	19.20	9.58	36.52	0.60	16.57	1.01	1.88
A_{WS}	6.35	15.83	10.37	45.56	0.05	17.61	1.01	1.87
A_{HLH}	49.80	22.11	11.87	8.14	1.81	2.23	1.25	1.05
A_A	45.68	34.72	4.50	8.87	8.87	0.60	0.84	0.58
A_B	45.78	40.26	4.37	5.20	5.20	0.18	0.42	0.37

由于灰成分在干燥基基准下表现出了较好的线性加和性，灰成分的摩尔分数更好地代表了各组分在煤灰中的组成关系，所以配煤的灰成分计算采用各单煤灰成分的质量含量按线性加和后处理成摩尔含量；为了综合考虑煤灰组成的影响，在BP预测模型中添加了经验参数如硅值、酸值、碱值、白云石比率和R_{250}作为输入参数。因此，总共使用13个输入参数，均以摩尔分数为基准，其计算方法如下。

① 硅值$=x(SiO_2)/x(SiO_2+Fe_2O_3+CaO+MgO)$。

② 酸值$=x(SiO_2+Al_2O_3)$。

③ 碱值$=x(Fe_2O_3+CaO+MgO+K_2O+Na_2O)$。

④ 白云石比率$=x(CaO+MgO)/x$(碱)。

⑤ $R_{250}=x(SiO_2+Al_2O_3)/x(SiO_2+Al_2O_3+Fe_2O_3+CaO)$。

⑥ 剩余8个参数分别是表2-1中所列8种灰成分（SiO_2、Al_2O_3、Fe_2O_3、CaO、MgO、SO_3、K_2O、Na_2O）的摩尔分数。

2.1.3 BP神经网络模型建立

选择硅值、酸值、碱值、白云石比率、R_{250}和灰成分的8个参数总计13个参数作为输入层单元；选择灰熔点中的变形温度DT和软化温度ST两个参数作为输出层单元。使用双曲正切tan-Sigmoid型函数作为输入层到中间层的传递函数；使用纯线性函数作为中间层到输出层的传递函数。训练数据选用5种原煤样和各混灰结果数据，除去其中22.5%的各混灰样数据留作检验组，总共有23组训练数据；把22.5%配煤的6组数据作为检验用数据，所以检验样本数占了26.1%。先将数据归一化处理，结果反归一化，就得到预测结果。

预测结果如图 2-1 和图 2-2 所示。从图中可知，增加 5 种组合参数后，13 个参数的 BP 神经网络模型的预测效果要优于 8 个参数的输入层，平均相对误差减小了将近一半；DT 的平均相对误差为 0.80%，最大预测相对误差为 2.66%，最小相对误差为 0.01%，65.20%的预测数据落在了 1.00%的相对误差以内，95.70%的预测数据落在了 2.00%的相对误差以内；ST 的平均相对误差为 1.14%，最大预测相对误差为 4.18%，最小相对误差为 0.07%，55.20%的预测数据相对误差在 1.00%以内，87.00%的预测相对误差在 2.00%以内，95.70%的预测相对误差在 3.00%以内。使用 22.5%配煤的数据进行 BP 神经网络模型检验，如图 2-3 所示。该模型对未参加训练的检测数据的预测具有较好的能力，其中 DT 的平均误差为 0.82%，ST 的平均误差为 1.24%。因此，以摩尔分数为基准，利用 8 种单一灰成分参数结合 5 种经验组合参数（硅值、酸值、碱值、白云石比率和 R_{250}）的 BP 神经网络模型对褐煤配入高熔点煤灰后的混灰灰熔点预测与其他相关模型相比，也具有较优的效果。

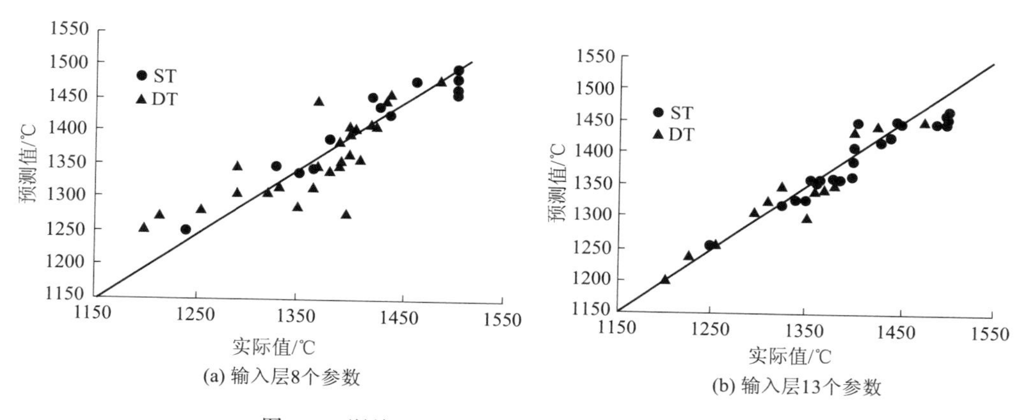

图 2-1　训练组灰熔点的预测值和实际值的比较

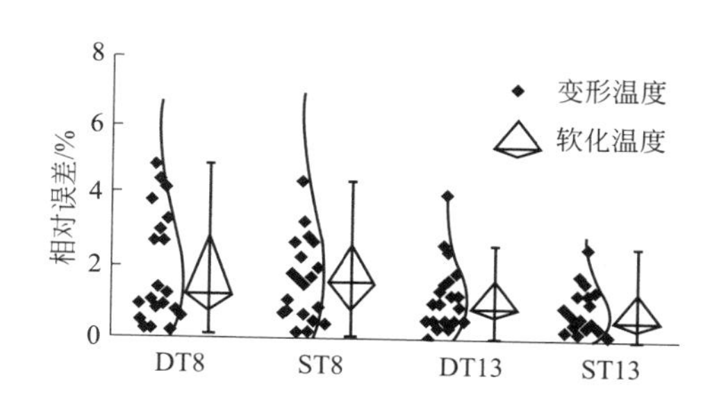

图 2-2　训练组灰熔点预测值相对误差方框统计分布

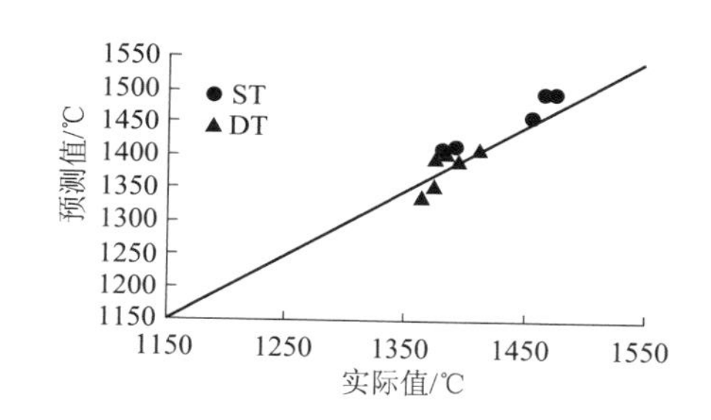

图 2-3　22.5%混灰检验组灰熔点预测值和实际值的比较

总之，使用摩尔分数作为基准，在 8 个灰成分参数的基础上，添加 5 个经验组合参数（硅值、酸值、碱值、白云石比率和 R_{250}）后的 BP 神经网络模型对配煤灰熔点的预测优于仅包含 8 个灰成分参数的输入层预测模型，训练样本的平均相对误差在 0.8%（DT）和 1.14%（ST），检测样本的平均相对误差在 0.82%（DT）和 1.24%（ST）。该模型取得了较好的预测效果。

2.2 BP 神经网络模型的改进和优化

鉴于神经网络技术有着强大的非线性映射的能力，一些学者采用神经网络进行建模。由于 BP 网络比较简单，BP 网络本身存在许多问题：易陷入局部最小点，收敛速度较慢，很难确定学习精度等。另外，如何选择合理的拓扑结构尚没有成型的理论依据。这些问题给基于 BP 网络的灰熔点预测建模带来了难度。在此基础上很多研究者对 BP 神经网络技术进行了优化，由此诞生了很多灰熔点预测模型，例如基于 GA-BP 算法的气化配煤灰熔点预测模型和蚁群前馈神经网络预测灰熔点模型。

2.2.1 基于 GA-BP 算法的气化配煤灰熔点预测模型

2.2.1.1 GA-BP 算法原理

基于遗传算法（genetic algorithm，GA）优化的 BP 神经网络（backpropagation neural network）模型对配煤煤灰流动温度进行预测。用遗传算法对 BP 网络模型的连接权值和阈值进行优化。以便将遗传算法自适应性和全局寻优能力强的优点与 BP 神经网络局部寻优能力强的优点结合，从而提高网络预测精度和稳定性。

GA-BP 算法首先用遗传算法确定出 BP 神经网络初始权值和阈值的最优解范围，然后利用 BP 神经网络训练在优化后的权值和阈值中进行局部最优解搜索。遗传算法优化 BP 神经网络分为 3 个步骤：BP 神经网络结构确定、遗传算法优化和 BP 神经网络预测。GA 优化 BP 神经网络的具体流程如图 2-4 所示。

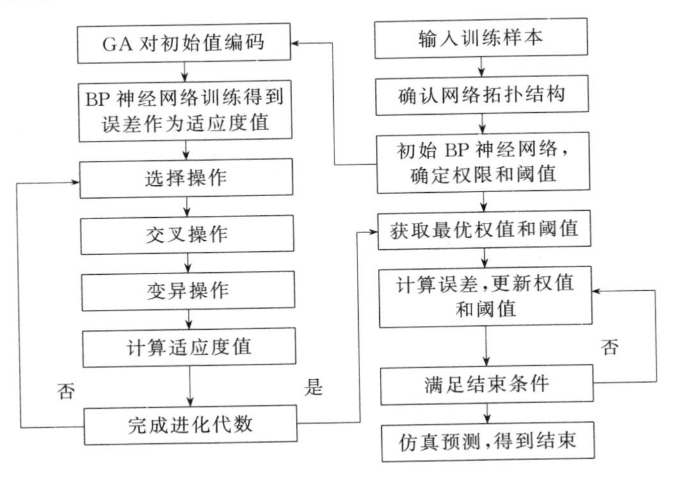

图 2-4 GA 优化 BP 神经网络的具体流程

2.2.1.2　BP 神经网络模型建立

采用 3 种单煤（内蒙古 A、内蒙古 B、河南 C）分别与另外 6 种单煤（淮南 D、淮南 E、淮南 F、淮南 G、淮南 H、淮南 I）按不同比例配煤，并且进行煤灰熔融性测试。共获得 162 组（3×6×9=162）配煤煤灰流动温度样本数据。由于类似配煤样本"10%内蒙古 A、90%淮南 D"和"90%淮南 D、10%内蒙古 A"，对于神经网络来说是两个不同的输入，但其流动温度相同。因此，162 组样本就可以产生 162×2=324 组样本，这样扩大了配煤煤灰样本的数量。扩大样本数量可以提高神经网络的精确度。随机选取 24 组作为校验样本，剩余 300 组作为训练样本。采用的神经网络输入层涉及混配用单煤的煤灰化学组成 SiO_2、Al_2O_3、Fe_2O_3、CaO、MgO、K_2O、Na_2O 和 SO_3 配比，共 16 个因素。输出层为配煤的煤灰流动温度。输入层与隐含层传递函数为 Tansig，隐含层与输出层传递函数为 Purelin，训练函数采用 Trainlm，最大训练次数为 1000，最大允许失败次数为 1000，训练目标取 0.001。其他参数采用缺省值。

隐含层神经元个数的选取直接影响了神经网络的预测精度。针对该问题，本书通过神经网络训练来确定隐含层神经元的个数。首先根据经验公式确定隐含层的节点数目范围，设定输入、输出层的节点个数分别为 16 和 1，隐含层节点总数由经验公式确定。假设三层 BP 神经网络中，p 是隐含层节点的个数，p_1 是输入节点的个数，q 是输出节点的个数，a 是 1～10 的常数。则根据公式 $p=\sqrt{p_1+q}+a$ 及 Kolmogorov 定理可知，隐含层神经元个数范围为 [5,33]。当隐含层神经元数目为 14 时，BP 网络期望输出与计算输出之间误差平方和最小。故本书将隐含层神经元数目选为 14，网络的拓扑结构为 16-14-1。用 mapmimmax 函数将数据归一化到 [−1,1]，再用 newff 函数建立 BP 神经网络进行训练，利用 sim 函数进行预测，并且对仿真输出的预测结果进行反归一化。

2.2.1.3　参数设置及网络训练

采用遗传算法工具箱（GAOT）进行编程优化。首先根据 BP 网络拓扑结构确定个体长度，对权值和阈值进行实数编码。遗传算法编码长度 $S=R\times S_1+S_1\times S_2+S_1+S_2$，其中 R 表示输入神经元个数，S_1 表示隐含层神经元个数，S_2 表示输出神经元个数；网络随机产生 1 个编码长度为 S 的初始群体，GA 经过迭代选出最优个体，将个体通过解码赋值给 BP 网络初始权值和阈值。BP 网络进行训练、预测后得到预测输出。种群规模选择为 20，进化次数为 100，选择函数为 roulette，交叉函数为 arithXover，变异函数为 nonUnifMutation。遗传进化过程中适应度函数变化曲线如图 2-5 所示。由图 2-5 可以看出，经过不断的遗传迭代，个体适应度预测输出和期望输出误差平方和的倒数越来越大，适应能力越来越强。经过 60 次迭代后，个体适应度基本稳定。

BP 网络模型对 24 组配煤煤灰流动温度进行检验和仿真预测。其误差随训练次数的变化如图 2-6 所示。GA-BP 网络进行仿真预测后的误差随训练次数变化曲线

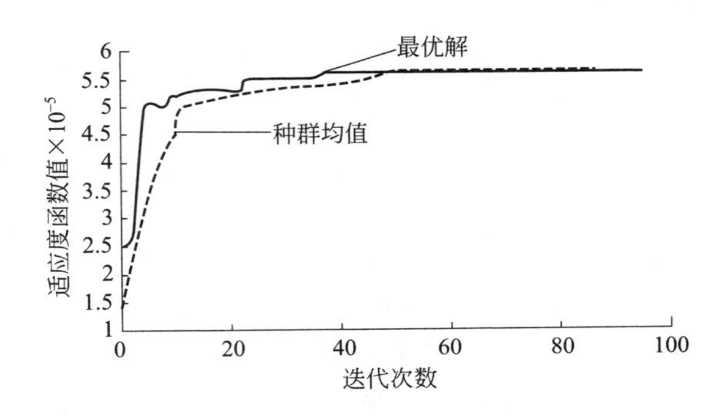

图 2-5 适应度函数变化曲线

如图 2-7 所示。由图 2-6 和图 2-7 可以看出，BP 网络算法经过 80 步训练收敛于 $9.8993e^{-0.04}$，得到最优网络结构。而 GA-BP 算法只需 38 步训练就可收敛于 $9.6037e^{-0.04}$，得到最优解，说明 GA-BP 网络收敛快速稳定。

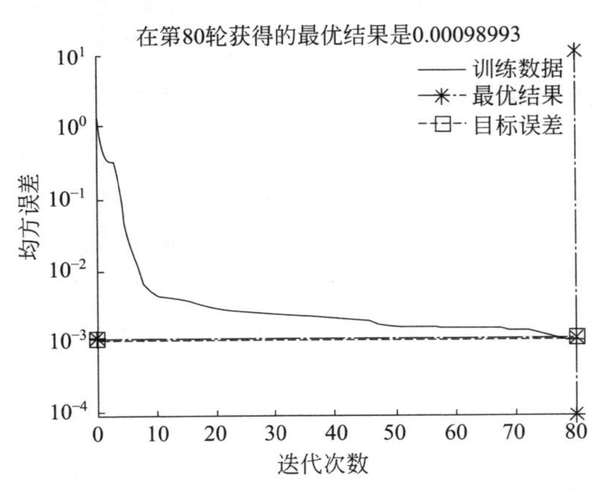

图 2-6 BP 网络模型误差随训练次数变化曲线

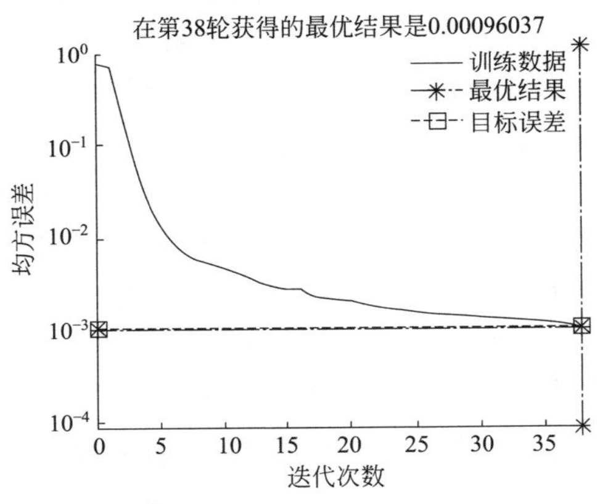

图 2-7 GA-BP 网络模型误差随训练次数变化曲线

2.2.1.4 预测误差分析

为了验证算法的有效性，针对同样单煤煤灰化学组成及配比的 24 组校验样本。分别用 BP 神经网络预测模型和 GA-BP 网络模型对配煤煤灰流动温度进行预测。为了避免受到随机参数设置的影响，本次实验共进行了 20 次，取其平均值作为预测输出。GA-BP 与 BP 网络的预测值与期望值对比如图 2-8 所示。

由图 2-8 可以看出，GA-BP 神经网络预测结果更接近期望值，预测精度较高。为了便于对比，在此选用均方误差 MSE、平均绝对百分比误差 MAPE 作为评价标准。

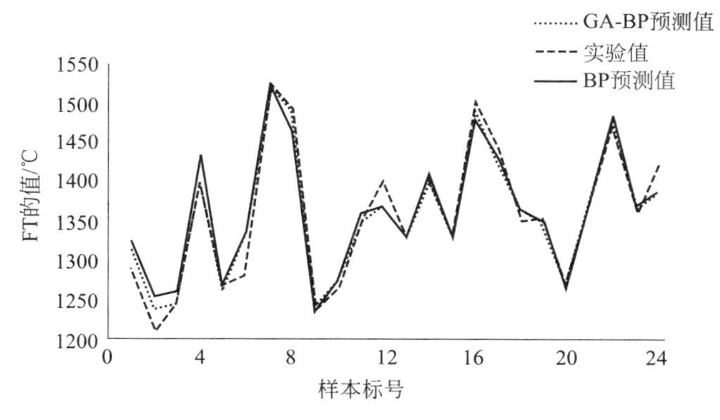

图 2-8 原始数据和预测数据对比

$$均方误差\ \mathrm{MSE}=\frac{1}{n}\sum_{i=1}^{n}(y_i-\hat{y}_i)^2 \tag{2-1}$$

$$平均绝对百分比误差\ \mathrm{MAPE}=\frac{100}{n}\sum_{i=1}^{n}\left|\frac{y_i-\hat{y}_i}{y_i}\right| \tag{2-2}$$

式中，y_i 为实测值；$\hat{y}_i$ 为预测值；n 为预测样本数，在这里取 $n=24$。

BP 网络对 24 组配煤煤灰流动温度预测值的 MSE＝423.8337，MAPE＝1.1337。而 GA-BP 网络预测值的 MSE＝308.098，MAPE＝0.9948。可见 GA-BP 网络的预测准确度要优于 BP 网络。

总之，利用遗传算法优化 BP 神经网络的初始权值和阈值对配煤煤灰流动温度进行预测，克服了 BP 网络不稳定和收敛较慢的缺点，同时改善了 BP 网络收敛速度慢和容易陷入极小点的缺点。通过 2 种模型对 24 组配煤煤灰流动温度的预测对比，可知 GA-BP 算法具有全局寻优能力、预测精度较高、收敛速度较快的优点，对科学合理地预测配煤煤灰流动温度具有指导意义。

2.2.2 蚁群前馈神经网络预测煤灰熔点模型

BP 神经网络原理简单且易于实现，是目前应用最广泛的神经网络，但 BP 算法本质上是梯度下降算法，容易陷入局部最优值，因此算法对初值非常敏感。蚁群算法是近年来兴起的一种具有较强全局搜索能力的群智能优化算法，其优越的分布式求解模式、隐含的并行计算特性和基于正反馈的增强学习能力成为解决具有 NP-hard 特性的组合优化问题的手段，并且已应用于解决电力系统经济负荷的分配问题。该模型采用蚁群算法找到几组较优的权值，然后使用 BP 算法对该权值做进一步的细调，以提高网络的训练和预报精度。将该模型应用于灰熔点的预测中，取得了较好的效果。

2.2.2.1 蚁群前馈神经网络原理

蚁群算法是以蚂蚁群体觅食行为作为背景，由 Dorigo 等提出的一种群智能优化算法，在解决 TSP、QAP 等组合优化问题中取得了较好的效果。与传统的优化算法相比，蚁群算法具有如下优点：本质的并行性和分布式计算，所有蚂蚁独立、无监督地同时搜索解空间中许多点，因而是一种高效的搜索算法；强大的全局寻优能力，使用概率规则指导搜索，使得算法能够逃离局部最优；正反馈机制，蚂蚁选择路径时，根据以前蚂蚁留下的信息素信息指导搜索，这种正反馈机制有利于蚁群找到更好质量的解；适应性强。蚁群算法对搜索空间没有任何特殊要求，如连通性、凸性等，不需要导数等其他信息；易与其他启发式算法结合。基于图理论的蚁群算法的求解步骤如下。

（1）初始化。初始化信息为初值 τ_0、蚂蚁数 m、挥发系 ρ、信息素增量 Q 等参数。

（2）while（没有达到迭代次数）。

{

For 每一只蚂蚁 do

随机选择出发点

While（不满足结束条件）

{

蚂蚁依据如下概率选择下一节点

$$p_{i,j}^{k}(t)=\begin{cases}\dfrac{\tau_{i,j}^{a}(t)\eta_{i,j}^{\beta}(t)}{\sum_{s}\notin tabu_{k}\tau_{i,j}^{a}(t)\eta_{i,j}^{\beta}(t)}, & j\notin tabu_{k}\\ 0 & j\in tabu_{k}\end{cases} \tag{2-3}$$

}

END

按下式进行信息素更新

$$\tau_{i,j}(t+1)=\rho\tau_{i,j}(t)+\Delta\tau_{i,j}(t,t+1) \tag{2-4}$$

}

（3）输出最优解。

式(2-3) 中 $p_{i,j}^{k}(t)$——在 t 时刻蚂蚁 k 由位置 i 转移到位置 j 的概率；

$\tau_{i,j}(t)$——t 时刻在 ij 连线上的信息素量；

$\eta_{i,j}(t)$——与问题相关的启发式信息，一般用节点 i 和 j 之间的距离 $d_{i,j}$ 的倒数表示，即 $\eta_{i,j}(t)=1/d_{i,j}$，$tabu_k$ 记录着蚂蚁 k 已经遍历的节点；

a，β——调节 τ 和 η 相对重要性的参数。

式(2-4) 中 ρ——信息素的挥发系数；

$\Delta\tau_{i,j}(t,t+1)$——本次循环中所有蚂蚁留在路径 ij 上的信息量。

蚁群算法和 BP 算法的融合过程见图 2-9。

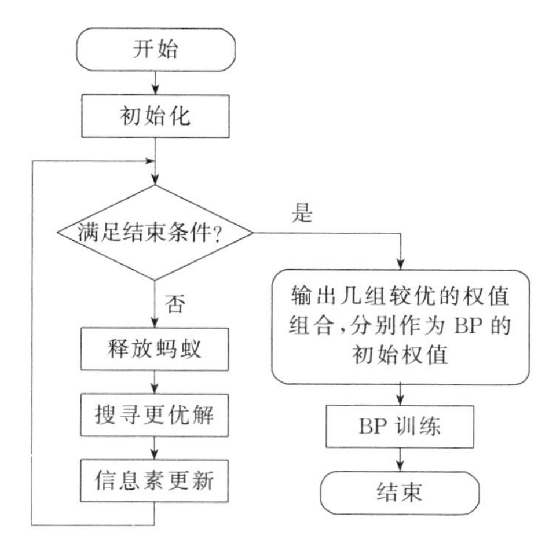

图 2-9 蚁群算法和 BP 算法的融合过程

2.2.2.2 蚁群前馈神经网络预测煤灰熔点模型

根据万能逼近定理，一个 3 层的 BP 网络能够以任意精度逼近一个连续函数。采用具有 1 个隐层的网络结构，网络的输入层为 7 个节点，分别对应于组成煤灰的 7 种氧化物，其中 Na_2O、K_2O 由于化学性质相似而作为一个输入。由于煤中 Al_2O_3 的含量对灰熔点的影响较大，因此可适当地增加 Al_2O_3 所对应连接的初始权重。网络输出节点为 1 个，对应灰熔点，传递函数为线性函数。隐节点数的选取没有一个明确而有效的方法，一般的原则是在满足训练精度的要求下尽量少一些，以避免出现“过拟合”现象；通常的做法是先选择多一些隐节点，再逐步减少，最终使隐节点数在满足精度要求的情况下最少。通过反复实验，最终隐节点数取为 10，其传递函数取标准的 Sigmoid 函数。

2.2.2.3 蚁群前馈神经网络预测煤灰熔点模型实验结果及分析

用作训练的样本和检验的样本总体的数据集合中共包含 80 组数据，其中 65 组来自某煤场的原始数据，15 组来自实验室测得的数据，并且在输入神经网络之前对数据做了归一化处理。在采用神经网络建模的过程中，使用交叉验证的方法，将样本中的 80 组数据组合成 8 个训练集预测集对，每个训练集预测集对中有 60 组数据作为训练样本，另外 20 组数据作为测试样本。网络模型的训练误差和预测误差的计算如下：

$$\mathrm{Std}(x_i)=\frac{1}{M}\sum_{i=1}^{M}\frac{|y(x_i)-y_i|}{y_i} \tag{2-5}$$

式中，x_i 和 y_i 分别为训练样本的输入和输出；$y(x_i)$ 为网络输出；M 为样本数。

从表 2-2 的实验结果来看，ACA-BP 神经网络的最大训练误差为 1.78%，最小训练误差为 1.39%，平均训练误差为 1.55%，均小于 BP 神经网络的对应训练误差。同时，ACA-BP 也获得了较好的预测能力，其平均预测误差由 BP 的 5.98%减小到 5.16%。

图 2-10 为某一组数据的训练和验证结果。从图 2-10(a) 中可以看出，ACA-BP 的训练样本和测试样本都均匀分布在 45°线附近，表明网络输出值和样本真实值符合得很好，而 BP 网络的某些测试样本却明显偏离了 45°线，如图 2-10(b) 所示。从图中可以更直观地看出，ACA-BPNN 比 BPNN 具有更强的泛化能力。

表 2-2 ACA-BP 和 BP 神经网络的实验结果

ACA-BP		BP	
训练误差/%	预测误差/%	训练误差/%	预测误差/%
1.50	3.81	1.76	4.44
1.44	6.73	1.99	8.87
1.53	6.97	1.83	8.07
1.39	6.41	1.78	7.75
1.78	4.02	2.02	4.11
1.55	4.17	1.78	4.71
1.47	4.72	1.75	5.30
1.76	4.41	1.93	4.57
1.55	5.16	1.85	5.98

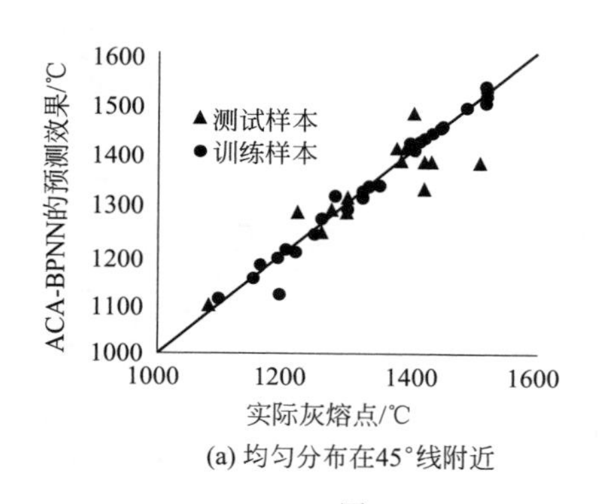

(a) 均匀分布在45°线附近

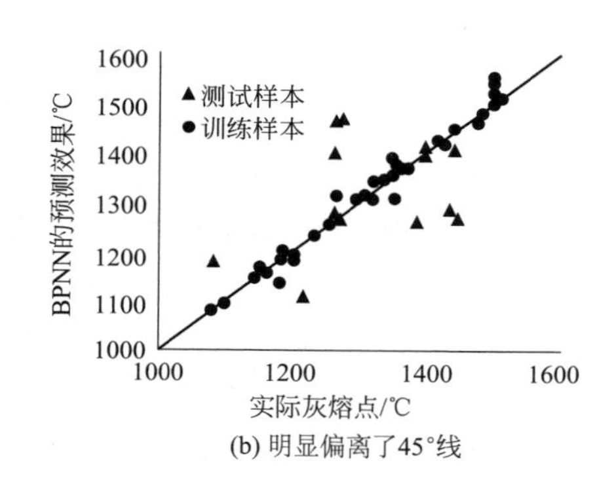

(b) 明显偏离了45°线

图 2-10 ACA-BPNN 和 BPNN 的性能比较

总之，采用 ACA-BP 神经网络对灰熔点计算进行了建模，计算结果表明，灰熔点与其化学组成成分之间存在明显的非线性相关关系。从 ACA-BP 神经网络模型和 BP 神经网络模型的比较可得：首先，ACA-BP 神经网络和 BP 神经网络对灰熔点都有一定的逼近能力和预测能力，这说明用神经网络预测灰熔点是可行的；其次，ACA-BP 神经网络模型优于 BP 神经网络模型。主要是由于蚁群算法有较强的全局搜索能力，可为 BP 算法提供多组可能包含全局最优的初始权值，使 ACA-BP 陷入局部极值的可能性大大降低。

2.3　RBF 网络预测模型

RBF 网络是另一种很流行的建模方法，相比 BP 网络在模型结构和精度等方面都有明显的优势。设计一个 RBF 网络的关键问题就是隐节点数的选择。常见的 RBF 网络如 RAN 的结构性能很大程度上依赖于一些决定性的参数如 δ_{max} 和 δ_{min}。即使是 δ_{min} 的一个很小的变化也会使隐节点数变化很多，对网络最终的结构产生很大的影响。此外，RAN 在线学习时样本输入顺序对网络最终的结构和参数也有影响。这些问题都严重影响了网络的泛化能力。正则化（regularization）是一种有效地提高神经网络泛化能力的方法。

2.3.1　Gaussian 正则化方法

计算机视觉与模式识别中的许多问题都是所谓病态问题。如 Marr & Piggio 的正则理论认为，视觉的初期阶段是光学成像的逆过程。由于在把三维世界投影为二维图像时丢失了大量信息，因而这个逆过程不存在唯一解，只有附加一些自然的约束才能有明确的输出。在模式识别中，对几个不同类模式所获得的数据往往是相对于其维数高度稀疏且带噪声的，由于这些数据本身并不足以给出各模式分布的可靠的估计，因而必须利用先验知识进行约束。实际上，正则化方法是以吉洪诺夫为代表的数学家们为解决如病态方程组、弗雷德霍姆第一积分方程求解及函数的解析延拓等数学问题而提出来的。其基本思想是构造一个连续的算子（正则化算子）去逼近不连续算子。Poggio 后来将凡能把任何一种不适定问题转变为适定问题的方法统称为正则化方法，并且在这方面做了许多工作。

给定一组训练样本：

$$S=\{(x_i,y_i)\in R^n\times R_1,i=1,2,\cdots,N\}$$

神经网络学习的目的是寻找能有效逼近该组样本的函数 F。传统的方法是通过最小化以下目标函数实现的：

$$E_S(F)=\frac{1}{2}\sum_{i=1}^{N}[y_i-F(x_i)]^2 \tag{2-6}$$

该函数体现了期望响应与实际响应之间的距离。但是，由于从有限样本中恢复一个函数的解实际上有无穷多个，因此该问题通常是不适定，而正则化是解决该问题的一种非常有效的方法。所谓的正则化方法，是指在式(2-6) 的标准误差项基础上增加了一个限制逼近函数复杂性的项（正则化项），该正则化项体现逼近函数的“几何”特性，即：

$$E_R(F)=\frac{1}{2}\|DF\|^2 \tag{2-7}$$

其中，D 为线性微分算子。于是正则化方法的总的误差项定义为：

$$E(F)=E_S(F)+\lambda E_R(F) \tag{2-8}$$

其中，λ 为正则化方法改进 RAN 网络。

采用 Gaussian 正则化方法时，RAN 网络目标函数为：

$$E = e^T + \lambda \tilde{w}^T \tilde{w} \quad (2\text{-}9)$$

如果在学习过程中最小化上述损失函数，则神经网络的冗余权值将随着学习的进行逐步衰减到零附近，当某隐节点输出权值 w_i 满足以下条件时，则删除该隐节点：

$$abs(w_i) < w_{mn} \quad (2\text{-}10)$$

其中，w_{mn} 为临界权值。

网络将在保持学习精度的前提下精简结构，神经网络的泛化能力将得到提高。正则化系数 λ 的取值对学习结果有很大的影响。为解决这一问题，一个合理的方法是在学习过程中动态改变 λ 的值，即在每次数据中心修正后，动态修改 λ_0 在学习过程中随时检测以下误差量之间的关系：$E(t-1)$（前一次数据中心调节时的误差）、$A(t)$ [当前时刻的加权平均误差，定义为 $A(t)=\mu(t-1)+(1-\mu)E(t)$，其中 μ 为接近于 1 的数]、D（期望误差值）。

具体调节规则如下。

(1) 如果 $E(t)<E(t-1)$，或者 $E(t)<D$，则 $\lambda(t)=\lambda(t-1)+\Delta\lambda$。这时的情况，或者是神经网络的训练误差正在下降，或者是该误差已小于目标函数值。这两种情况都是人们期待的，此时应该略微增加正则化的作用。

(2) 如果 $E(t)\geqslant E(t-1)$，$E(t)<A(t)$，而且 $E(t)\geqslant D$，则 $\lambda(t)=\lambda(t-1)-\Delta\lambda$。此时当前误差有所上升，但总的来说，训练误差仍在下降，应该略微减小正则化的作用。

(3) 如果 $E(t)\geqslant E(t-1)$，$E(t)\geqslant A(t)$，而且 $E(t)\geqslant D$，则 $X(t)=pX(t-1)$，其中 p 为一个接近于 1 的正数。此时不仅当前误差在上升，而且从长远来说，训练误差也在上升，所以应该较大幅度减小正则化的作用。

2.3.2 煤灰熔点预测模型的建立

2.3.2.1 模型结构

煤灰中含有多种氧化物，如 SiO_2、Al_2O_3、Fe_2O_3、CaO、MgO、TiO_2、K_2O 及 Na_2O 等，一般认为，煤灰中各氧化物决定了煤灰的软化温度。故所设计的网络采用 8 输入和 1 输出的模型结构，如图 2-11 所示，其中 8 个输入分别为上述氧化物含量，输出为软化温度预测值。

2.3.2.2 样本预处理

在镇江谏壁电厂动力配煤过程中，通过实验一共获得 205 个样本。前 155 个样本用于训练，后 50 个样本用于测试。由于样本变化范围较大，有必要对数据进行归一化处理，使输入数据平滑在 0～1 之间。这样网络训练起始就给各输入分量以同等重要的地位，防止因净输入的绝对值过大而使神经元输出饱和，从而防止权值

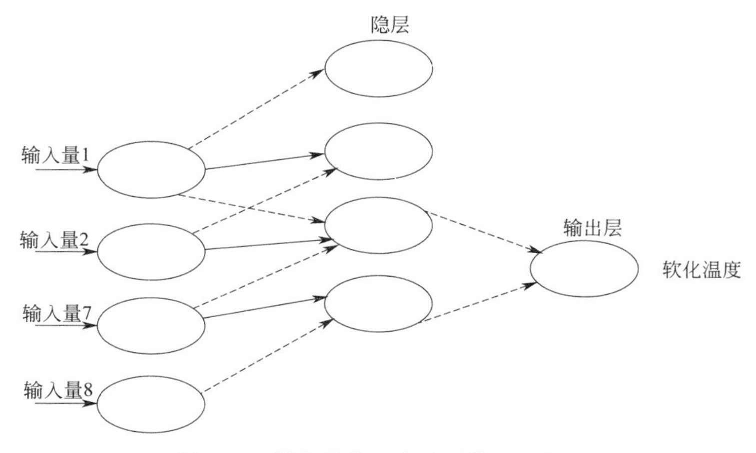

图 2-11　煤灰软化温度预测模型示意图

调整进入误差曲面的平坦区。

若变量的最大值和最小值分别为 $x_{\max}$ 和 $x_{\min}$，则每一个值可按式(2-11) 归一化得到 A，见表 2-3。

$$A=\frac{x-x_{\min}}{x_{\max}x_{\min}} \tag{2-11}$$

对很多模拟技术来说，正态分布的数据会得到最好的结果。神经网络建模时，如果输入数据呈正态分布，也常常会表现出更好的特性。用以计算数据分布对称性和分散性的统计方法是计算偏斜系数，偏斜系数 SC 度量了分布的匀称性，它可计算如下：

$$\mathrm{SC}=\frac{\sum_{i=1}^{N}\left[\frac{x_i-\bar{x}}{\sigma(x)}\right]^3}{N} \tag{2-12}$$

其中，N 为样本的总数；$\bar{x}$ 和 $\sigma(x)$ 分别为样本集 $\{x_i\}$ 的均值和标准偏差，可采用如下公式进行计算：

$$\bar{x}=\frac{1}{N}\sum_{i=1}^{N}x_i \tag{2-13}$$

$$\sigma(x)=\sqrt{\frac{1}{N}\sum_{i=1}^{N}x_i^2-\bar{x}^2} \tag{2-14}$$

一般来说，在适当样本量的情况下（20～200 个数据样本），当偏斜系数介于 −0.5～0.5 之间时便可认为是呈正态分布了。当偏斜系数的绝对值大于 0.5 时表明分布是倾向一方的，此时可通过对数据进行非线性变换，使样本呈正态分布，例如求幂（x^y）、根号($\sqrt[y]{x}$)、倒数$\left(\frac{1}{x}\right)$、指数(e^x)和取对数 [$\ln(x)$] 等。计算 155 个训练样本的偏斜系数为 −0.3。由上面的判断条件可知，样本数据可认为呈正态分布。

表 2-3 归一化时输入量的最大值和最小值

项目	K_2O	TiO_2	SiO_2	Al_2O_3
最大值	4.33	5.56	71.58	42.91
最小值	0	0	15.12	7.4
项目	CaO	Fe_2O_3	MgO	Na_2O
最大值	24.91	34.06	11.13	4.1
最小值	0	0.34	0.03	0

2.3.3 模型训练

利用正则化方法改进的神经网络建立煤灰软化温度预测模型。当模型达到最佳性能时，其参数设置如下：运算次数为 180，扩展常数 $r=1.5$，正则化系数 $\lambda=2e^{-4}$，条件数极限 $C_{max}=1e^6$，正则化增量 $\Delta\lambda=8e^{-3}$，滤波系数 $\mu=0.95$，目标误差为 0，隐节点调整的学习系数 $\eta=1e^{-4}$，输出权删除极限 $W_{mmn}=0.1$。

图 2-12 显示了改进的神经网络所建模型的预测效果。此时的网络模型非常精简，我们给出其模型的具体结构参数，见表 2-4。

表 2-4 改进的神经网络的数据中心和输出权值

隐节点	数据中心								权值
1	0.560	0.203	0.893	0.752	0.169	−0.358	−0.023	0.333	505.24
2	0.624	0.248	0.675	0.093	0.516	0.372	0.223	0.254	161.76
3	0.062	0.153	0.561	0.924	0.151	0.058	0.120	0.436	−453.03
4	0.118	0.010	0.050	0.077	0.434	0.889	0.195	0.170	−14.967

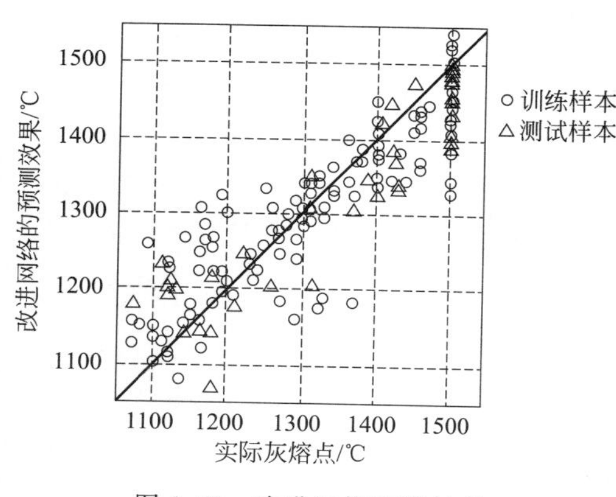

图 2-12 改进网络预测效果

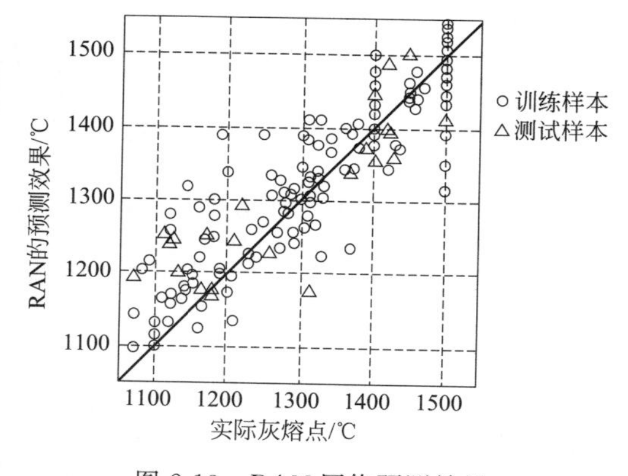

图 2-13 RAN 网络预测效果

以同样的 155 个训练样本和 50 个测试样本建立 RAN 网络预测模型。最优参数设为：最大分辨率 $\delta_{max}=3.0$，最小分辨率 $\delta_{min}=1.0$，衰减常数 $\gamma=160$，运算次数为 155，重叠系数 $\kappa=1.0$，神经网络参数调节的学习率 $\eta=0.01$。此时模型的预测效果如图 2-13 所示。由表 2-5 可见，改进网络训练误差和测试误差均比 RAN 网络小，而其隐节点数却不到 RAN 网络的一半。与 RAN 网络相比，改进网络不仅具有更高的精度，而且具有更小的结构。

表 2-5　改进的网络和 RAN 网络的学习结果比较

网络	训练误差	测试误差	隐节点数
RAN 网络	$5.661e^{5}$	$1.864e^{5}$	10
HM 网络	$5.401e^{5}$	$1.846e^{5}$	4

2.3.4 与传统回归公式的比较

煤灰软化温度 θ 的回归公式如下：

(1) 当 $w(SiO_2)\leqslant 60\%$，且 $w(Al_2O_3)>30\%$时，则：

$$\theta=69.64w(SiO_2)+71.01w(Al_2O_3)+65.23w(Fe_2O_3)+12.16w(CaO)+68.31w(MgO)+67.19a-5485.7$$

(2) 当 $w(SiO_2)\leqslant 60\%$，$w(Al_2O_3)\leqslant 30\%$，且 $w(Fe_2O_3)<15\%$时，则：

$$\theta=92.55w(SiO_2)+97.83w(Al_2O_3)+84.52w(Fe_2O_3)+83.67w(CaO)+81.04w(MgO)+91.92a-7891$$

(3) 当 $w(SiO_2)\leqslant 60\%$，$w(Al_2O_3)\leqslant 30\%$，且 $w(Fe_2O_3)\geqslant 15\%$时，则：

$$\theta=1531-3.01w(SiO_2)+5.08w(Al_2O_3)-8.02w(Fe_2O_3)-969w(CaO)-5.86w(MgO)-3.99a$$

(4) 当 $w(SiO_2)>60\%$时，则：

$$\theta=10.75w(SiO_2)+13.03w(Al_2O_3)-5.28w(Fe_2O_3)-5.88w(CaO)-10.28w(MgO)+375a+453$$

式中，$a=100-[w(SiO_2)+w(Al_2O_3)+w(Fe_2O_3)+w(CaO)+w(MgO)]$。

图 2-14 所示为回归公式对上述样本进行预测的情况。比较图 2-12、图 2-13 和图 2-14 可见，神经网络显然有着更为理想的预测效果。对所有训练样本，改进网络误差为 $7.247e^{5}$，RAN 网络误差为 $7.525e^{5}$，回归公式预测误差为 $4.927e^{6}$，神

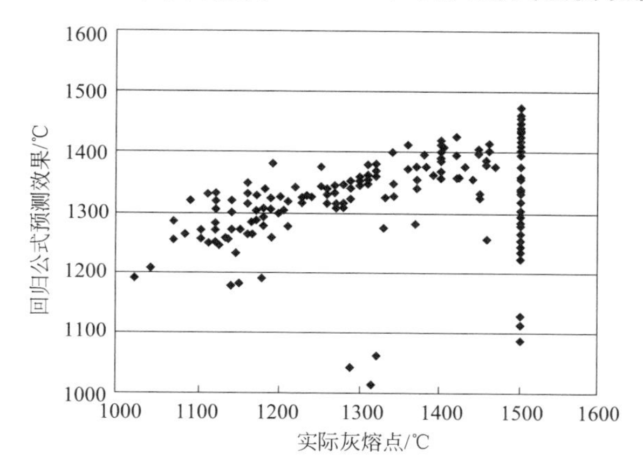

图 2-14　回归公式预测效果

经网络的误差远远小于传统的回归公式法。所以采用神经网络建模预测煤灰软化温度更准确可靠。

2.3.5 相关性分析

二元定距变量的相关分析是指通过计算定距变量之间两两相关的相关系数，对两个或两个以上定距变量之间两两相关的程度进行分析。在二元变量的相关分析过程中常用的几个相关系数是 Pearson 简单相关系数、Spearman 和 Kendas tuab 等级相关系数。对于神经网络动力配煤煤温预测模型，在以实际软化温度为横坐标（x 轴）、预测软化温度为纵坐标（y 轴）的平面坐标系上，对预测模型的预测结果进行一元回归分析时，会出现一条斜率介于 0～1 之间的直线，记为：

$$y'=rx'+b \tag{2-15}$$

其中，r 为相关系数（需校正），b 为相关常数，相关系数越接近 1，表示预测性能越好。一般认为相关系数大于 0.90 时，才具有较好的预测性能。Pearson 简单相关系数的计算公式为：

$$F_{i,j}=\frac{\sum_{i=1}^{n}(x_i-\bar{x})(y_i-\bar{y})}{\sqrt{\sum_{i=1}^{n}(x_i-\bar{x})^2}\sqrt{\sum_{i=1}^{n}(y_i-\bar{y})^2}}$$

其中，$\bar{x}$ 和 $\bar{y}$ 分别为样本集 $\{x_i\}$ 和 $\{y_i\}$ 的均值。

对改进网络模型的预测结果进行相关性分析，得到此模型对煤灰软化温度的相关系数为 0.9328，不仅大于 0.9，而且大于 LS-SVM 方法的结果 0.9272，所建的改进神经网络灰熔点预测模型具有较好的预测性能。

2.4 基于支持向量机与遗传算法的煤灰熔点预测

近年来，作为一种新的统计学习方法——支持向量机（support vector machine SVM）算法，在建模方面表现出了良好性能。它在学习中应用结构风险最小化（structure risk minimization，SRM）原则，有效地解决了机器学习理论中的泛化问题，最小化结构风险目标函数有效地抑制了欠学习和过学习现象，该算法最终转化为一个二次规划问题，得到全局最优点，解决了神经网络中的局部极小值问题，其拓扑结构只与支持向量有关，减小了计算量，因计算速度快而适于在线应用。目前支持向量机已经成为模式识别和数据挖掘等领域的重要研究手段。

2.4.1 基于支持向量机与遗传算法预测煤灰熔点的机理

支持向量机采用最优分类面的方法，将分类问题转化为一个凸二次规划问题，应用拉格朗日函数对其求解。支持向量机在分类问题上的应用已经成熟。对于回归问题，支持向量机引入精度 ε 就可以应用分类问题的方法。设样本为 n 维向量某区域的 k 个样本及其值表示为 (x_1, y_1)，…，$(x_k, y_k) \in R_n \times R$，目标函数设为 $f(x)=wx+b$。对于线性回归，设所有训练数据都可以在精度 ε 下无误差地用线性函数拟合，考虑到会有样本点在目标函数 ε 精度之外，引入松弛因子 $\xi_i^* \geqslant 0$，$\xi_i \geqslant 0$，这时回归问题就转化为最小化结构风险（SRM）函数的问题。

$$R(w,\xi,\xi^*)=\frac{1}{2}w \times w + C\sum_{i=1}^{k}(\xi_i+\xi_i^*) \tag{2-16}$$

$$\text{其相应约束条件}\begin{cases} y_i - wx_i - b \leqslant \varepsilon + \xi_i \\ wx_i + b - y_i \leqslant \varepsilon + \xi_i^* \\ \xi_i \geqslant 0 \\ \xi_i^* \geqslant 0 \end{cases} \quad i=1,\cdots,k \tag{2-17}$$

式(2-16) 中，第1项是使回归函数更为平坦，泛化能力更好，第2项则为减少误差常数 $C>0$ 为罚因子，控制对超出误差的样本的惩罚程度。$f(x_i)$ 与 y_i 的差别小于 ε 时不计入误差（$\xi_i^*=0$，$\xi_i=0$），大于 ε 时误差计为 $|f(x_i)-y_i|-\varepsilon$。

对于非线性回归，支持向量机用非线性映射把数据映射到高维特征空间，在高维特征空间进行线性回归，取得在原空间非线性回归的效果。设样本 x 可用非线性函数 $\phi(x)$ 映射到高维空间，$\phi(x)$ 称为映射函数，$K(x_i, x_j)=\phi(x_i)\phi(x_i)$ 为核函数，是映射函数的点积。Mercer 定理已证明，只要满足 Mercer 条件的对称函数即可作为核函数。按照优化理论中的 Kuhn-Tucker 定理，在拉格朗日函数鞍点有 KKT 互补条件成立，通过 KKT 互补条件可以求解拉格朗日函数的对偶问题。

核函数的选择对于支持向量机回归分析有很大影响，但目前对于如何选择核函数尚无成熟理论，较常用的核函数有径向基函数、多项式函数、Sigmoid 函数。线性函数的研究认为径向基函数比线性函数好，在选用了径向基函数后没有必要再考虑线性函数；Sigmoid 函数精确度不比径向基函数好，而且不是完全正定的，在满足一定条件后它才能成为有效的核函数，一般情况下 Sigmoid 函数不比径向基函数好；多项式函数当其阶次较高时会导致数值计算困难，耗费大量资源和时间。因此建模时选用径向基函数 $[\exp(g|x_i x_j|^2)]$ 作为核函数。

遗传算法（genetic algorithm，GA）是受生物进化学说和遗传学说启发而发展起来的，基于适者生存思想的一种较通用的问题求解方法。利用遗传算法进行寻优时，编码、选择、交叉、变异是4个重要步骤。遗传算法作为一种全局优化搜索方法，具有简单通用、普适性强、适用于并行处理和应用范围广等优点。它特别适用于传统搜索方法难以解决的复杂的和非线性的问题，可广泛用于组合优化、自适应控制、规划设计和人工生命等领域。作为一种随机优化技术在求解优化问题中显示了优于传统优化算法的性能，遗传算法的一个显著优势是不需要目标函数明确的数学方程和导数表达式，同时又是一种全局寻优算法，不像某些传统算法易于陷入局部最优解，寻优的效率高，速度快。

2.4.2 煤灰熔点的支持向量机模型

灰熔点的支持向量机模型采用7个输入量和1个输出量，7个输入量为SiO_2、Al_2O_3、Fe_2O_3、CaO、MgO、TiO_2、Na_2O+K_2O（Na和K的氧化物对煤灰软化温度的影响相似，且其质量分数较小，因此合并为一个输入量）的质量分数，输出量为灰熔点T_{st}，支持向量机模型的ε精度取为0.01，设定训练误差小于0.001时停止训练。采用径向基函数作为核函数后支持向量机模型中有2个重要参数g（径向基函数中的参数）和C（罚因子）需要确定，参数g和C对模型的预测能力有很大影响，为了获得最优的参数值，本书应用遗传算法对g和C进行寻优，寻优区间分别为(0,200)、(0,500)。该区间的设定，兼顾了优化速度和效率。遗传算法的群体规模选为50，杂交概率为0.8，变异概率为0.25，进化代数设为1000代，评价函数设为检验样本的均方差，当评价函数取最小值时获取最优参数［即$\min|f(x)-y|$］，其中x为模型参数向量［g,C］，约束条件为$0<g<200$，$0<C<500$。模型建立和参数寻优的流程如图2-15所示。遗传算法对模型参数寻优结果见表2-6。

表2-6　遗传算法对模型参数寻优结果

项目	g	C	均方差	迭代次数
数值	133.5	299.2	244.97	1000

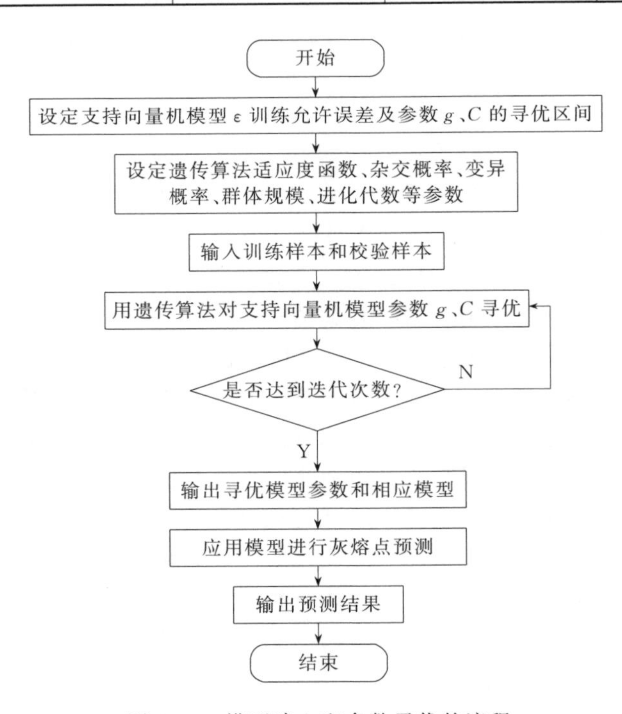

图2-15　模型建立和参数寻优的流程

2.4.3 实验预测

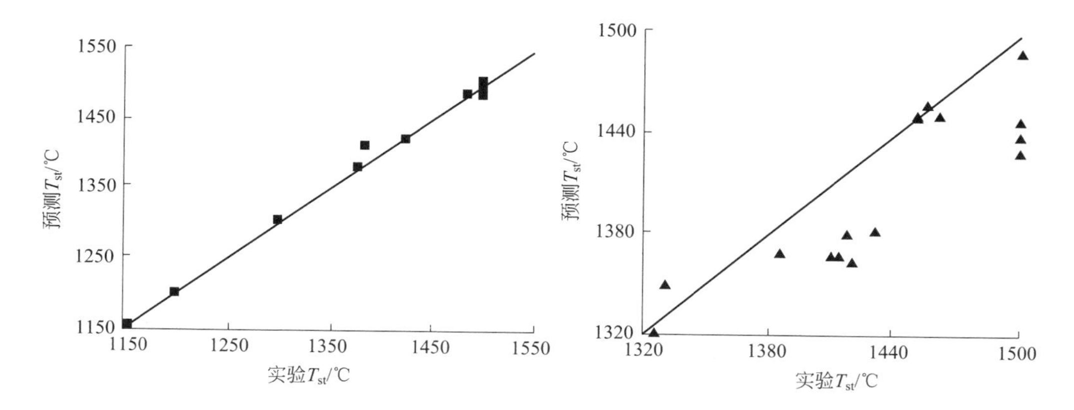

图 2-16　单煤灰熔点预测与实验情况　　　图 2-17　混煤灰熔点与实验情况对比

表 2-7　煤灰熔点与灰成分实验结果

编号	T_{st}/℃	Fe_2O_3/%	MgO/%	CaO/%	TiO_2/%	Al_2O_3/%	SiO_2/%	K_2O+Na_2O/%
1	1426	7.66	0.01	8.65	1.44	33.83	40.96	0.52
2	1500	4.21	0.01	2.43	2.14	35.45	43.09	0.28
3	1500	4.14	0.01	3.62	1.93	36.90	42.28	0.22
4	1157	10.08	1.23	15.49	0.95	12.57	41.54	1.08
5	1412	12.72	0.13	1.65	1.20	23.75	53.11	1.06
6	1210	8.16	2.19	17.84	1.26	13.72	39.42	0.67
7	1486	12.72	0.13	4.97	1.20	23.75	51.16	1.23
8	1500	4.14	0.01	3.00	1.93	36.90	61.81	0.37
9	1312	4.21	0.01	6.25	2.14	35.45	53.18	0.68
10	1500	10.08	1.23	2.97	0.95	12.57	46.73	0.15
11	1381	7.66	0.01	2.85	1.44	33.83	52.81	0.83
12	1500	8.16	2.19	1.34	1.26	13.72	54.98	1.06

表 2-8　煤种掺配

掺混煤种	11～12	9～11	2～3	5～6	1～7
配比比例	5∶5,4∶6,6∶4	5∶5	5∶5,6∶4,4∶6	2∶8,3∶7,4∶6,5∶5,6∶4,7∶3,8∶2	5∶5,6∶4,4∶6

对 12 个煤样应用角锥法测定其灰熔点，用 XJK12 型陶瓷化学成分分析仪测定灰成分中 SiO_2、Al_2O_3、Fe_2O_3、CaO、MgO、TiO_2、Na_2O、K_2O 的含量，实验结果见表 2-7。选用 3～12 号样品为训练数据，1 号和 3～12 号样品为检验数据（检验数据既包含了训练数据，又包含未训练数据，较好地兼顾了经验风险和泛化能力），进行支持向量机的训练建模和校验，最终对所有样品做出预测。为了满足支持向量机建模的需要并使模型具有较好的性能，对支持向量机模型的输入量进行

了归一化处理：对于 T_{st}＞1500℃的煤样（限于实验条件不能获得具体数据），设定其 T_{st}＝1500℃。经遗传算法寻优后的支持向量机模型对所有单煤灰熔点数据的预测如图 2-16 所示。最大相对误差和平均相对误差分别为 2.4％和 0.57％，说明该模型比较精确地对所有样品做出了预测。选择了 12 个单煤中的 10 个煤样进行了两两不同比例的掺混，对混煤进行实验，测定其灰熔点掺混煤种和配比比例见表 2-8。预测时支持向量机的输入量（灰成分）按加权平均计算，预测结果和实验结果的对比如图 2-17 所示。混煤的预测中最大误差为 4.67％，平均误差为 1.94％，预测结果比较精确。

2.4.4 分析与讨论

单煤预测的最大误差发生在对灰样 2 的预测时，主要原因是其灰熔点（T_{st}＞1500℃）被人为设定为 1500℃，而且未参与模型训练和检验，因此误差相对于其他样品较大（2.4％）。大部分单煤参与了支持向量机模型的训练和检验，平均误差（0.57％）很小。对单煤的预测整体比较精确。

混煤可分为 3 种掺混方案：参与掺混的 2 种煤的灰熔点 T_{st}＜1500℃；参与掺混的 2 种煤的灰熔点 T_{st}＞1500℃；参与掺混的 2 种煤中有一种煤的 T_{st}＞1500℃（被人为设定为 1500℃），另一种煤的 T_{st}＜1500℃。从混煤的整体预测情况来看，掺混方案 3 的预测误差较大，混煤预测的最大误差（4.67％）产生于对 11 号与 12 号煤样掺混比例为 6∶4 进行预测时。较大误差的引起与将 T_{st}＞1500℃煤样的灰熔点设定为 1500℃有很大关系（12 号煤灰软化温度高于 1500℃）。去除掺混方案混煤后，对方案混煤的最大预测误差为 3.39％，平均预测误差为 1.49％，精确度较高。支持向量机模型对于掺混方案 2 的预测精度较高，是因为参与掺混的 2 种煤都被设定为 1500℃，使得预测值在 1500℃附近，混煤实际 T_{st}＞1500℃，因此掺混方案 2 的误差较小。掺混方案 1 为 2 种有精确灰熔点煤的掺混，预测误差理应较小，但在模型训练时，有 4 个人为设定灰熔点的灰样参与，因此可能会对支持向量机模型学习的灰成分与 T_{st}之间的规律造成影响，使得对有精确 T_{st}数据煤样的预测误差增大，从预测结果看，这种影响不大。

从以上分析可以看出，对部分（5 个）T_{st}＞1500℃的灰样人为设定其 T_{st}＝1500℃是导致支持向量机模型预测误差的主要原因，人为设定的灰熔点数据会对灰熔点与灰成分之间的规律造成一定的影响，使得支持向量机对规律的学习不够准确，从而造成预测误差。另外，有限的样品数据在特征空间的分布及对规律反映的不够充分等情况也是引起误差的原因。模型的检验样本中包含了未参加训练的数据，以适当增加经验风险为代价而减小泛化风险，也会使某些样品的预测误差增大。

从支持向量机模型对单煤和混煤 T_{st}预测的整体情况来说，预测误差较小，实现了对单煤和混煤灰熔点较精确的预测。如果在实验条件允许的情况下获得所有煤样灰熔点的精确数据，支持向量机模型的预测能力将会更好。

总之，支持向量机从理论上保证模型的泛化能力，但这个保证是比较宽松的，模型的预测能力还与样本的数量和分布有一定关系，从预测精度考虑选择训练样本时应该尽量选择分布比较均匀且对所求规律包含比较充分的样本，这样可以提高模型的预测能力。核函数参数的选择和罚因子的选择对模型的性能有很大影响，可以通过调整参数获得性能较好的模型。参数的选择调整可应用寻优算法实现，如与遗传算法相结合，只要设定适当的适应性函数，可以很快地找到最优的模型参数，自动实现建模和预测。

支持向量机和遗传算法建模较好地实现对单煤和混煤灰熔点的预测，省去了很多测定混煤灰熔点实验的人工和时间，通过支持向量机模型的预测可以选择出最适合的煤种进行掺配，对保证气化炉安全运行有重要意义，是保证气化炉安全经济运行的有力工具，其应用前景广阔。

2.5　基于偏最小二乘回归的煤灰熔点预测

用偏最小二乘回归法对煤灰的变形温度进行预测，是对一般最小二乘回归的扩展，是集多因变量对多自变量的回归建模以及主成分分析为一体的多元数据分析方法，在一次计算之后即可同时实现预测建模以及多变量系统的综合简化。偏最小二乘回归不仅提供了一种多因变量对自变量的回归建模方法，而且还有效地解决了变量之间多重相关性的问题，适合在样本容量小于变量个数的情况下进行回归建模，可以实现多种多元统计分析方法的综合应用。由于 PLS 回归建模有很多优点，因此，目前在很多方面都有应用。

2.5.1　基于偏最小二乘回归的煤灰熔点预测机理

假设有 q 个因变量 $\{y_1,\cdots,y_q\}$和 p 个自变量 $\{x_1,\cdots,x_p\}$，为了研究因变量和自变量之间的回归关系，在观测了 n 个样本点后，构成自变量与因变量的观测矩阵 $X=[x_1,\cdots,x_p]_{n\times p}$ 和 $Y=[y_1,\cdots,y_q]_{n\times p}$，偏最小二乘回归分析分别从 X 和 Y 中提取成分 t_1 和 t_2，其中 t_1 是 $x_1,\cdots,x_p$ 的线性组合，u_1 是 $y_1,\cdots,y_q$ 的线性组合。为了回归分析的需要，t_1、u_1 必须满足下列两个要求。

（1）t_1 和 u_1 应尽可能大地携带它们各自数据表中的变异信息。

（2）t_1 和 u_1 的相关程度能够达到最大值。此要求表明 t_1 和 u_1 不仅应尽可能好地代表矩阵 X 和 Y，而且 t_1 应对 u_1 有最强的解释能力。成分被提取后，要分别实行 X 对 t_1 及 Y 对 u_1 的偏最小二乘回归，然后依据交叉有效性原则确定提取成分的个数。交叉有效性原则为：y_i 为原始数据，$t_1,t_2,\cdots,t_k$ 是在偏最小二乘回归过程中提取的成分。y_i 是提取五个成分后去掉第 i 个样本（$i=1,2,\cdots,n$）得到的回归方程，把第 i 个样本点代入 $\overline{y_k}$ 得 $\overline{y_{k(-i)}}$，y^*_{ki} 是取 k 个成分后的第 i 个样本点的拟合值。则预报残差平方和 P_k 与预测误差平方和 S_k 分别为：

$$P_k=\sum_{i=1}^{n}[y_i-\overline{y_{k(-i)}}]^2 \tag{2-18}$$

$$S_k=\sum_{i=1}^{n}(y_i-\overline{y_{k_i}^*})^2 \tag{2-19}$$

则交叉有效性 Q_k^2 定义为：

$$Q_k^2=1-\frac{P_k}{S_{k-1}} \tag{2-20}$$

一般认为，当 $Q_k^2 \geqslant 0.0975$ 时，增加新成分 t_k 对模型的预测功能有明显的改进，否则，不应该再增加此新成分 t_k。

2.5.2 PLS 建模的过程

当 $q=1$ 时，为单变量偏最小二乘回归模型；当 $q>1$ 时，为多变量偏最小二乘回归模型。

(1) 输入参数　公式为：

$$X=(x_{ij})_{n\times m} \tag{2-21}$$

$$Y=(y_{ij})_{n\times q} \tag{2-22}$$

式中，n 为样本个数；m 为指标个数；q 为因变量个数。

(2) 输入参数标准　公式为：

$$E_1=\frac{x_i-E(x_i)}{S_{x_i}}=x_i^* \quad (i=1,2,\cdots,m) \tag{2-23}$$

$$F_1=\frac{y_i-E(y)}{S_y} \tag{2-24}$$

(3) 计算权重　权重 w_k 为矩阵 $|E_k^T F_k^T F_k E_k|$ 的最大特征值对应的特征向量。

(4) 计算第 k 个解释潜变量 t_k　公式为：

$$t_k=E_k w_k \tag{2-25}$$

(5) 计算潜变量因子　公式为：

$$P_k=\frac{E_k^T t_k}{t_k^T t_k} \tag{2-26}$$

$$Q_k=\frac{F_k^T t_k}{t_k^T t_k} \tag{2-27}$$

(6) 计算参差矩阵　公式为：

$$E_{k-1}=E_k-t_k P_k^T \tag{2-28}$$

$$F_{k+1}=F_k-t_k Q_k^T \tag{2-29}$$

(7) 求回归方程　公式为：

$$E_k=t_k P_k^T+E_{k+1} \tag{2-30}$$

$$F_k=t_k Q_k^T+F_{k+1} \tag{2-31}$$

$$E_1=t_1 P_1^T+t_2 P_2^T+\cdots+t_k P_k^T \tag{2-32}$$

$$F_1=t_1 Q_1^T+t_2 Q_2^T+\cdots+t_k Q_k^T \tag{2-33}$$

$$y^{*}=a_{1}x_{1}^{*}+a_{2}x_{1}^{*}+\cdots+a_{m}x_{m}^{*} \tag{2-34}$$

其中，$a_i=\sum_{k=1}^{k}Q_k^T w_{k_i}(i=1,2,\cdots,m)$。

（8）交叉验证　确定提取成分 k 的个数，实际工作中，也可根据 P_k 和预测误差平方和的变化趋势人为指定提取潜变量的个数。

交叉有效性为：

$$Q_k^2=1-\frac{S_k}{S_{k-1}} \tag{2-35}$$

如果 $Q_k^2\geqslant 0.0975$，则继续迭代，否则进行第 9 步。

（9）求原始变量的 PLS 回归方程　通过逆标准变换求原始变量的 PLS 回归方程：

$$a_i=\sum_{k=1}^{k-1}Q_{k-1}^T w_{(k-1)i}\quad (i=1,2,\cdots,m) \tag{2-36}$$

$$y=Y=\left[E(y)-\sum_{i=1}^{m}a_i\frac{S_y}{S_n}E(x_i)\right]+a_i\frac{S_y}{S_n}x_1+a_2\frac{S_y}{S_n}x_2+\cdots+a_m\frac{S_y}{S_n}x_m \tag{2-37}$$

2.5.3 煤灰变形温度 PLS 回归模型的建立

以 SiO_2、Al_2O_3、Fe_2O_3、TiO_2、CaO、MgO、SO_3、P_2O_5、K_2O 和 Na_2O 共 10 种成分作为灰熔点 PLS 回归模型的输入变量。由于煤灰变形温度受煤灰各组成成分的影响，因此用 60 个已知煤灰变形温度的样本，以 10 个灰成分作为输入变量，以变形温度 t_d 作为输出变量，建立了灰熔点预测的偏最小二乘回归模型。由于因变量为单变量，因此模型取 $q=1$。应用 DPS 数据处理系统，训练样本的预报残差平方和、预测误差平方和与提取潜变量（主成分）个数的关系分别见图 2-18 和图 2-19。

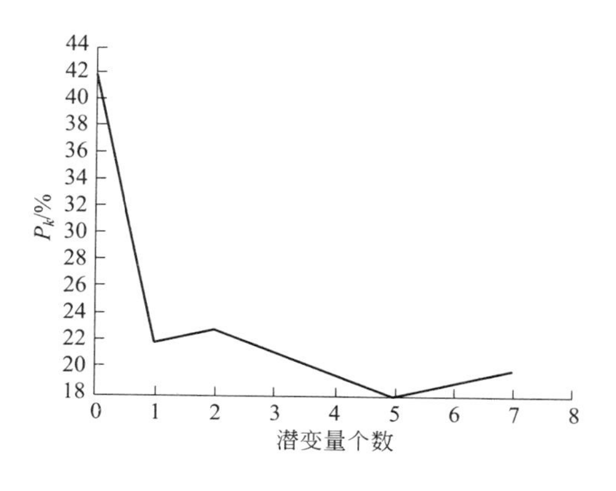

图 2-18　提取潜变量个数与预报残差平方和关系

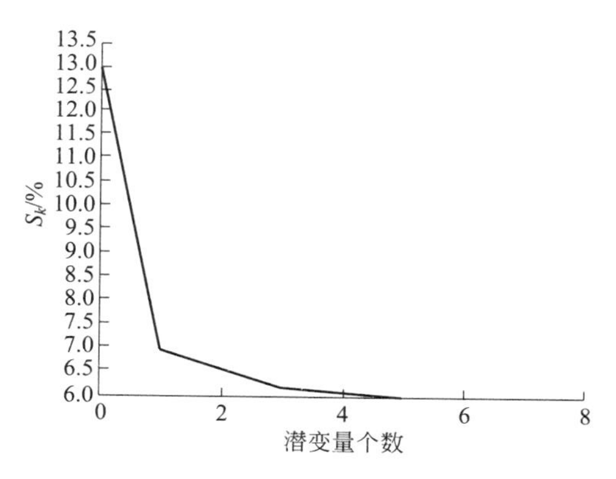

图 2-19　提取潜变量个数与预测误差平方和关系

由图 2-18 和图 2-19 可知，提取潜变量个数 $k=4$ 时，预报残差平方和与预测误差平方和较小且基本稳定，因此确定提取潜变量个数 $k=4$。

2.5.3.1 提取第一个成分 t_1

$$w_1=\begin{pmatrix} -0.0177,-0.4816,0.1633,-0.0202, \\ 0.3740,0.3578,0.4496,-0.1518,0.0440,0.4596 \end{pmatrix}^T \tag{2-38}$$

$$P_1=\begin{pmatrix} 0.1534,-0.4378,0.1633,-0.020, \\ 0.3740, \\ 0.3578,0.4496, \\ -0.1518,0.0440,0.4956 \end{pmatrix}^T \tag{2-39}$$

$$Q_1=-0.3300 \tag{2-40}$$

$$\begin{aligned} t_1 &= w_{11}x_1^*+\cdots+w_{10}x_{10}^* \\ &= -0.0177x_1^*-0.4816x_2^*+0.1633x_3^*-0.0202x_4^*+0.374x_5^*+ \\ &\quad 0.3578x_6^*+0.4496x_7^*-0.1518x_8^*+0.044x_9^*+0.4956x_{10}^* \end{aligned} \tag{2-41}$$

y^* 与 t_1 的回归方程为：

$$\begin{aligned} y_1^* &= -0.3300t_1 \\ &= 0.0058x_1^*+0.1589x_2^*-0.0539x_3^*+0.0067x_4^*-0.1234x_5^*- \\ &\quad 0.1181x_6^*-0.1484x_7^*+0.0501x_8^*-0.0145x_9^*-0.1636x_{10}^* \end{aligned} \tag{2-42}$$

2.5.3.2 提取第二个成分 t_2

$$\begin{aligned} w_2=(&-0.5177,0.1672,0.3586,-0.6380,0.1888,-0.2006, \\ &0.0909,0.2314,0.1734,-0.0249)^T \end{aligned} \tag{2-43}$$

$$\begin{aligned} P_2=(&-0.5722,0.1631,0.4327,-0.4347,0.2302, \\ &-0.2581,0.1837,0.4630,0.1371,0.0465)^T \end{aligned} \tag{2-44}$$

$$Q_2=0.4524 \tag{2-45}$$

$$\begin{aligned} t_2 &= w_{21}(x_1^*-p_{11}t_1)+\cdots+w_{210}(x_{10}^*-p_{110}t_1) \\ &= -0.5131x_1^*+0.2932x_2^*+0.3157x_3^*-0.6327x_4^*+ \\ &\quad 0.0908x_5^*\ 0.2944x_6^*-0.0270x_7^*+ \\ &\quad 0.2712x_8^*+0.1619x_9^*-0.1548x_{10}^* \end{aligned} \tag{2-46}$$

y^* 与 t_1、t_2的回归方程为：

$$\begin{aligned} y_2^* &= -0.330t_1+0.4524t_2 \\ &= -0.2263x_1^*+0.2917x_2^*+0.0890x_3^*-0.2796x_4^*-0.0824x_5^*- \\ &\quad 0.2513x_6^*-0.1606x_7^*+0.1728x_8^*+0.0587x_9^*-0.2335x_{10}^* \end{aligned} \tag{2-47}$$

2.5.3.3 提取第三个成分 t_3

$$\begin{aligned} w_3=(&-0.1581,-0.0117,0.2149,0.5897,0.12,-0.1668,0.2690,0.6718, \\ &-0.1055,-0.0627)^T \end{aligned} \tag{2-48}$$

$$\begin{aligned} P_3=(&-0.4759,0.1792,-0.0604,0.6778,0.2368,-0.1021,0.2123,0.62, \\ &-0.2720,0.1213)^T \end{aligned} \tag{2-49}$$

$$Q_3=0.080 \tag{2-50}$$

$$\begin{aligned} t_3&=w_{31}(x_1^*-p_{21}t_2-p_{11}t_1)+\cdots+w_{310}(x_{10}^*-p_{210}t_2-p_{110}t_1)\\ &=0.0187x_1^*-0.1128x_2^*+0.10603x_3^*+0.8078x_4^*+0.0887x_5^*-\\ &\quad 0.0653x_6^*+0.2783x_7^*+0.5783x_8^*-0.1613x_9^*-0.0094x_{10}^* \end{aligned} \tag{2-51}$$

y^* 与 t_1、t_2、t_3 的回归方程为：

$$\begin{aligned} y_3^*&=-0.330t_1+0.452t_2-0.080t_3\\ &=-0.2278x_2^*+0.3008x_2^*+0.0805x_3^*-0.3442x_4^*-0.0895x_5^*-\\ &\quad 0.2461x_6^*-0.1827x_7^*+0.1265x_8^*+0.0716x_9^*+0.2329x_{10}^* \end{aligned} \tag{2-52}$$

2.5.3.4　提取第四个成分 t_4

$$w_4=\begin{pmatrix}-0.5743,0.3449,-0.4973,0.1593,0.2109,\\ 0.1168,-0.1025,-0.0937,-0.3009,0.3325\end{pmatrix}^T \tag{2-53}$$

$$P_4=\begin{pmatrix}-0.4758,0.3886,-0.5643,-0.0053,0.3518,\\ 0.3237,0.0719,-0.0304,-0.6494,0.0303\end{pmatrix}^T \tag{2-54}$$

$$Q_4=0.0442 \tag{2-55}$$

$$\begin{aligned} t_4&=w_{41}(x_1^*-P_{31}t_3^*-P_{21}t_2-P_{11}t_1)+\cdots+w_{410}\\ &=-0.5847x_1^*+0.4074x_2^*-0.5560x_3^*-0.2878x_4^*+0.2109x_5^*+\\ &\quad 0.1530x_6^*-0.2565x_7^*-0.4138x_8^*-0.2116x_9^*+0.3377x_{10}^* \end{aligned} \tag{2-56}$$

y^* 与 t_2、t_3、t_4 的回归方程为：

$$\begin{aligned} y_4^*&=-0.330t_1+0.4524t_2-0.080t_3+0.0442t_4\\ &=-0.2536x_1^*+0.3187x_2^*+0.0559x_3^*-0.3569x_4^*-0.0823x_5^*-\\ &\quad 0.2393x_6^*-0.1942x_7^*+0.1083x_8^*+0.0623x_9^*-0.2179x_{10}^* \end{aligned} \tag{2-57}$$

由上可知，提取 4 个成分时，预报残差平方和及预测误差平方和较小且基本稳定，通过标准逆变换把式(2-57) 转换为关于原始变量的回归方程：

$$\begin{aligned} y&=1835.4736-7.1903x_1+7.9668x_2+3.9198x_3-164.1421x_4-3.9325x_5-\\ &\quad 50.4469x_6-12.78x_7+52.5330x_8+20.3316x_9-62.1x_{10} \end{aligned} \tag{2-58}$$

2.5.4　计算结果与分析

煤灰各组成成分对变形温度的作用各不相同，即使同一成分，在不同环境下的作用也不相同，所以回归方程式(2-58) 中回归系数有正有负，这与煤灰不同成分对煤灰变形温度的影响不同有关。将 20 个检测样本代入 PLS 模型进行验证，得到的预测结果见表 2-9。

表 2-9　预测值及相对误差

温度实际值/℃	预测值(10 输入)/℃	相对误差(10 输入)/℃	预测值(9 输入)/℃	相对误差(9 输入)/℃	预测值(7 输入)/℃	相对误差(7 输入)/℃
1500	1500.2	−0.01	1492.9	0.47	1493.1	0.46
1500	1491.7	0.55	1483.5	1.10	1457.8	2.81

续表

温度实际值/℃	预测值(10输入)/℃	相对误差(10输入)/℃	预测值(9输入)/℃	相对误差(9输入)/℃	预测值(7输入)/℃	相对误差(7输入)/℃
1490	1482.3	0.52	1480.0	0.67	1452.7	2.50
1500	1488.6	0.76	1502.4	−0.16	1489.8	0.68
1390	1363.5	1.91	1372.8	1.24	1366.9	1.66
1480	1460.8	1.30	1453.0	1.82	1452.9	1.83
1490	1486.3	0.25	1483.4	0.44	1457.6	2.17
1500	1477.0	1.53	1484.6	1.03	1477.6	1.49
1500	1475.8	1.61	1481.0	1.27	1507.4	−0.49
1500	1522.7	−1.51	1522.1	−1.47	1575.0	−5.00
1500	1516.2	−1.08	1512.5	−0.83	1533.7	−2.25
1500	1490.8	0.61	1487.1	0.86	1499.6	0.03
1500	1490.8	0.61	1487.1	0.86	1499.6	0.03
1500	1496.5	0.23	1503.2	−0.21	1497.6	0.16
1500	1524.7	−1.65	1528.2	−1.88	1533.3	−2.22
1500	1487.5	0.83	1490.6	0.63	1510.9	−0.73
1350	1372.5	−1.67	1374.4	−1.81	1341.9	0.6
1500	1477.6	1.49	1494.6	0.36	1490.3	0.65
1500	1483.2	1.12	1489.1	0.73	1472.3	1.85
1500	1493.4	0.44	1505.6	−0.73	1510.7	−0. 71
1500	1474.8	1.68	1474.2	1.72	1473.9	1.74

由于在PLS预测模型中，把灰熔点高于1500℃的样本煤种的灰熔点当作1500℃，而且所用数据本身的测量也不是十分精确，所以预测结果不可避免地存在一定的误差。由表2-9可知，以10个变量作为输入的PLS回归模型的相对平均误差为1.05%，最大相对误差为1.91%，其预测结果满足实际工程应用的要求。当以SiO_2、Al_2O_3、Fe_2O_3、CaO、MgO、TiO_2、Na_2O+K_2O（Na和K的氧化物对灰软化温度的影响相似，而且其质量分数较小，因此合并为一个输入量）7个变量作为输入变量时，相对平均误差为1.50%，最大相对误差为−5%，PLS回归方程为：

$$y=1598.1642-6.1392x_1+13.7664x_2+8.6944x_3-164.190x_4-15.8607x_5-39.8744x_6-3.4945x_7 \quad (2\text{-}59)$$

由于煤灰中P_2O_5的含量相对较小，而且其对煤灰变形温度的影响不明显，所以本书尝试了以9个变量（除去P_2O_5）作为输入变量，建立关于t_d的PLS回归模型。利用此模型预测时，相对平均误差为0.95%，最大相对误差为1.88%，PLS回归方程为：

$$y=1908.8540-8.7208x_1+8.7347x_2+2.1335x_3-163.2478x_4-4.1462x_5-51.7559x_6-14.8736x_7+27.9814x_8-49.8756x_9 \quad (2\text{-}60)$$

虽然其相对平均误差比10个输入变量的PLS模型偏小，但其训练样本的相对平均误差比10个输入变量的PLS模型偏大，这种结果与P_2O_5对灰熔点的影响一致。另外，笔者还依次减少输入变量的个数，对灰熔点进行预测，其预测结果明显没有书中列举的三种情况好。

总之，建立的灰熔点PLS回归模型能较好地预测灰熔点。此模型中输入变量中影响灰熔点的煤灰成分越多，越全面，预测结果就越精确，10种成分作为输入变量的预测结果为：相对平均误差为1.05%，最大相对误差为1.91%；7个灰成分作为输入时，相对平均误差为1.50%，最大相对误差为−5%，其误差值比9个或10个灰成分作为输入时大。

2.6 基于液相线温度的煤灰熔点预测

2.6.1 液相线预测煤灰熔点的原理

随着FactSage计算软件的普遍应用，煤灰流动温度除了运用实验数据预测，还可以采用液相线温度预测。FactSage软件是FACT—Win/F4A+C+T和ChemSage/SOLGSMIX两个热化学软件包的结合，是基于最小Gibbs函数原理建立起来的一种热力学平衡计算程序。Equilib模型是FactSage的核心模型，该模型采用Gibbs能最小化算法和ChemSage中热化学函数，在煤灰熔融特性的研究计算中提供了很强的适应性。液相线温度LT是采用FactSage计算的代表煤灰三角锥呈完全熔融流动状态时对应的温度，可通过Equilib模型获得。灰流动温度与液相线温度之间具有很好的相关性，通常采用FactSage计算煤灰液相线温度，进而预测灰熔融温度，可建立流动温度与液相线温度之间的关联式：

$$T_{FT}=a_{FT}+b_{FT}T_{liquidus} \tag{2-61}$$

2.6.2 实验部分

2.6.2.1 煤灰样本的选取

选用世界上具有代表性的181种煤样的灰熔融温度为基础数据，其中，26种数据为实验室测量所得，实验测定煤样灰成分、酸碱比和流动温度见表2-10，其余数据均从文献中收集。计算以上181种煤样灰成分与流动温度之间的相关性系数，见表2-11。

表2-10 实验测定煤样灰成分、酸碱比和流动温度

序号	灰成分/%									A/B[①]	温度/℃	
	SiO_2	Al_2O_3	CaO	Fe_2O_3	SO_3	TiO_2	MgO	Na_2O	K_2O		FT	LT
1	41.36	31.82	10.87	5.11	5.06	1.50	1.76	0.75	0.40	3.95	1370	1522
2	34.92	27.10	19.01	4.88	8.50	1.25	2.07	0.68	0.40	2.34	1320	1478
3	32.67	24.73	29.00	4.17	3.92	1.00	2.24	0.58	0.31	1.61	1260	1336
4	38.98	14.05	20.80	7.15	12.70	0.67	1.62	2.64	0.94	1.59	1147	1362
5	52.79	17.02	8.90	6.36	8.97	0.67	1.86	0.69	1.64	3.62	1285	1326

续表

序号	灰成分/%									A/B①	温度/℃	
	SiO_2	Al_2O_3	CaO	Fe_2O_3	SO_3	TiO_2	MgO	Na_2O	K_2O		FT	LT
6	26.40	14.17	23.56	13.14	16.56	0.65	2.00	1.71	0.48	1.01	1198	1282
7	42.44	26.06	12.03	6.53	6.78	1.02	1.18	1.54	1.28	3.08	1335	1454
8	40.24	17.56	13.43	7.69	9.87	0.96	5.81	2.14	1.58	1.92	1165	1362
9	38.11	16.13	12.25	9.57	12.23	0.89	5.62	1.93	1.50	1.79	1176	1389
10	20.94	10.91	21.45	15.26	13.34	0.57	12.78	3.27	0.26	0.61	1134	1421
11	32.68	15.24	18.68	7.66	19.02	0.70	1.64	2.71	0.35	1.57	1217	1397
12	58.61	18.09	5.98	6.43	4.23	0.71	1.79	0.78	2.41	4.45	1258	1389
13	42.04	30.57	8.30	6.54	6.15	1.65	1.61	0.87	0.66	4.13	1356	1550
14	44.20	27.35	9.68	3.42	5.86	1.18	6.29	0.38	1.02	3.50	1340	1430
15	24.24	8.99	5.77	50.96	0.97	0.34	2.21	0.17	1.02	0.55	1515	1493
16	24.23	11.06	22.20	12.72	14.31	0.74	10.56	2.73	0.27	0.74	1248	1193
17	40.24	16.23	16.14	14.89	0.56	0.91	5.31	2.87	1.59	1.41	1200	1415
18	39.78	16.15	16.53	15.34	0.67	0.87	4.75	3.11	1.64	1.38	1192	1412
19	40.08	17.94	14.25	9.67	6.54	0.93	5.96	2.18	1.52	1.76	1429	—
20	50.80	28.44	3.30	9.67	4.02	1.29	0.72	0.22	0.87	5.45	1548	—
21	39.76	22.05	23.47	7.64	3.11	1.00	1.46	0.16	0.66	1.88	1247	1435
22	36.67	20.27	29.10	7.07	2.86	0.80	1.66	0.15	0.61	1.50	1233	1352
23	35.32	19.49	31.57	6.82	2.74	0.60	1.75	0.14	0.58	1.36	1236	1300
24	23.15	13.46	27.21	15.62	13.57	0.52	2.96	1.98	0.30	0.77	1280	—
25	50.79	30.75	5.39	3.85	4.54	1.35	0.99	0.47	1.21	6.96	1519	1635
26	37.78	15.76	14.77	12.55	14.24	1.28	1.60	0.59	0.63	1.82	1284	1399

① A/B=acid/base=($SiO_2+Al_2O_3+TiO_2$)/($CaO+Fe_2O_3+MgO+Na_2O+K_2O$)。

表 2-11 各组分与流动温度之间的单相关性系数

组分	SiO_2	Al_2O_3	CaO	Fe_2O_3	SO_3	TiO_2	MgO	Na_2O	K_2O	S/A	A/B
单相关性系数 R	0.311	0.636	−0.490	−0.169	−0.441	0.393	−0.313	−0.384	0.075	−0.290	0.6745

2.6.2.2 煤灰样本代表性的统计检验

煤灰成分主要考虑 SiO_2、Al_2O_3、CaO、Fe_2O_3、SO_3、TiO_2、MgO、Na_2O、K_2O。煤灰组分是影响灰熔融性的主要因素，有必要客观地探索灰成分与熔融特性之间的关系，并且做出初步判断，为建立更为准确的灰熔点预测模型奠定基础。探索性分析主要采用测定煤灰中各种组分与熔融性的相关性系数的方法。相关性系数是测定变量之间相关密切程度和相关方向的指标，其计算公式如下：

$$R=\frac{\sum_{i=1}^{N}(X_i-\bar{X})(Y_i-\bar{Y})}{\sqrt{\sum_{i=1}^{N}(X_i-\bar{X})^2}\sqrt{\sum_{i=1}^{N}(Y_i-\bar{Y})^2}} \tag{2-62}$$

式(2-62) 中，$R>0$ 为正相关，$R<0$ 为负相关，$R=0$ 为不相关。R 绝对值越大，相关程度越高。R 为 1 或者 −1 时，两者呈完全正相关或完全负相关。完全正相关或负相关时，所有图点都在直线回归线上；点分布在直线回归线上下越离散，

R 的绝对值越小。通常 R 的绝对值大于等于 0.7 是可以接受的，R 的绝对值大于 0.8 时认为两个变量有很强的线性相关性，而当 R 的绝对值大于等于 0.9 时是比较完美的。煤灰组分与流动温度之间的相关方向角度分析，呈现正相关的包括 SiO_2、Al_2O_3、TiO_2 与 K_2O，呈现负相关性的包括 CaO、Fe_2O_3、MgO、Na_2O 与 SO_3。单一灰成分与流动温度之间的相关性普遍不够显著，相关关系较显著（R 的绝对值大于 0.6）的仅有 Al_2O_3；相关关系很低即相关系数绝对值在 0.2 以下的包括 Fe_2O_3 和 K_2O；相关关系最低的是 K_2O 与流动温度，相关系数绝对值小于 0.1，说明自变量与因变量之间很不相关。

将煤灰九种组分与流动温度之间的相关程度由高到低排序，结果见表 2-12。由表 2-12 可知，煤灰九种组分与流动温度之间的相关关系按照密切程度可大致分为三个挡：最高挡包括三种组分，分别为 Al_2O_3、CaO、SO_3；居中挡有四种组分，分别为 TiO_2、Na_2O、MgO、SiO_2；最低挡包括 Fe_2O_3 和 K_2O。

计算 181 种煤灰中各组分含量在全部煤灰中所占比重的样本均值，进一步探索组分含量大小与流动温度的关系。平行对比表 2-12 和表 2-13 发现，除 SiO_2、TiO_2、Na_2O、Fe_2O_3 四种组分外，其他五种组分所占比重越小，对应相关性也越弱。对于 SiO_2、TiO_2、Na_2O 和 Fe_2O_3 四种组分，SiO_2 含量虽最高，但与流动温度的相关性却居第七位；TiO_2 含量虽接近于最低，但与流动温度的相关性却高居第四位；Na_2O 的含量最低，但与流动温度的相关性却居第五位；对于 Fe_2O_3，因其中并非完全以 Fe_2O_3 形式存在，还含有部分 FeO，所以该相关系数可能中和了 Fe_2O_3、FeO 对流动温度的影响。通过以上分析有助于更好地建立灰熔融温度预测模型，以免过分强调某些含量较高的组分或者忽略某些含量较低的组分对熔融温度的影响。

表 2-12 煤灰组分与流动温度之间的相关程度

序号	1	2	3	4	5	6	7	8	9
FT	Al_2O_3	CaO	SO_3	TiO_2	Na_2O	MgO	SiO_2	Fe_2O_3	K_2O

表 2-13 各组分含量在全部煤灰中所占比重的样本均值顺序

组分	SiO_2	Al_2O_3	CaO	Fe_2O_3	SO_3	MgO	K_2O	TiO_2	Na_2O
样本均值/%	4.986	21.296	13.460	9.816	6.474	2.789	1.130	1.093	0.910

2.6.3 煤灰流动温度预测公式的建立

根据 181 种煤灰熔融数据，按照不同组分构成因素进行回归研究，从而确定较为准确的回归方程，以实现效果较好的灰熔点预测公式的建立。

2.6.3.1 由九种组分建立的回归方程

以 181 种煤样的灰熔点数据为基础、九种煤灰成分为自变量、煤灰流动温度 FT 为因变量进行多元线性拟合，结果如下：

$$FT=-4.258SiO_2^2+2.771Al_2O_3^2-5.942CaO^2-3.361Fe_2O_3^2-6.176SO_3^2-1.826TiO_2^2-6.77MgO^2-22.96Na_2O^2+2.5K_2O^2+1627 \quad (2\text{-}63)$$

式(2-63) 的相关性系数 $R=0.684$，可知流动温度与九种氧化物之间的一次线性相关性不明显。因氧化物组分对熔融温度多数情况下的影响趋势呈现 V 字形，所以对各个氧化物组分平方后再与 FT 进行多元线性拟合得：

$$FT=0.0872SiO_2^2+0.2984Al_2O_3^2+0.1269CaO^2+0.1772Fe_2O_3^2+0.2313SO_3^2+0.5395TiO_2^2+0.7417MgO^2-4.964Na_2O^2+0.3227K_2O^2+918 \quad (2\text{-}64)$$

2.6.3.2 引入综合参数酸碱比建立的回归方程

以上分析为各个氧化物组分与 FT 之间的关联公式，由表 2-11 可知，流动温度 FT 与综合参数酸碱比 [$A/B=(SiO_2+Al_2O_3)/(Fe_2O_3+CaO+MgO)$] 之间相关性系数较大（0.675），为了综合考虑酸碱氧化物对熔融温度的影响，引入酸碱比建立回归方程。式(2-64) 的相关性系数 $R=0.802$，对比式(2-63) 的一次线性关系，相关性系数有较大提高。

$$FT=0.0547SiO_2^2+0.2344Al_2O_3^2+0.1133CaO^2+0.1742Fe_2O_3^2+4.332SO_3^2+6.096TiO_2^2+0.6217MgO^2-3.715Na_2O^2+0.4779K_2O^2+18.830A/B+939.5 \quad (2\text{-}65)$$

$R=0.817$，相关性进一步增强，因此，将式(2-65) 确定为回归方程。

2.6.3.3 流动温度回归方程的优化

由于 181 种煤样并非按照统一的条件和标准测量而得，灰熔点数据不一定具有良好的代表性，建立熔融温度回归方程时，为了一定程度上排除随机因素和偶然因素的干扰，降低数据随机误差的影响，进一步提高熔融数据和回归模型的代表性，使其达到令人满意的预测效果，本实验采用逐步回归法。即在回归方程建立之后，将原始数据代回方程中检验，从而找到一个实际值与回归方程推算值相差最大的点，该点称为“最大误差离散点”，删除该点，以剩余的灰熔点数据为基础重新建立回归方程，如此反复，直至达到具有广泛代表性的灰熔点预测模型。

GB/T 219—2008 煤灰熔融特性测试方法中规定煤灰熔融温度的再现值不超过 80℃，通常文献将国家标准规定的再现值不超过 80℃ 作为经验公式模型预测值与实际测量值的偏差允许范围。第一步，计算得到灰熔点实际测量值与回归方程测量值相距最大（418℃）的点，即最大误差离散点。此处为第 172 个样品，删除该点后重新建立新的回归公式。以此类推，采用逐步回归法，至回归方程预测值与实际灰熔点数值的偏差不超过 80℃，优化过程结束，此时得到的方程即为最终的熔融温度预测模型。式(2-65) 经过了 28 步优化循环，即删除了 28 个最大误差离散点后，剩余所有煤样的流动温度预测值与其流动温度实验值之间的偏差均低于 80℃，得到的模型方程为：

$$FT=0.091SiO_2^2+0.2701Al_2O_3^2+0.1489CaO^2+0.2088Fe_2O_3^2+6.827SO_3^2+4.564TiO_2^2+0.5237MgO^2-2.852Na_2O^2+$$

$$0.9676K_2O^2+9.891A/B+837.5 \tag{2-66}$$

$R=0.934$，相关性系数较高，说明模型方程式(2-66)具有较好的预测效果。图2-20为剩余153个煤样的灰分及酸碱比覆盖范围。

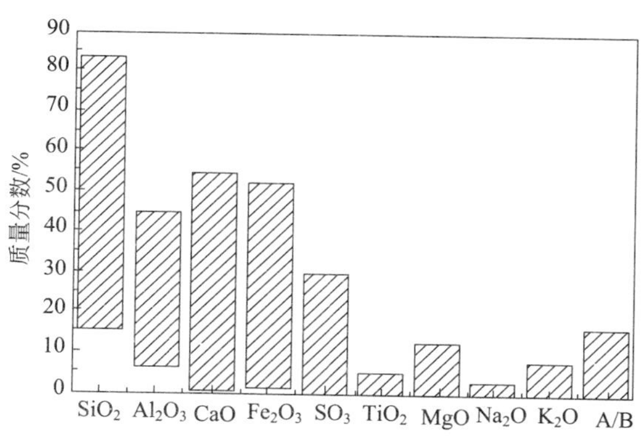

图2-20 煤样的灰分及酸碱比覆盖范围

2.6.4 煤灰流动温度预测公式的对比

选取三个较为常用的熔融温度经验公式与模型方程式(2-66)做对比，依据153个具有代表性的煤灰流动温度数据，计算并对比经验公式预测值与实际测量值之间的偏差。常用的经验公式描述如下。

2.6.4.1 经验公式Ⅰ

Winegartner等以美国中东部伊利诺伊州第6号煤层和美国中西部堡联盟煤层煤样为研究对象，确定了关联52个自变量参数的熔融温度预测公式，Segglani等在其基础上进行了系数修正和简化，得到如下公式：

$$\begin{aligned}FT=&2240\times e^{0.1}SV^2+6.13\times Al_2O_3-13.8\times CaO+0.259\times[FeO]^2+0.278\times\\&[Al_2O_3]^2+0.736\times[MgO]^2+0.259\times FeO\times CaO-0.73\times FeO\times MgO\\&+2.03\times\left[\frac{SiO_2}{Al_2O_3}\right]^2+92[B/A]^2+231\times SV^2-1340\end{aligned} \tag{2-67}$$

式中

$$SV=SiO_2/(SiO_2+Fe_2O_3+CaO+MgO)$$

$$A=SiO_2+Al_2O_3+TiO_2+P_2O_5$$

$$B=Fe_2O_3+CaO+MgO+K_2O+Na_2O$$

根据经验公式Ⅰ的煤灰成分适用范围，删除153个煤样中煤灰成分不在该范围内的11个煤样，依据剩余煤灰成分计算该经验公式流动温度预测值与实际测量值的偏差σ，结果见表2-14。

2.6.4.2 经验公式Ⅱ

Kahramanac等以澳大利亚煤样为研究对象，引入85%movement参数建立了如下公式模型：

$$FT=0.903\times(1340\times \lg Al_2O_3-251\times \lg Fe_2O_3-106\times \lg CaO-172)+158 \quad (2\text{-}68)$$

该经验公式流动温度预测值与实际测量值的偏差结果见表 2-14。

2.6.4.3 经验公式Ⅲ

戴爱军研究了煤灰主要成分与煤灰酸碱比对灰熔融特性的影响，建立了预测流动温度的经验模型：

$$y=1463.055-376.865x+181.35x^2-33.485x^3+2.7355x^4-0.0825x^5$$

式中 $x=(SiO_2+Al_2O_3+TiO_2)/(Fe_2O_3+CaO+MgO)$ (2-69)

y 表示流动温度 FT。根据经验公式Ⅲ的煤灰成分适用范围，计算该经验公式流动温度预测值与实际测量值的偏差 σ，结果见表 2-14。

表 2-14 煤灰流动温度预测效果

项目		经验式Ⅰ	经验式Ⅱ	经验式Ⅲ	经验式Ⅳ
样品煤的数量/g		142	153	145	153
温度/℃	$\sigma<50℃$	23	32	99	127
	$50℃<\sigma<70℃$	14	7	19	19
	$70℃<\sigma<80℃$	8	6	10	7
	$\sigma>80℃$	97	108	17	0

从表 2-14 可知，经验公式Ⅲ和式(2-66) 相对经验公式Ⅰ和经验公式Ⅱ预测煤灰流动温度的准确性较好，满足预测偏差小于 50℃的煤样比例分别为 68.28%和 83.01%，且式(2-66) 预测偏差大于 70℃的煤样比例很小。因此，在公式的灰分适用范围内，式(2-66) 具有良好的流动温度预测效果。

2.6.5 煤灰流动温度预测公式的准确性检验

表 2-15 实验测定煤灰成分

样本	化学组成/%								
	SiO_2	Al_2O_3	CaO	Fe_2O_3	SO_3	TiO_2	MgO	Na_2O	K_2O
宁煤渣	24.24	8.99	5.77	50.96	0.97	0.34	2.21	1.17	1.02
杨怡地区的块煤	24.23	11.06	22.20	12.72	14.31	0.74	10.56	2.73	0.27
杨怡地区的粉煤	40.08	17.94	14.25	9.67	6.54	0.93	5.96	2.18	1.52
1 号渣	40.24	16.23	16.14	14.89	0.56	0.91	5.31	2.87	1.59
2 号渣	39.87	16.15	16.53	15.34	0.67	0.87	4.75	3.11	1.54
梅花井	39.42	15.76	11.98	6.06	14.84	0.88	7.62	1.66	1.17
索普 3	48.78	17.61	16.92	4.26	6.33	0.97	2.00	0.56	1.47

表 2-16 煤灰流动温度预测值与测量值的偏差

样本	FT 预测值/℃	FT 测量值/℃	偏差/℃
宁煤渣	1515	1473	42
杨怡地区的块煤	1245	1177	68

续表

样本	FT 预测值/℃	FT 测量值/℃	偏差/℃
杨怡地区的粉煤	1190	1193	3
1 号渣	1210	1156	54
2 号渣	1190	1150	40
梅花井	1220	1223	3
索普 3	1250	1261	11

表 2-15 为实验测定煤灰成分。选用实验室测得的七种煤灰流动温度数据来检验式(2-66) 预测煤灰流动温度的准确性，将流动温度预测值和测量值相比较，计算偏差见表 2-16。由表 2-16 可知，偏差均小于 80℃。可见，在公式的适用范围内，式(2-66) 具有良好的预测效果。

表 2-10 中包含了经 FactSage 软件计算得到的 153 个煤样的液相线温度，图 2-21 代表 153 个以煤灰流动温度 FT 与各自对应的液相线温度 LT 为坐标的数据点，采用一元线性拟合模拟液相线温度与该流动温度之间的关系式如下：

$$FT=0.74936LT+216.249 \tag{2-70}$$

其中，相关性系数 $R=0.924$。由此可见，煤灰流动温度与液相线温度之间有较强的线性相关性，式(2-70) 对于预测煤灰熔融温度具有一定的普适性和准确性。

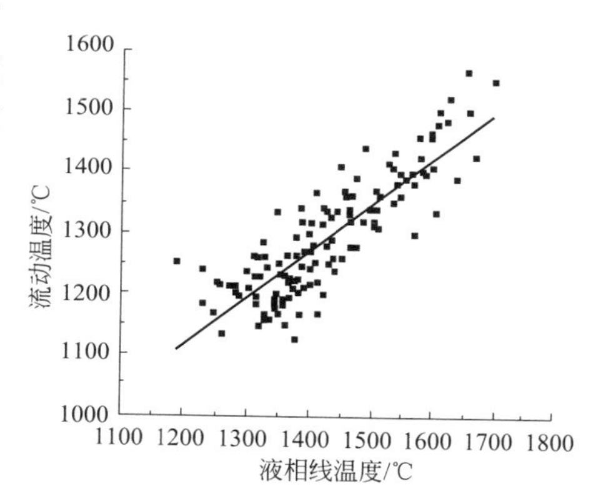

图 2-21　煤灰流动温度与液相线温度之间的关系

总之，借助现代统计理论对 181 种煤灰流动温度分析表明，煤灰各个氧化物以及酸碱比与煤灰流动温度之间存在各不相同的关联性，其中，酸碱比与煤灰流动温度的相关性系数最大。以 181 种煤灰熔融温度数据为基础，通过多元线性拟合以及逐步回归法，建立了关联各煤灰氧化物成分以及酸碱比的流动温度预测模型。其中，酸碱比的流动温度预测模型预测效果较好，相关性系数达 0.934。误差分析表明，相比于常用煤灰熔融温度经验公式，该模型的准确性和普适性更好。该模型为：

$$\begin{aligned}FT=&0.091SiO_2^2+0.2701Al_2O_3^2+0.1489CaO^2+0.2088Fe_2O_3^2+\\&6.827SO_3^2+4.564TiO_2^2+0.5237MgO^2-2.852Na_2O^2+\\&0.9676K_2O^2+9.891A/B+837.5\end{aligned}$$

以 153 种煤样为基础，利用 FactSage 软件计算液相线温度，建立了流动温度与液相线温度之间的关联公式：$FT=0.74936LT+216.249$。相关性系数达 0.924，预测值与实验值有较好的一致性。

2.7 基于煤灰平均离子势的煤灰熔点预测

研究者通过统计（如支持向量机和最小二乘法）和热力学（如 FactSage 软件）的方法建立了煤灰熔融温度和煤灰成分的关联式，也对通过煤灰矿物因子预测煤灰熔融温度的方法进行了研究。但是，由于煤灰成分和矿物质组成的复杂性，准确预测煤灰熔融温度还存在一定的困难。最近，有人对煤灰熔融温度和离子势的关系进行了探索，发现离子势大于 $100nm^{-1}$ 的元素能使煤灰熔融温度提高，离子势小于 $25nm^{-1}$ 的元素能够使煤灰熔点降低。但是，有关煤灰流动温度与离子势大小的关系仍需要进一步的研究。

2.7.1 实验部分

2.7.1.1 煤灰的熔融特性

不同地方的煤样由中国科学院山西煤炭化学研究所提供：小龙潭褐煤（云南省），霍林河褐煤、胜利褐煤、呼盛褐煤（内蒙古），陈家台烟煤和襄阳烟煤（湖北省），平顶山烟煤和义马次烟煤（河南省），巨野烟煤（山东省），神木烟煤（陕西省）。煤样被粉碎至 0.198mm 以下，分别记为 XLT、HLH、SL、HS、CJT、XY、PD、YM、JY、SM。煤灰成分在 1800X 射线荧光仪上测定，结果见表 2-17。还原性气氛（1∶1 H_2/CO_2，体积比）下在 ALHR-2 灰熔点测定仪测定的煤灰熔融温度见表 2-17。把煤的灰锥放入灰熔点测定仪的恒温区内，900℃前按 15℃/min 升温，900℃之后按 15℃/min 升温。导入体积比 1∶1 H_2/CO_2 的混合气体排除里面的空气和维持还原性气氛。在升温过程中，依据灰锥形状的变化，记录煤灰的变形温度、软化温度、半球温度和流动温度。煤灰熔融温度的测定误差在±20℃范围内。

表 2-17 煤样的煤灰成分及煤灰熔点

项目		XLT	HLH	SL	HS	CJT	XY	PD	YM	JY	SM
煤灰成分/%	Na_2O	0.94	1.04	0.71	0.62	0.20	0.57	0.68	0.82	1.91	0.64
	K_2O	0.99	1.23	1.14	1.02	2.08	1.04	0.36	2.10	0.36	0.76
	MgO	1.79	1.79	2.02	1.30	2.88	2.00	0.77	1.46	1.62	1.03
	CaO	21.64	8.04	15.69	6.81	28.62	16.28	15.36	7.96	5.19	23.63
	Fe_2O_3	8.95	11.73	6.10	6.54	18.95	7.29	4.42	6.98	4.96	10.92
	SO_3	13.16	2.20	4.33	2.01	0.99	3.72	4.10	2.70	5.23	5.33
	Al_2O_3	17.56	21.85	15.22	23.20	14.32	15.40	21.39	22.36	34.67	15.33
	SiO_2	33.14	49.19	51.85	56.93	31.06	51.04	47.83	53.61	41.61	38.66
	TiO_2	1.14	1.43	0.57	1.21	0.74	0.62	0.78	1.12	1.74	0.71
	P_2O_5	0.28	0.28	0.07	0.36	0.16	0.07	0.19	0.89	0.62	0.20
AFT/℃	DT	1096	1233	1137	1121	1100	1138	1218	1260	1312	1133
	ST	1158	1296	1172	1327	1110	1144	1233	1285	1350	1137
	HT	1181	1313	1152	1339	1121	1148	1238	1320	1367	1167
	FT	1199	1340	1217	1357	1147	1220	1266	1343	1420	1179

注：AFT 表示熔融温度；DT 表示变形温度；ST 表示软化温度；HT 表示半球温度；FT 表示流动温度。

2.7.1.2 平均离子势的计算

硅元素在煤灰中的含量大，因此高温下的熔融煤灰可看成熔融硅酸盐的聚合体。由于煤灰的主要化学成分 SiO_2、Al_2O_3、CaO、Fe_2O_3 一般占煤灰总量的 90%以上，根据这些组成的特点推测煤灰的熔融特性具有一定的合理性。在还原性气氛下，铁元素以 Fe^{2+} 形式存在，Fe_2O_3 的摩尔分数以 2 倍的 FeO 的摩尔分数计算。因此，用于预测煤灰的熔融特性的 Fe^{2+}、Ca^{2+}、Al^{3+} 和 Mg^{2+} 平均摩尔离子势为：

$$I_{平均}=\frac{\sum M_i I_i}{\sum M_i}$$

式中，M_i 代表摩尔分数（Al_2O_3、CaO、FeO 和 MgO 四种成分摩尔分数的和为 100%）；I_i 代表每种离子的离子势（Mg^{2+}，30.77nm^{-1}；Fe^{2+}，26.32nm^{-1}；Ca^{2+}，20.20nm^{-1}；Al^{3+}，60.00nm^{-1}）。

2.7.2 结果和讨论

2.7.2.1 煤灰的平均摩尔离子势和煤灰流动温度的关联

表 2-18 煤灰成分及煤灰熔点

序号	煤灰成分/%										其他	
	Na_2O	K_2O	MgO	CaO	Fe_2O_3	SO_3	Al_2O_3	SiO_2	TiO_2	P_2O_5	FT/℃	$I_{平均}/nm^{-1}$
1	0.51	1.12	2.50	17.82	10.36	4.53	15.58	43.60	0.62	0.46	1200	36.89
2	1.13	—	1.66	10.75	8.70	10.60	17.65	45.04	—	0.08	1224	41.82
3	0.24	5.01	2.51	5.57	5.10	0.51	35.99	40.67	—	—	1442	51.48
4	1.35	1.44	2.53	23.78	7.29	0.52	20.39	38.47	—	—	1163	37.71
5	0.34	0.82	1.02	13.00	16.53	—	15.31	31.93	0.53	0.01	1200	37.84
6	1.51	3.28	1.42	3.98	7.32	—	24.99	49.46	1.18	0.18	1400	49.90
7	0.57	1.52	0.39	1.51	9.27	2.02	31.43	50.97	1.31	0.11	1485	53.16
8	0.77	1.12	1.48	4.75	6.82	9.96	29.81	43.68	—	—	1409	50.74
9	0.30	0.50	1.70	17.30	22.10	0.60	34.00	23.00	0.40	0.10	1225	42.35
10	2.10	1.00	1.50	9.70	10.20	1.70	20.80	47.70	1.20	0.10	1320	43.53
11	0.50	1.10	1.90	5.00	5.10	0.70	21.90	60.60	0.70	0.50	1360	48.75
12	0.60	1.00	1.30	2.80	15.10	2.10	20.40	53.80	0.80	0.60	1370	46.15
13	2.68	2.02	2.02	19.13	15.77	6.44	21.97	27.77	0.62	1.58	1240	38.71
14	0.94	1.59	1.06	9.32	3.53	0.10	27.84	54.14	1.17	0.25	1383	48.65
15	0.35	1.47	0.99	17.39	5.85	0.11	24.05	48.29	0.99	0.64	1224	42.34
16	1.97	1.11	2.24	4.23	13.44	2.35	16.33	48.15	0.58	—	1290	50.17
17	1.15	1.33	3.20	6.76	6.72	5.54	21.08	47.30	0.62	—	1310	43.38
18	0.90	1.77	1.91	10.42	5.76	3.09	28.47	46.49	1.19	—	1343	45.71
19	1.89	1.32	4.83	17.71	5.81	5.21	20.01	41.45	1.06	—	1210	47.71
20	1.27	1.51	0.94	2.01	3.75	1.12	32.92	53.89	1.28	—	1531	39.42
21	1.14	1.09	0.98	4.96	5.90	3.07	31.84	48.10	—	—	1438	55.09
22	0.71	0.72	1.90	13.93	5.87	8.67	21.00	45.71	—	0.16	1259	51.71
23	0.97	2.96	1.18	1.90	34.78	3.01	21.45	30.76	—	0.91	1326	30.22
24	1.07	2.99	1.25	2.16	17.83	2.88	25.36	43.06	—	0.84	1403	42.39
25	1.10	1.82	2.55	3.82	3.86	—	22.98	60.82	1.13	—	1372	41.65

从文献选择的 25 种煤的煤灰成分和煤灰熔点见表 2-18。相应煤灰的根据公式计算的平均摩尔离子势见表 2-18。煤灰流动温度与煤灰平均摩尔离子势的关系如图 2-22 所示。由图 2-22 可以看出，在煤灰流动温度和其平均摩尔离子势之间存在线性关系为：

$$FT=509.12+17.98I_{平均}$$

R^2 为 0.9054。

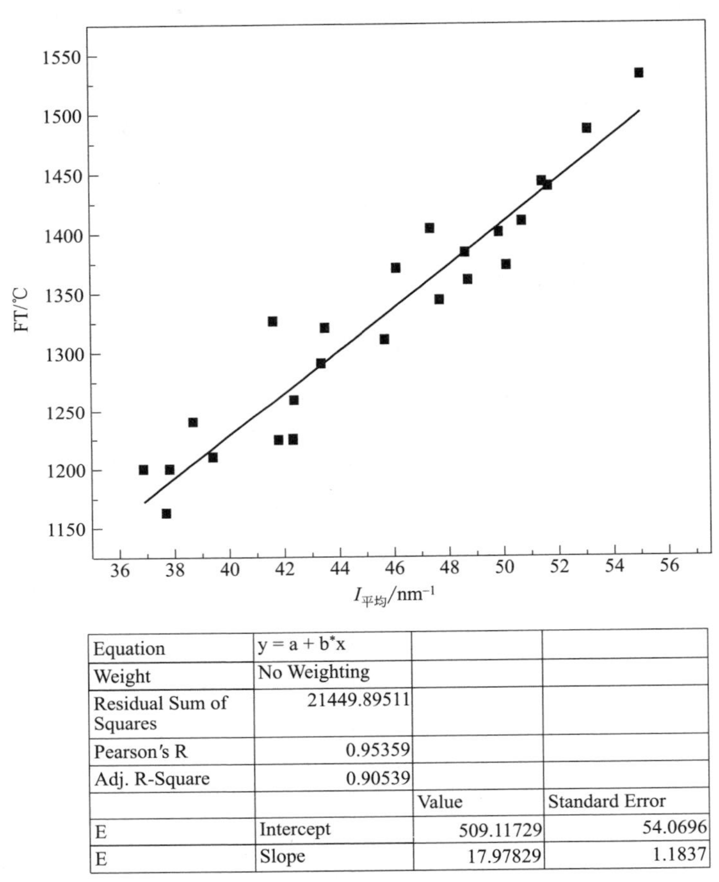

Equation	y = a + b*x		
Weight	No Weighting		
Residual Sum of Squares	21449.89511		
Pearson's R	0.95359		
Adj. R-Square	0.90539		
		Value	Standard Error
E	Intercept	509.11729	54.0696
E	Slope	17.97829	1.1837

图 2-22　煤灰流动温度与煤灰平均摩尔离子势的关系

2.7.2.2　实验结果与预测值的比较

为检测式(2-63) 预测的可靠性，根据相关公式计算的十种煤的平均摩尔离子势和根据式(2-53) 计算的煤灰流动温度（FT）、实验值（FT^a）以及计算值和实验值的差异（ΔT）见表 2-19。实验值和预测值之间的差异都小于 35℃，这低于根据标准测定的还原性气氛下不同煤灰熔融测定仪测定的差异（85℃，ASTM D1857—2004；80℃，ISO 540—2008），也低于国家标准所允许的煤灰流动温度的误差范围（80℃，GB/T 219—2008）。虽然测定煤灰熔融流动特性的三种标准存在一定的差异（还原性气氛的设定，煤灰流动温度的判定，检测炉内还原性气氛的检测方法），大部分内容是一致的。而且，两种偏离程度较大的煤（小龙潭煤和神木煤）都属于高硫（SO_3：小龙潭煤13.16%；神木煤5.33%）高钙煤（CaO：小龙潭煤21.64%；神木煤23.63%）。含有高离子势元素（S^{6+}）的SO_3易于形成低熔点的使煤灰熔点降低的低离子势元素（如Ca^{2+}、Mg^{2+}和Fe^{2+}）的硫酸盐。对高钙煤来说，煤灰熔融温度随钙含量的增加而升高。因此，可以推断根据煤灰的平均摩尔势预测煤灰的流动温度对低钙低硫煤来说，会更加准确。

总之，依据其他研究者发表的实验数据，提出了煤灰流动温度和煤灰平均摩尔离子势之间的线性关系式，其R^2为0.9054。在实验误差范围内，实验所测定的煤灰流动温度都能符合这一线性关系。

表2-19　预测值和实验结果的比较

项目	XLT	HLH	SL	HS	CJT	XY	PDS	YM	JY	SM
$I_{平均}/nm^{-1}$	36.95	44.36	38.46	47.63	35.63	38.06	42.63	46.28	52.04	35.63
计算值 FT/℃	1171	1322	1201	1366	1150	1193	1276	1341	1445	1146
实验值 FT/℃	1199	1340	1217	1360	1147	1220	1266	1343	1420	1179
ΔT/℃	28	18	16	−6	−3	7	−10	2	−25	33
偏差/%	2.34	1.34	1.31	0.44	0.26	0.57	0.82	0.15	1.76	2.80

本章小结

本章重点介绍了煤灰熔融温度的预测公式。炉内熔渣流动行为的两个参数为煤灰熔融温度和黏温特性。鉴于熔渣流动直接观察的困难性和间接手段的局限性，建立煤灰熔融温度的预测公式模型并对模型的准确性进行验证，是解决这一问题的重要手段。

本章对BP神经网络模型对煤灰熔点的预测、BP神经网络模型的改进和优化、RBF网络预测模型、基于支持向量机与遗传算法的煤灰熔点预测、基于偏最小二乘回归的煤灰熔点预测、基于液相线温度的煤灰熔点预测和基于煤灰平均离子势的煤灰熔点预测进行了分析，并且对每种预测方法的适用范围和优缺点进行了探讨和分析。

第3章

助剂对煤灰熔融特性的调控

助剂是调控煤灰熔融特性的重要手段，在工业实践操作中被广泛运用。助剂可分为助熔剂和耐熔剂两大类，其中助熔剂在工业实践中使用范围较广，人们对其进行了较为深入的研究。

3.1 镁基助熔剂对煤灰熔融特性的影响及机理

3.1.1 镁基助熔剂对煤灰熔融特性的影响

3.1.1.1 淮南煤煤灰添加镁基助熔剂的助熔实验

采用GB/T 212—2008《煤的工业分析方法》中的快速制灰法。煤样采用淮南煤，煤灰的化学成分见表3-1。某种镁基化合物按质量分数为2.5%、5%、10%、15%和20%的比例进行添加，在弱还原性气氛下考察各灰样的熔融温度。

表3-1 淮南煤煤灰的化学成分

成分	SiO_2	Al_2O_3	Fe_2O_3	CaO	SO_3	TiO_2	K_2O	P_2O_5	MgO	Na_2O
数值/%	50.97	31.43	9.27	1.51	2.02	1.31	1.52	0.11	0.39	0.57

3.1.1.2 镁基助熔剂对煤灰熔融特性的影响

将质量分数为2.5%、5%、10%、15%和20%的镁基助熔剂加入淮南煤煤灰中，测定混合灰的熔融特征温度，结果如图3-1所示。由图3-1可以看出，淮南煤是高煤灰熔点煤，其变形温度、软化温度和流动温度分别为1386℃、1424℃和1487℃。镁基助熔剂的加入降低了煤灰的熔融特征温度，当镁基助熔剂的质量分数为0～5%时，煤灰熔点下降十分明显，继续添加镁基助熔剂，煤灰熔点基本保持不变，甚至有略微升高的趋势。出现升高的趋势是因为镁基助熔剂本身就是一种高熔点化合物，过量的镁基助熔剂导致煤灰的熔融温度上升。其中，变形温度、软化温度和流动温度的变化趋势一致。由图 3-1 还可以看出，对于淮南煤煤灰，镁基助熔剂的理想添加质量分数为 5%，并且能使煤灰熔点降低到 1350℃以下。但 Song 等的研究表明，随着镁基助熔剂添加质量分数的增大，煤灰熔点先下降，然后略微升高后继而大幅度下降。这可能与实验选取的煤种有关。另外，镁基助熔剂的质量分数与煤灰熔融温度的降低之间并无明显的线性关系。

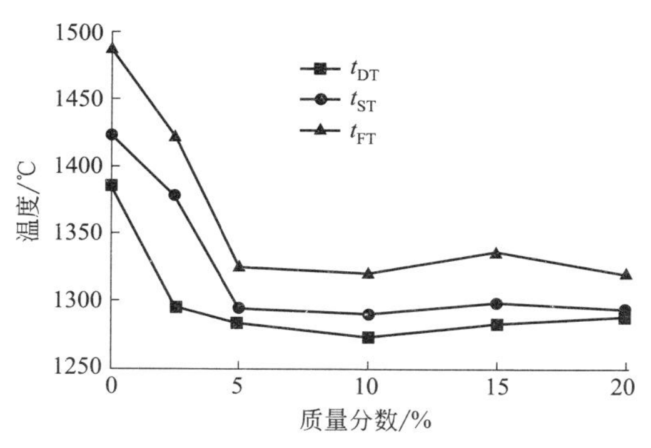

图 3-1　镁基助熔剂对淮南煤煤灰熔融特性的影响

3.1.2　镁基助熔剂助熔机理

实验中 XRD 和 SEM 分析分别采用 BRUKER-AXS 公司的 D8 Advance 型多晶 X 射线衍射仪和 FEI 公司的 Sirion200 仪器。在弱还原性气氛条件下，将灰样加热至预定实验温度，然后自然冷却。冷却后的灰样经玛瑙研钵研磨至粒径均匀细微，然后对灰样进行 XRD 和 SEM 分析。

3.1.2.1　加入镁基助熔剂后熔融矿物质的 XRD 分析

图 3-2 为不同温度时淮南煤煤灰及添加 5%镁基助熔剂灰样的矿物质成分分析。由图 3-2(a) 可知，淮南煤煤灰具有较高的熔融温度是因为高熔点矿物质莫来石为煤灰在熔融过程中提供了较强的“骨架”作用。推测莫来石形成的主要原因是石英与 Al_2O_3 在 1300℃时发生反应。郭九皋等推测莫来石的生成分为两步：首先，温度为 1123～1223K 时，少量的莫来石直接由高岭石转变而来；然后，温度由 1473K 升高到 1573K 时，SiO_2 和 Al_2O_3 反应生成大量的莫来石。

900℃时添加 5%镁基助熔剂的灰样与淮南煤煤灰相比，它们的矿物质基本一致，均为石英、硬石膏和少量的钾云母。1100℃时有铁铝尖晶石、钙黄长石和钙长石衍射峰出现，同时有莫来石衍射峰出现。然而在不添加镁基助熔剂时，淮南煤煤灰中莫来石在 1300℃时才出现，镁基助熔剂的加入使石英与 Al_2O_3 在 1100℃时提前发生了反应，导致莫来石晶体的提前生成。随着温度的继续升高，石英衍射强度进一步减弱，铁铝尖晶石和钙黄长石的衍射峰量随着温度的升高而减少，可能是其发生熔融变成了非晶态物质。1300℃时添加镁基助熔剂的灰样已经发生了熔融现象，此时煤灰中矿物质为堇青石、尖晶橄榄石和少量的莫来石。在温度由 1100℃升高到 1300℃的过程中，镁基助熔剂与煤灰中矿物质发生反应导致高熔点矿物质莫来石的提前生成，莫来石生成后继续与镁基助熔剂发生反应，生成了堇青石和尖

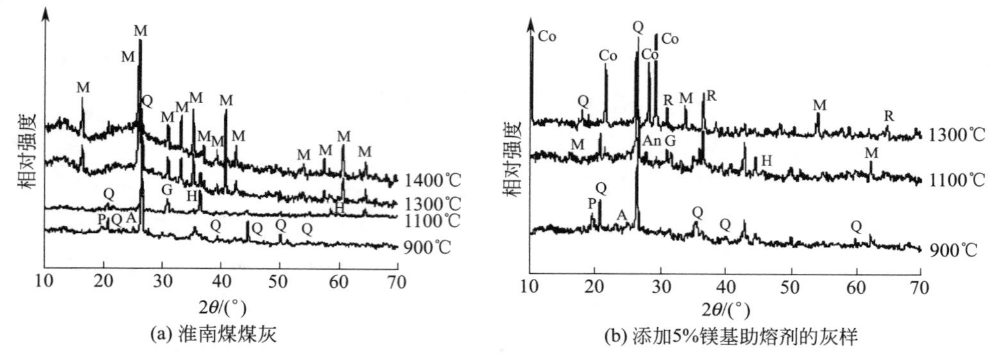

图 3-2 煤灰中矿物质成分的 XRD 分析结果

Q—石英；P—钾云母；H—铁铝尖晶石；An—钙长石；M—莫来石；A—硬石膏；G—钙黄长石；Co—堇青石；R—尖晶橄榄石

晶橄榄石等易熔矿物质，最终导致高熔点煤灰熔点降低。煤灰中主要矿物质的反应历程如下：

$$CaSO_4\text{(硬石膏)} \longrightarrow CaO + SO_3$$

$$SiO_2\text{(石英)} + Al_2O_3 \longrightarrow 3Al_2O_3 \cdot 2SiO_2\text{(莫来石)}$$

$$3Al_2O_3 \cdot 2SiO_2\text{(莫来石)} + CaO \longrightarrow CaO \cdot Al_2O_3 \cdot 2SiO_2\text{(钙长石)}$$

$$CaO \cdot Al_2O_3 \cdot 2SiO_2\text{(钙长石)} + CaO \longrightarrow 2CaO. Al_2O_3 \cdot 2SiO_2\text{(钙黄长石)}$$

$$3Al_2O_3 \cdot 2SiO_2\text{(莫来石)} + Mg^{2+} \longrightarrow 2MgO \cdot 2Al_2O_3 \cdot 5SiO_2\text{(堇青石)} + 2MgO \cdot 5SiO_2\text{(尖晶橄榄石)}$$

由于所用的助熔剂与煤种的不同，实验中的最终产物与文献中的并不相同。Song 等的研究结果表明，煤灰中的莫来石转变为含 Mg^{2+} 的尖晶石。Bai 等通过对混煤灰的研究，认为莫来石与钙长石发生反应，并且消耗了石英。但在本次实验中钙长石的含量不多，且 Mg^{2+} 的活性较强，莫来石与钙长石发生的反应可忽略不计。许志琴等和 Li 等分别在研究铁基助熔剂时提出了矿物质的低温共熔现象。李继炳等认为镁基助熔剂也有类似现象。添加镁基助熔剂后煤灰中的矿物质发生反应，并且生成硅酸盐矿物质，这些矿物质之间会产生低温共熔现象，大大降低了煤灰的熔融温度。

3.1.2.2 熔融矿物质的 SEM 分析

利用 SEM 对淮南煤煤灰及添加 5%镁基助熔剂灰样的形貌特征进行了研究(图 3-3)。添加 5%镁基助熔剂之前，1100℃时淮南煤煤灰以整齐有序的碎屑物质为主，由图 3-3 (a) 可以看出，煤灰有部分熔融现象出现，但此时的温度并未达到淮南煤煤灰的熔融温度，从 XRD 分析结果可以推测，这是由于硬石膏的分解和部分石英颗粒在 1100℃时发生了相变或者熔融。1300℃时，煤灰出现局部熔融现象。图 3-3(b) 中的棒状和针状物质与莫来石形状一致。1500℃时煤灰表面出现了大面积的熔融现象，生成大量的玻璃态物质。

添加 5%镁基助熔剂之后，1100℃时淮南煤煤灰以块状、片状物质为主，煤灰表面未出现清晰的石英颗粒，从 XRD 分析结果也可以看出，1100℃时石英衍射峰强度已经开始减弱，可以推断镁基助熔剂与石英反应生成了新物质。1300℃时煤灰表面不再细密均匀，而是出现团状和三角状凸起颗粒，并且出现了部分熔融现象，与图 3-3(b) 中煤灰表面清晰的棒状和针状的莫来石物质有很大区别。根据 XRD 分析结果可以断定，此时莫来石参与了化学反应，其总量减少，并且生成了熔点相对较低的新物质。温度进一步升高至煤灰熔点 1325℃时，煤灰发生完全熔融。然而，煤灰的表面形貌并非如图 3-3(c) 所示的釉状致密结构，而是出现了大的四面体颗粒。根据 XRD 分析结果可以推断，这些颗粒是矿物质间反应的产物，即堇青石和尖晶橄榄石等。

(a) 1100℃煤灰　(b) 1300℃煤灰　(c) 1500℃煤灰

(d) 1100℃时添加5%镁基助熔剂　(e) 1300℃时添加5%镁基助熔剂　(f) 1350℃时添加5%镁基助熔剂

图 3-3　淮南煤煤灰及添加 5%镁基助熔剂灰样的 SEM 分析结果

总之，镁基助熔剂的加入降低了淮南煤煤灰的熔融温度，当镁基助熔剂的质量分数为 0～5%时，煤灰熔点下降十分明显。对于淮南煤煤灰，镁基助熔剂的理想添加质量分数为 5%，能使煤灰熔点降低到 1350℃以下。通过 XRD 分析和 SEM 验证得知，高熔点矿物质莫来石是导致淮南煤煤灰熔点较高的原因。镁基助熔剂与煤灰中矿物质发生反应，导致高熔点矿物质莫来石提前生成，莫来石生成后继续与镁基助熔剂发生反应，并且生成了堇青石和尖晶橄榄石等易熔矿物质，最终导致高熔点煤灰熔点的降低。

3.2　钙基助熔剂对煤灰熔融特性的影响及机理

3.2.1　钙基助熔剂对煤灰熔融特性的影响

3.2.1.1　添加钙基助熔剂的助熔实验

实验煤种为陕北地区延安子长禾草沟煤（2# 煤），用 ICP-AES 法定量分析煤灰的成分，实验结果见表 3-2。由表 3-2 可知，煤灰的主要成分为酸性氧化物和碱性氧化物。酸性氧化物主要以 SiO_2、Al_2O_3 和 SO_3 形式存在；碱性氧化物主要以 Fe_2O_3、CaO、MgO、K_2O 和 Na_2O 等形式存在。主要酸性氧化物占 71.46%，主要碱性氧化物占 25.42%。

表 3-2　煤灰的化学成分

成分	SiO_2	Al_2O_3	Fe_2O_3	CaO	MgO	K_2O	Na_2O	SO_3	TiO_2
数值/%	45.32	25.06	5.83	12.49	3.28	2.17	1.65	1.08	1.36

3.2.1.2　钙基助熔剂对煤灰熔融特性的影响

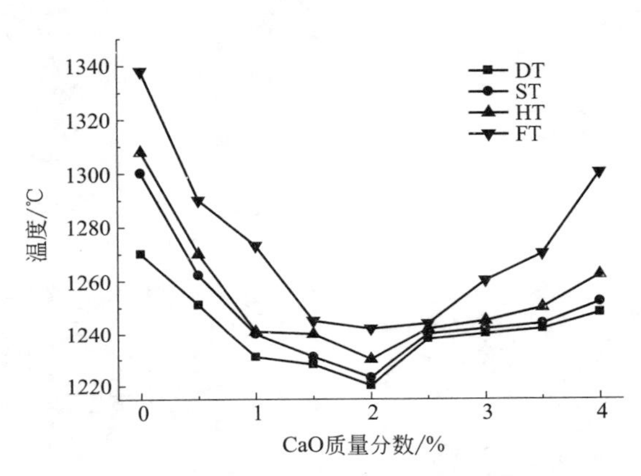

图 3-4　添加不同含量的 CaO 对煤灰熔融特性的影响

将质量分数不同的钙基助熔剂加入淮南煤煤灰中，测定混合灰的熔融特征温度，结果如图 3-4 所示。在煤灰中分别添加不同含量的 CaO，其对煤灰熔融特性的影响见图 3-4。由图 3-4 可以看出，随着 CaO 含量的增加，煤灰的四个特征温度呈现先降低后升高的趋势，当 CaO 含量达到 2.0%时，煤灰的熔融温度降到最低，ST 比添加 CaO 之前降低了 75℃，之后随着 CaO 含量的增加，特征温度呈升高趋势。初步分析认为，主要是由于在加热过程中 CaO 与煤灰成分中的 SiO_2 或 Al_2O_3 发生反应，生成硅酸盐和铝酸盐等低熔融温度的物质，导致体系熔融温度降低，当 CaO 含量超过一定值时，将会出现过剩的 CaO 单体，破坏硅酸盐的结构，形成高熔点的正硅酸盐，使体系温度升高。

3.2.2　钙基助熔剂助熔机理

3.2.2.1　加入钙基助熔剂后熔融矿物质的 XRD 分析

采用 XRD-7000 型 X 射线粉末衍射仪，对原煤灰及添加氧化物后煤灰矿物组成进行分析。操作条件为：Cu-Kα 源 X 射线，管电压为 36kV，管电流为 100mA。方法是：在高温炉中，将试样制成灰锥，加热至软化温度，恒温 20～30min 后将其取出，迅速放入水中，骤冷，冷却后，将灰锥研磨成细粉，用 X 射线粉末衍射仪分析其矿物组成。高温环境下，煤灰中的部分矿物质会发生反应，为了较直观地观察煤灰在高温下形态的变化，采用 TM3000 型扫描电镜对不同温度下以及添加不同氧化物后 $2^{\#}$ 煤灰的微观结构进行观察。

（1）*煤灰中矿物质在不同温度下的转化*　图 3-5 为煤灰在不同温度下的 XRD 谱图。煤灰中主要矿物质为石英、钙长石、赤铁矿、莫来石、方解石和硬石膏。

1000℃时，煤灰中主要矿物质是钙长石和赤铁矿；1100℃时，煤灰中主要矿物质是硬石膏和石英；800℃以下，煤中的黄铁矿分解，变为赤铁矿和SO_3；900℃时，钙长石容易与煤灰中其他矿物质作用，形成低温共熔体。经加热，分解后的方解石与硫化物反应生成硬石膏，在1000℃时，硬石膏分解生成CaO的温度高于1100℃时，煤灰中的矿物质结晶，形成莫来石，析出SiO_2以方石英形式存在。

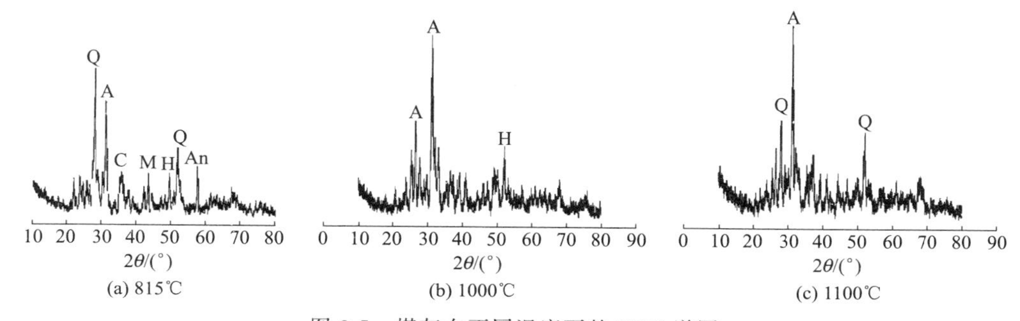

图3-5 煤灰在不同温度下的XRD谱图

Q—石英；An—钙长石；H—赤铁矿；M—莫来石；C—方解石；A—硬石膏

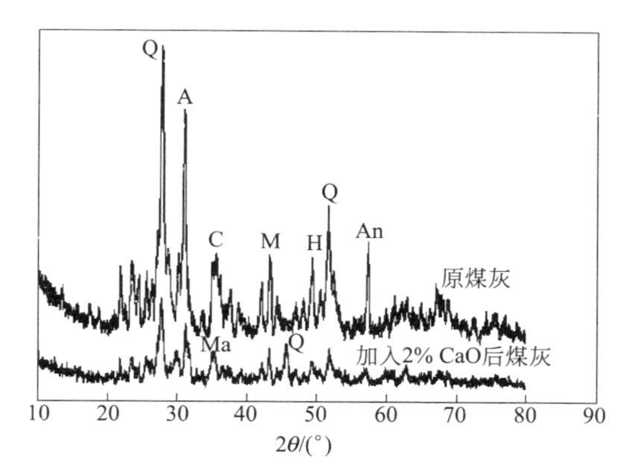

图3-6 原煤灰与加入2%CaO后煤灰的XRD谱图

Q—石英；An—钙长石；H—赤铁矿；M—莫来石；

A—硬石膏；C—方解石；Ma—磁铁矿

（2）*添加CaO后矿物的转化* 图3-6为原煤灰与加入2%CaO后煤灰的XRD谱图。加入2%CaO后，硬石膏和石英的衍射峰强度减弱，钙长石、方解石及莫来石的衍射峰消失，赤铁矿的衍射峰消失而出现了磁铁矿的衍射峰。这说明，加入CaO后，煤灰中硬石膏和石英的含量减少，方解石和莫来石消失，赤铁矿转化为磁铁矿。莫来石与加入的CaO作用，形成钙长石和钙黄长石，继续加入CaO，钙长石会转化为钙黄长石。发生的主要反应如下：

$$3Al_3O_2 \cdot 2SiO_2 + CaO \longrightarrow CaO \cdot Al_3O_2 \cdot 2SiO_2$$

$$CaO \cdot Al_3O_2 \cdot 2SiO_2 \longrightarrow 2CaO \cdot Al_3O_2 \cdot 2SiO_2$$

3.2.2.2 SEM分析实验

变形温度下和添加 CaO 后煤灰的微观形态分别见图 3-7 和图 3-8。在相同放大倍数下，原煤灰在变形温度下，主要由较小的碎屑组成，添加 CaO 后，煤灰主要由较大颗粒组成，且添加 4%CaO 后的颗粒相对较大些；在添加 2%CaO 的煤灰中，较小颗粒和片状物被烧熔在一起，放大后，表面较光滑，说明有玻璃体生成；添加 4%CaO 的煤灰，表面凹凸不平，出现了小孔，说明煤灰出现了熔融现象。

图 3-7 变形温度下煤灰的电镜扫描照片

(a) 添加2% CaO (b) 添加2% CaO

(c) 添加4% CaO (d) 添加4% CaO

图 3-8 添加 CaO 后煤灰的电镜扫描照片

总之，钙基助熔剂的加入降低了淮南煤灰的熔融温度，随着 CaO 含量的增加，煤灰的四个特征温度呈现先降低后升高的趋势，当 CaO 含量达到 2.0%时，煤灰的熔融温度降到最低。通过 XRD 分析表明，原煤灰在高温时生成的大量莫来石是煤灰熔融温度高的原因，添加石灰石助熔剂后，生成的钙长石等低熔点矿物，促进了煤灰熔融。对高温下（1300℃）灰渣的 SEM 分析表明，煤渣样表面有较多气孔及颗粒状物质，添加石灰石助熔剂后渣样表面出现熔融迹象。

3.3 钾基助熔剂对煤灰熔融特性的影响及机理

3.3.1 钾基助熔剂对煤灰熔融特性的影响

实验条件与陕北地区延安子长禾草沟煤（2# 煤）添加钙基助熔剂的助熔实验相同，用 ICP-AES 法定量分析煤灰的成分，实验结果见表 3-2。将质量分数为 0.5%、1%、1.5%、2%、2.5%和 3%的钾基助熔剂加入煤灰中，测定混合灰的熔融特征温度，结果如图 3-9 所示。在煤灰中分别添加不同含量的 K_2O，其对煤灰熔融特性的影响见图 3-9。随着煤灰中 K_2O 加入量的增加，煤灰熔融温度呈先降低后上升的趋势。刚开始加入 K_2O 时，煤灰熔点的特征温度缓慢下降，当 K_2O 的加入量为 1.5%时，熔融温度达到最低，ST 降低了 45℃。之后，随着煤灰中 K_2O 加入量的增加，煤灰熔点逐渐升高。初步分析认为，开始加入的 K_2O 会以游离的形式存在于煤灰中，K^+ 破坏了煤灰中的多聚物，使煤灰熔点降低。而后随着 K_2O 的增加，K_2O 过剩出现 K_2O 单体，K_2O 与煤灰中其他物质作用，生成伊利石，伊利石的熔点较高，会使煤灰熔点升高。

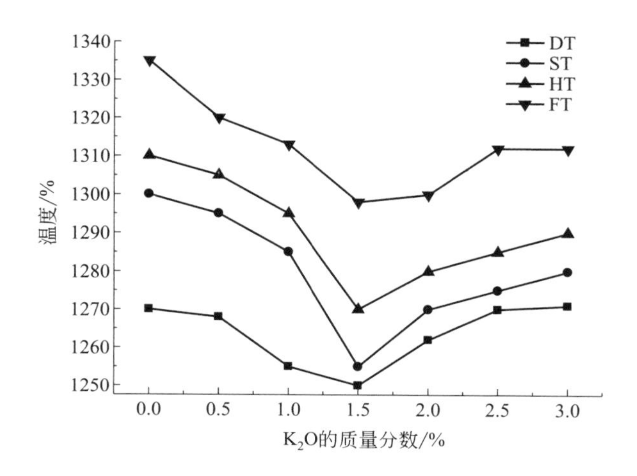

图 3-9　添加不同含量的 K_2O 对煤灰熔融特性的影响

3.3.2 钾基助熔剂助熔机理

3.3.2.1 加入钾基助熔剂后熔融矿物质的 XRD 分析

图 3-10 为原煤灰与加入 1.5%K_2O 和 3%K_2O 后煤灰的 XRD 谱图。由图 3-10 可以看出，加入 1.5%K_2O 和 3%K_2O，煤灰的衍射谱图基本一致。方解石、莫来石、钙长石、石英和硬石膏的衍射峰强度降低，赤铁矿的衍射峰消失，主要原因是 K_2O 熔点低，易与其他氧化物形成低熔点共熔体，引起煤灰中其他氧化物成分发生变化。

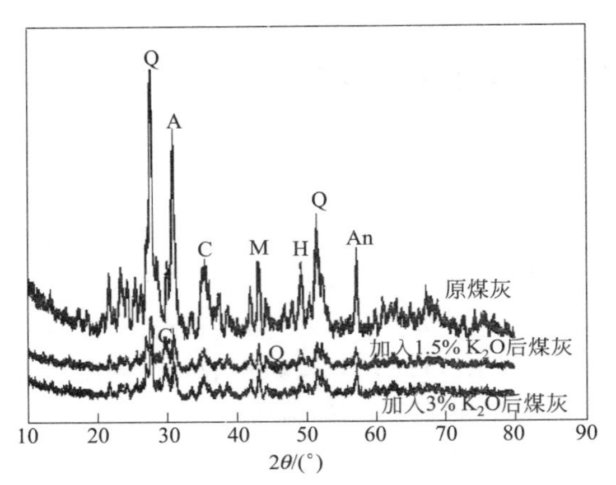

图 3-10 原煤灰加入 K_2O 后煤灰的 XRD 谱图

Q—石英；An—钙长石；H—赤铁矿；M—莫来石；A—硬石膏；C—方解石

3.3.2.2 SEM 分析

添加钾基助熔剂后煤灰的电镜扫描照片，变形温度下煤灰电镜扫描照片见图 3-10。图 3-11 为加入 1.5%K_2O 和 3%K_2O 后煤灰的微观形态。由图 3-11 可以看出，在相同的放大倍数下，添加 K_2O 后，煤灰主要由较大颗粒组成。在添加 1.5%K_2O 的煤灰中，较小的颗粒被烧熔在一起，放大后，可以看到生成物中还夹杂着一些小颗粒，说明有玻璃体生成，没有熔融的小颗粒被包裹在里面；添加 3% K_2O 的煤灰，表面凹凸不平，出现了小孔，煤灰呈熔融现象。说明加入 K_2O 后会产生长石，能促使煤灰更快地熔融。

总之，随着煤灰中 K_2O 加入量的增加，煤灰熔融温度呈先降低后上升的趋势。当 K_2O 的加入量为 1.5%时，熔融温度达到最低。在用 XRD 分析熔融过程中，由煤灰成分的变化可知，加入的钾基助熔剂与灰中矿物质相互作用，使原有的矿物质减少或消失，同时生成了新的矿物质，这是煤灰熔融温度发生变化的主要原因，所以 XRD 的衍射峰发生了变化。通过扫描电镜观察，在添加钾基助熔剂和温度逐渐升高的过程中，逐渐出现不规则凝聚、形成较大颗粒、煤灰矿物之间发生共熔生成新的物质等微观现象，这与 XRD 分析的煤灰中氧化物衍射峰减弱、消失的现象基本吻合。

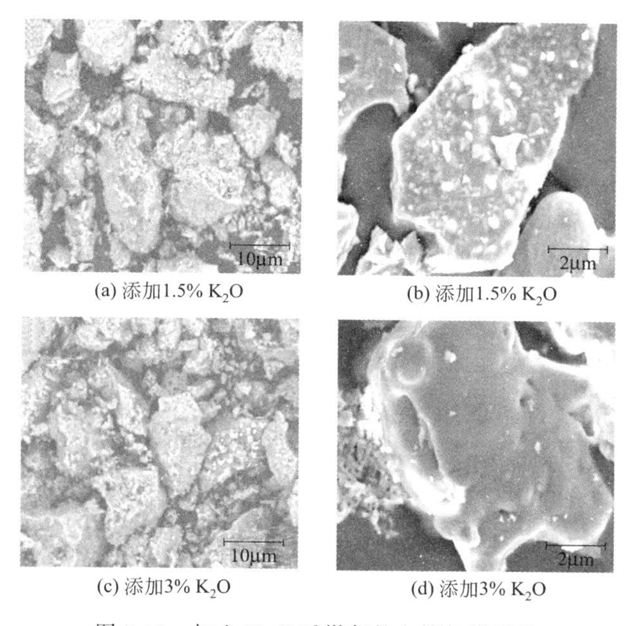

(a) 添加1.5% K_2O　(b) 添加1.5% K_2O
(c) 添加3% K_2O　(d) 添加3% K_2O

图 3-11　加入 K_2O 后煤灰的电镜扫描照片

3.4　钠基助熔剂对煤灰熔融特性的影响及机理

3.4.1　钠基助熔剂对煤灰熔融特性的影响

以 SiO_2 和 Al_2O_3 不同比例组成的混合物作为模拟煤灰，代替实际煤灰考察添加不同碱性氧化物对煤灰熔融温度的影响。煤灰熔点高低主要取决于煤灰中氧化物的含量，一般煤灰熔融温度随酸性氧化物含量增高而升高，随碱性组分含量升高而降低，但是碱性氧化物实验考察了单独添加不同质量分数的 Na_2O 后，模拟煤灰和煤灰的熔融温度变化情况。不同钠基助熔剂含量对模拟煤灰流动温度的影响如图 3-12 所示。图中符号 xFT-M 的意义以 3.0FT-Ca 为代表描述如下，3.0 表示硅铝比是 3∶1，FT 表示流动温度，Na 表示 Na_2O 助熔剂。

图 3-12 为添加 Na_2O 助熔剂对模拟煤灰流动温度的影响，添加 Na_2O 助熔剂后，煤灰熔融温度降低得非常明显。当钠基助熔剂添加量为 16%时，模拟煤灰流动温度值就均低于 1300℃，随着助熔剂添加量的增加，最低可降低到 950℃，而且硅铝比值不影响 Na_2O 降低煤灰熔融温度的作用。Na_2O 助熔剂添加到煤灰中，会发生如下反应：$Na_2O + Al_2O_3 \cdot 2SiO_2 \longrightarrow Na_2O \cdot Al_2O_3 \cdot 2SiO_2$。反应生成的霞石能和煤灰中石英、莫来石等在 1100℃左右发生共熔。这可能是添加 Na_2O 助熔剂后可显著降低煤灰熔融温度，但不受硅铝比值影响的原因。

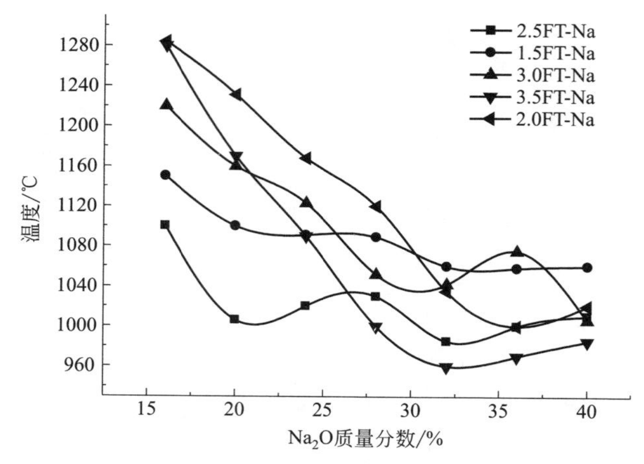

图 3-12 不同钠基助熔剂含量对模拟煤灰流动温度的影响

3.4.2 钠基助熔剂对煤灰熔融特性的调控机理

3.4.2.1 XRD 分析

在氧化性气氛下，选用东山和西山灰样以及添加 5% 的钠基助熔剂的混合灰样，按照实验需要将同一类样品分别加热到 815℃、1050℃、1250℃和混合样品各自的软化温度，达到预定温度后迅速取出并放入冷水中猝冷，然后烘干研磨成小于 100 目的试样，进行 XRD 实验分析。添加钠基助熔剂后能显著地降低煤灰熔融温度，不同热处理温度下灰样的 XRD 谱图如图 3-13 所示。从图 3-13 可知，东山煤和西山煤在钠基助熔剂添加后阻碍了原煤灰石英、莫来石等高熔点矿物质的形成。

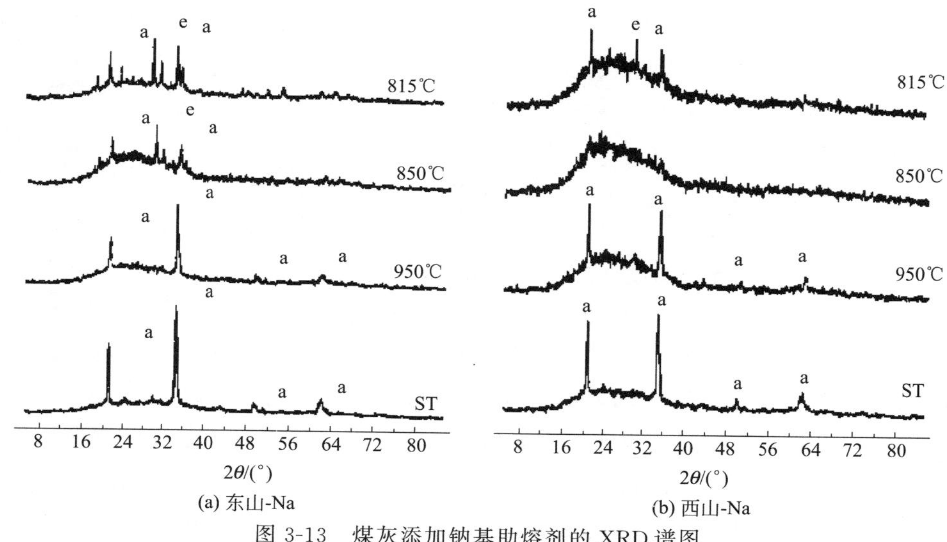

图 3-13 煤灰添加钠基助熔剂的 XRD 谱图

a—钠长石（$Na_2O \cdot Al_2O_3 \cdot 2SiO_2$）；e—钙长石（$CaO \cdot Al_2O_3 \cdot 2SiO_2$）

3.4.2.2 煤灰的 TG-DSC 谱图

煤在热加工利用过程中，随着温度的升高，煤灰中的矿物质会发生变化：在200℃左右脱水；在400～540℃黄铁矿被氧化，碳酸盐、硫酸盐分解释放CO_2和SO_x；在约650℃开始烧结；在约1000℃以上，形成液相，颗粒熔融并相互作用而产生灰渣和熔渣；在1100℃以上时，碱金属（Na_2O和K_2O）开始挥发；氧化性气氛中，在1650℃以上SiO_2开始挥发。使用STA-449F3同步热分析仪测试东山煤灰、西山煤灰及其煤灰氧化物和添加不同助熔剂煤灰，其DSC曲线见图3-14。从图3-14可知，原煤在1000℃有一放热峰，可能是形成新的物质，很可能是导致煤灰熔点高的主要原因。添加钠基助熔剂后这一吸热峰消失，钠基助熔剂在851℃开始熔融，随着温度的升高，熔融状态的助熔剂逐渐熔融周围煤灰，使体系熔点降低。

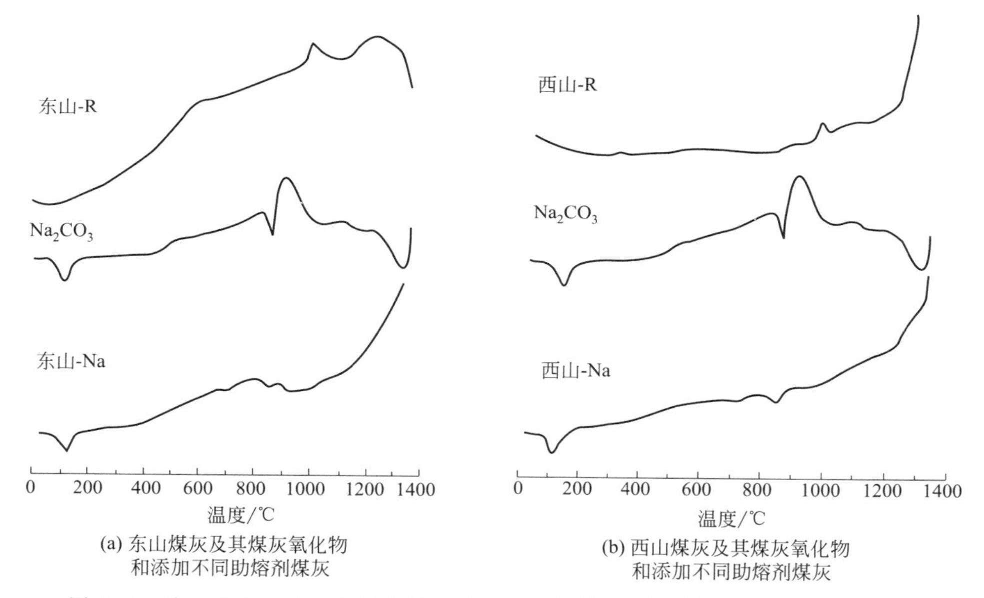

(a) 东山煤灰及其煤灰氧化物和添加不同助熔剂煤灰

(b) 西山煤灰及其煤灰氧化物和添加不同助熔剂煤灰

图3-14 东山煤灰、西山煤灰及其煤灰氧化物和添加不同助熔剂煤灰的DSC曲线

3.4.2.3 不同气氛下煤灰的 TG-DSC 谱图

在惰性气氛和氧化性气氛中进行煤灰DSC实验，实验结果如图3-15所示，氧化性气氛下样品的各个DSC的特征峰向高温区移动。将原煤灰氧化性气氛的DSC曲线与惰性气氛下DSC曲线相比较可知，在1000℃左右，放热特征峰向高温区移动。在200～400℃之间，可能由于在制备灰样时使用的糊精中可燃物质燃烧放热，出现放热峰。

总之，通过XRD与TG-DSC的仪器表征，得知由于添加助熔剂后煤灰中主要氧化物的含量得到调节，促使体系形成三元或多元的低共熔点矿物。也发现导致煤灰熔融温度升高的主要原因是，在温度高于1000℃后，煤灰中所含的偏高岭石等分解形成了石英和莫来石等高熔点矿物质。

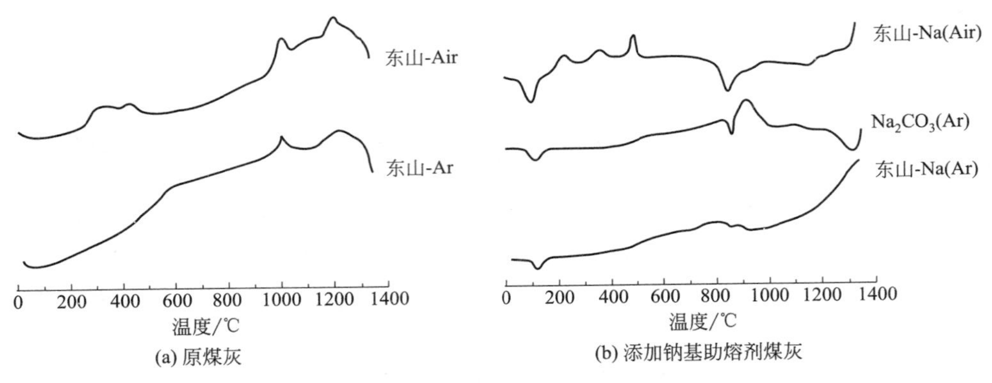

图 3-15 不同气氛下原煤灰和添加钠基助熔剂煤灰的 DSC 曲线

3.5 铁基助熔剂对煤灰熔融特性的影响及机理

3.5.1 铁基助熔剂对煤灰熔融特性的影响

3.5.1.1 越南煤灰中加入铁基助熔剂的实验

取一定量越南煤样品，分别置入瓷舟中，再放进低温灰化仪中，通入氧气，温度控制在 200℃以内，每间隔 1.5h 把瓷舟里的样品翻一翻，让样品充分氧化。灰化结束后从低温灰化仪中取出瓷舟，在空气中冷却 5min，然后放入干燥皿中冷却至室温，最后称重。越南煤灰样的煤灰成分数据见表 3-3。按照 GB 219—1974，测得的越南煤灰样的煤灰熔点数据见表 3-4。实验中将 FeS_2 用玛瑙研钵研磨混合至全部通过 200 目的筛子，并且分别添加到张村煤、金西矿煤、越南煤三种煤灰中分析助熔剂对煤灰熔融特性的影响。

表 3-3 煤灰成分数据

灰样	成分/%								
	Na_2O	MgO	Al_2O_3	SiO_2	K_2O	CaO	Fe_2O_3	SO_3	TiO_2
张村	1.50	0.98	37.86	47.87	0.73	4.34	2.79	5.05	0.87
金西矿	1.29	0.78	35.25	49.76	0.65	3.88	5.48	1.95	0.96
越南	0.50	0.06	31.76	55.50	2.59	0.68	8.20	0.56	0.60

表 3-4 煤灰熔点数据（弱还原性气氛）

灰样	DT/℃	ST/℃	FT/℃	熔融结渣性
张村	1178	>1500	>1500	轻微结渣
金西矿	1000	1110	1202	严重结渣
越南	1380	1460	>1500	中等结渣

3.5.1.2 热重分析煤灰熔融特性

图 3-16 是张村好煤、金西矿煤、越南煤的三种煤灰在通入空气的工况下得到的 TG、DTA 曲线。从图 3-16(a) 曲线可知，张村好煤灰在加热过程中主要有三个不同程度的失重阶段，第一阶段失重（400～700℃）主要是残碳的燃烧，第二阶段的失重（700～900℃）主要是由碳酸盐的分解引起的，第三阶段的失重（1000～1300℃）主要是由硫酸盐等矿物质的分解引起的。从图 3-16(a) 中看到，越南煤灰第二失重阶段变化非常微弱，这是由于表 3-3 中 SO_3 的含量非常少，而 SO_3 来源于硫酸盐，硫酸盐的含量直接决定了其变化趋势。Stnasliva 等指出：硫酸盐、碳酸盐和硫化物含量较高的煤灰熔融温度较低；而高岭石、伊利石、金红石含量较高的煤灰熔融温度较高。有关资料表明，煤灰中 Al_2O_3 的含量越高，SiO_2 和 Al_2O_3 之比越低，即高岭石含量越高，则煤灰的熔融温度越高。从表 3-3 中看到，三种煤之中张村好煤灰的 Al_2O_3 含量最高，SiO_2 和 Al_2O_3 之比最小，说明其高岭石含量将会最高，加热过程中灰中仍残留部分偏高岭石，偏高岭石是一种熔融温度较高的矿物，偏高岭石的大量生成能提高张村煤灰的熔融温度。从而验证了可以从图 3-16(b) 中的 DTA 曲线上判断张村好煤灰熔融温度比金西矿煤灰和越南煤灰熔融温度高的结论。

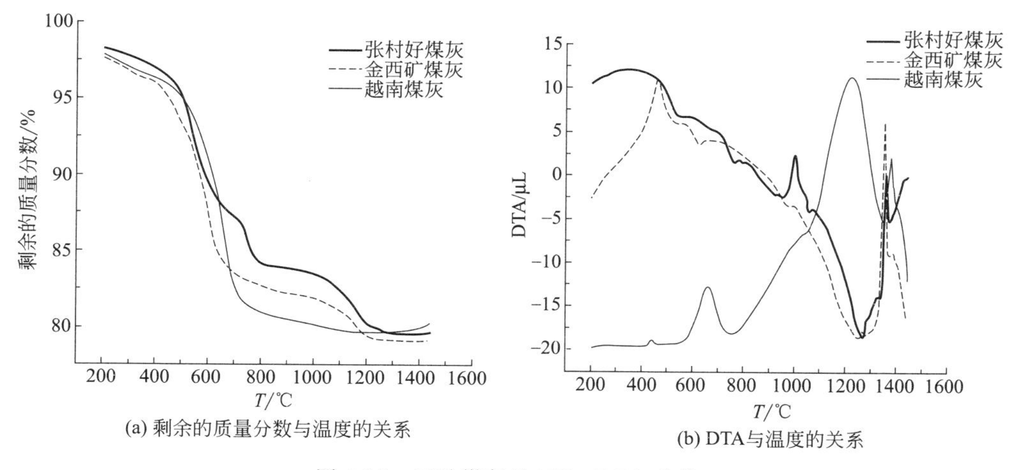

(a) 剩余的质量分数与温度的关系

(b) DTA与温度的关系

图 3-16　三种煤灰的 TG、DTA 曲线

由图 3-17 所示，金西矿煤灰在 1000～1300℃范围内有一个吸热峰，而且 TG 曲线有失重，说明该温度段硫酸盐分解。同时，据有关研究表明，在 SiO_2-Na_2O 的二元相图上 808℃便会产生液相，随着温度的升高，钠的硅铝酸盐进一步熔化，950℃以后随着液相的增多，煤灰进入了烧结状态。

图 3-17 为三种煤灰的 DTG 曲线。图 3-18 为三种煤灰的 DDTA 曲线。从图 3-18 中分辨起始温度点、峰值温度点和终止温度点，转化到表 3-5、表 3-6 和表 3-7，张村煤灰在 337～562℃、753～956℃、956～1163℃、1163～1325℃范围内发生不

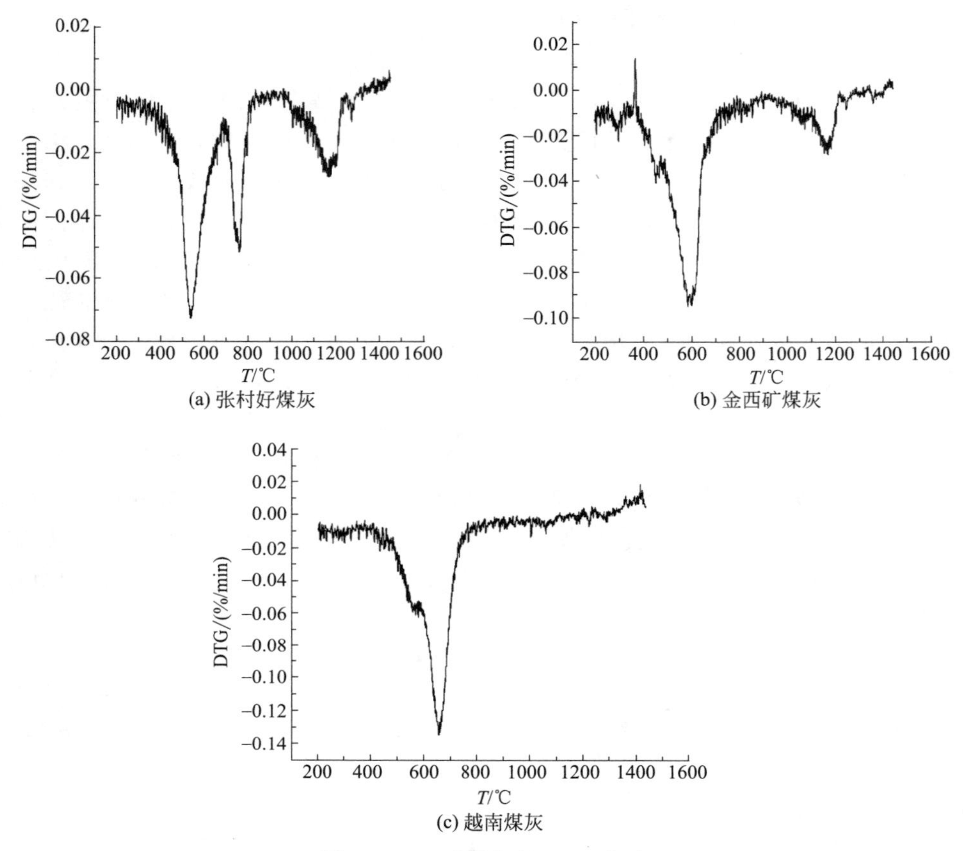

(a) 张村好煤灰

(b) 金西矿煤灰

(c) 越南煤灰

图 3-17 三种煤灰的 DTG 曲线

同的相变，金西矿煤灰在264～628℃、660～982℃、982～1359℃范围内发生不同的相变，越南煤灰在469～745℃、745～1052℃、1052～1324℃范围内发生不同的相变。从中我们选择400℃、800℃、1100℃、1250℃为四个特征温度，来研究不同特征温度下，煤灰主要矿物成分的变化以及低温共熔物的产生及熔融变化。

表 3-5 张村好煤灰 DTA 曲线特征峰

特征峰	起始温度/℃	峰值温度/℃	终止温度/℃
1	337	556	562
2	753	806	956
3	956	1003	1163
4	1163	1270	1325
5	1337	1361	1375

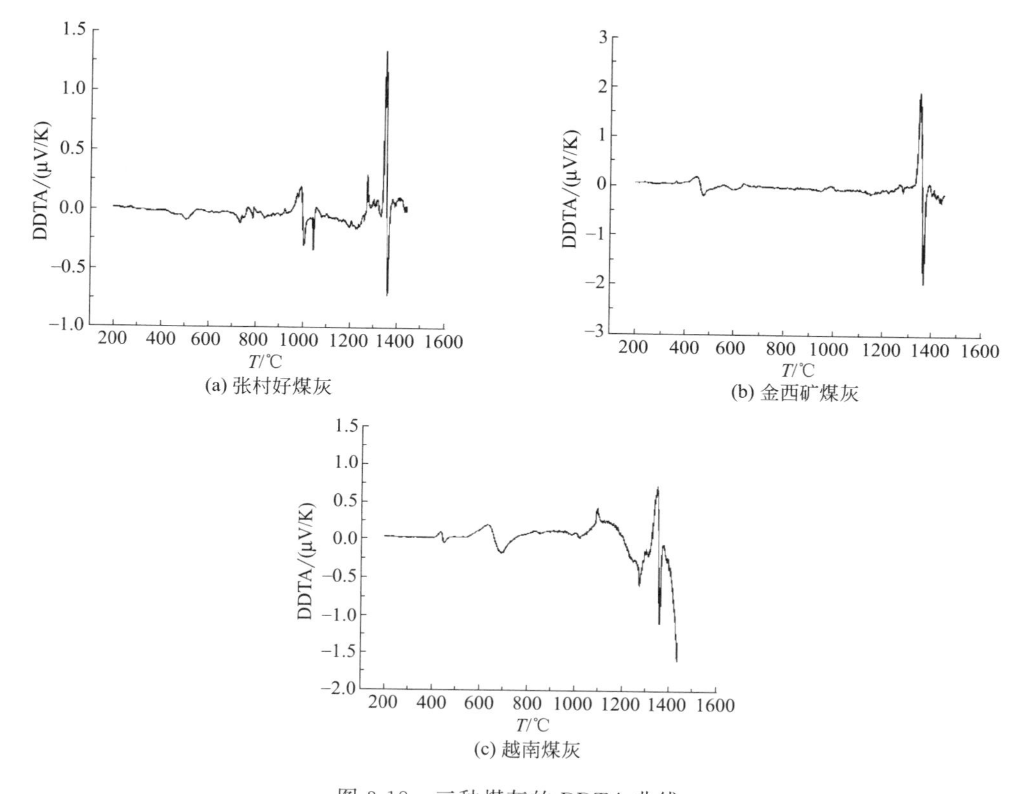

图 3-18　三种煤灰的 DDTA 曲线

表 3-6　金西矿煤灰 DTA 曲线特征峰

特征峰	起始温度/℃	峰值温度/℃	终止温度/℃
1	264	462	628
2	660	980	982
3	982	1263	1359

表 3-7　越南煤灰 DTA 曲线特征峰

特征峰	起始温度/℃	峰值温度/℃	终止温度/℃
1	469	658	745
2	745	1009	1052
3	1052	1204	1324
4	1324	1354	1391

FeS_2 对越南煤灰熔融性的影响由图 3-19(a)、(b) 可知，800℃以后添加了助熔剂 FeS_2 的越南煤灰的失重率略小于原越南煤灰的失重率；由图 3-19(c) 可看出，两种灰样的 DTA 曲线变化趋势一致；由图 3-19(d) 可知，两种灰样在加热过程中发生了复杂的吸热反应，并且在 469～745℃、745～1052℃、1052～1324℃范围内发生不同的相变。黄铁矿在加热过程中首先分解为磁黄铁矿，分解温度为 770～

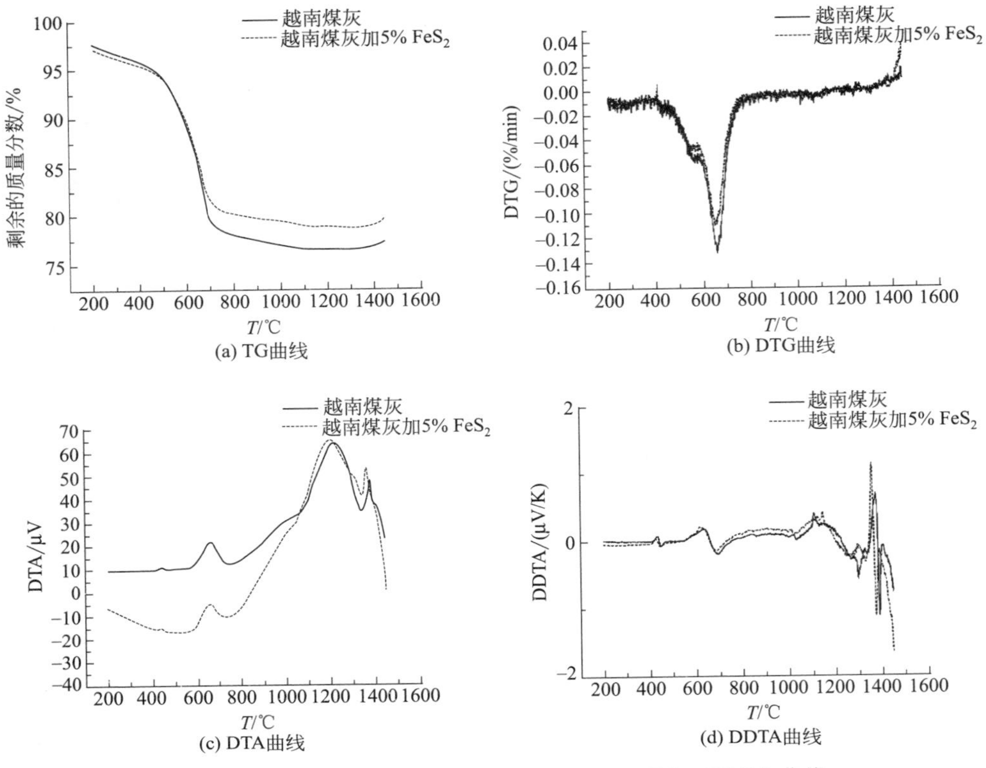

图 3-19 越南煤加 5%FeS_2 的 TG、DTG、DTA、DDTA 曲线

970K，同时还生成氧化亚铁，随后磁黄铁矿升温氧化，生成 Fe_3O_4。对于内部硫铁矿 Fe、S、O 的共熔体可能继续氧化，对于外部硫铁矿，有可能继续氧化，也有可能与同颗粒中的硅酸盐矿物共熔成玻璃体，而不继续氧化，主要取决于气氛和温度等实验条件。800℃以后，磁铁矿吸收空气中的氧气生成赤铁矿，因此加了 FeS_2 的越南煤灰的失重率略小于未添加助熔剂的越南煤灰的失重率，并且导致煤灰中相变的发生。

3.5.2 FeS_2 对越南煤灰熔融特性的影响机理

高温下 FeS_2 发生反应可能生成 Fe 的氧化物，而这些 Fe 的氧化物本身熔点很高，但当与 Ca、Si、Al 和 Mg 的氧化物发生反应时又会生成一些低熔点共熔体，所以选择添加 FeS_2 到越南煤灰中来降低煤灰熔点，研究煤灰熔融性。由图 3-20 可以看到，400℃时越南煤灰主要以蒙脱石、石英、白云母、高岭石等成分为主；当温度达到 800℃时，高岭石、蒙脱石和白云母完全分解，伴随着有赤铁矿、毛钒石和钾霞石生成；当温度达到 1100℃时，毛钒石和钾霞石完全分解，赤铁矿减少，钙长石和莫来石的生成导致石英减少；当温度达到 1250℃时，莫来石的衍射峰明显增多，石英仍然减少，同时有铁橄榄石和钾霞石等矿物质生成。由图 3-21 可知，添加 5%助熔剂 FeS_2 的越南煤灰，400℃时煤灰主要以蒙脱石、石英、硬石膏、高岭石等成分为主，石英的衍射峰增多；当温度达到 800℃时，毛钒石衍射峰急剧增多，同时有赤铁矿、钾霞石、水钒铝铀矿等矿物生成；当温度达到 1100℃时，衍射峰减少，主要以硬石膏、莫来石、铁橄榄石、赤铁矿等矿物为主；当温度达到 1250℃时，煤灰中钙的氧化物与偏高岭石和莫来石反应，生成钙长石，赤铁矿的衍射峰减少。通过对比可以看到，1250℃时越南煤灰中出现少量铁橄榄石，而加了 5%助熔剂 FeS_2 的越南煤灰在 1100℃就出现了铁橄榄石，1250℃时莫来石、石英衍射峰消失，而钙长石和铁橄榄石的衍射峰明显增多，说明灰中生成了更多 Fe 和 Si 的低熔点的化合物，改变了煤灰的熔融特性。由此推测在煤灰中发生了如下反应：

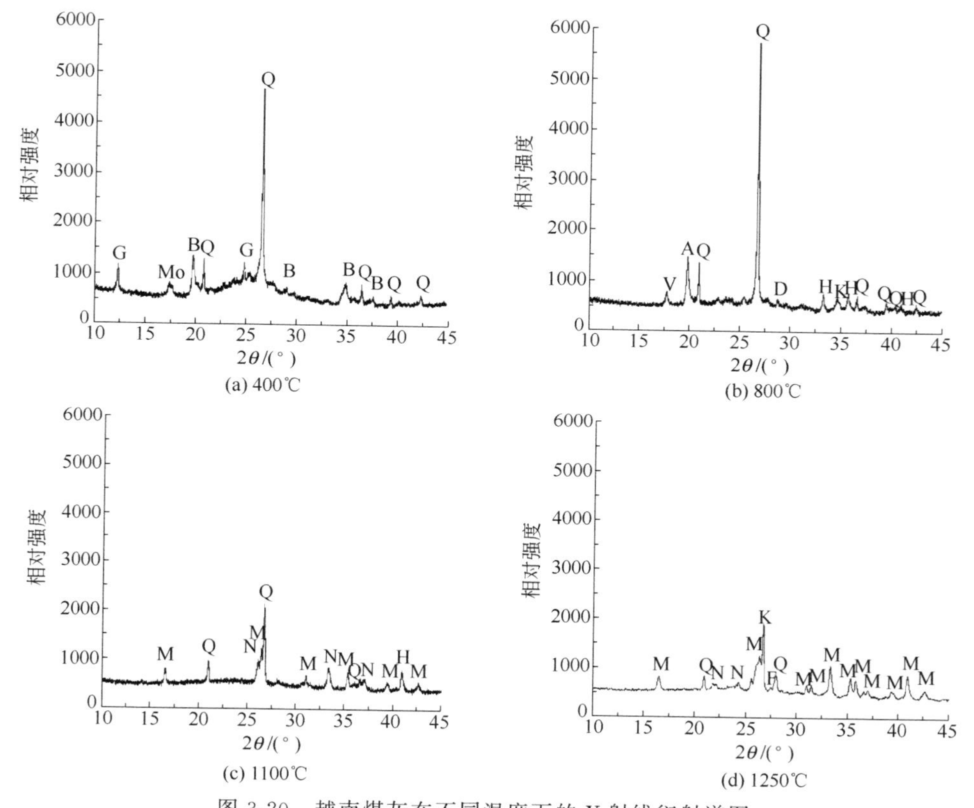

图 3-20 越南煤灰在不同温度下的 X 射线衍射谱图

A—硬石膏；B—白云母；D—白玉石；F—铁橄榄石；G—高岭石；H—赤铁矿；K—钾霞石；M—莫来石；Mo—蒙脱石；N—钙长石；Q—石英；V—水钒铝铀矿

$$FeO + SiO_2 \longrightarrow FeO \cdot SiO_2\text{(斜铁辉石)}$$

$$FeO \cdot SiO_2\text{(斜铁辉石)} + FeO \longrightarrow 2FeO \cdot SiO_2$$

$$Fe_2O_3 + Al_2O_3 \cdot 2SiO_2 \longrightarrow FeO \cdot Al_2O_3\text{(铁尖晶石)} + SiO_2$$

$$FeO + 3Al_2O_3 \cdot 2SiO_2 \longrightarrow FeO \cdot Al_2O_3 + 2FeO \cdot SiO_2\text{(铁橄榄石)}$$

$$CaO \cdot Al_2O_3 \cdot 2SiO_2\text{(钙长石)} + FeO \longrightarrow 2FeO \cdot SiO_2 + FeO \cdot Al_2O_3 + 3FeO \cdot Al_2O_3 \cdot 3SiO_2$$

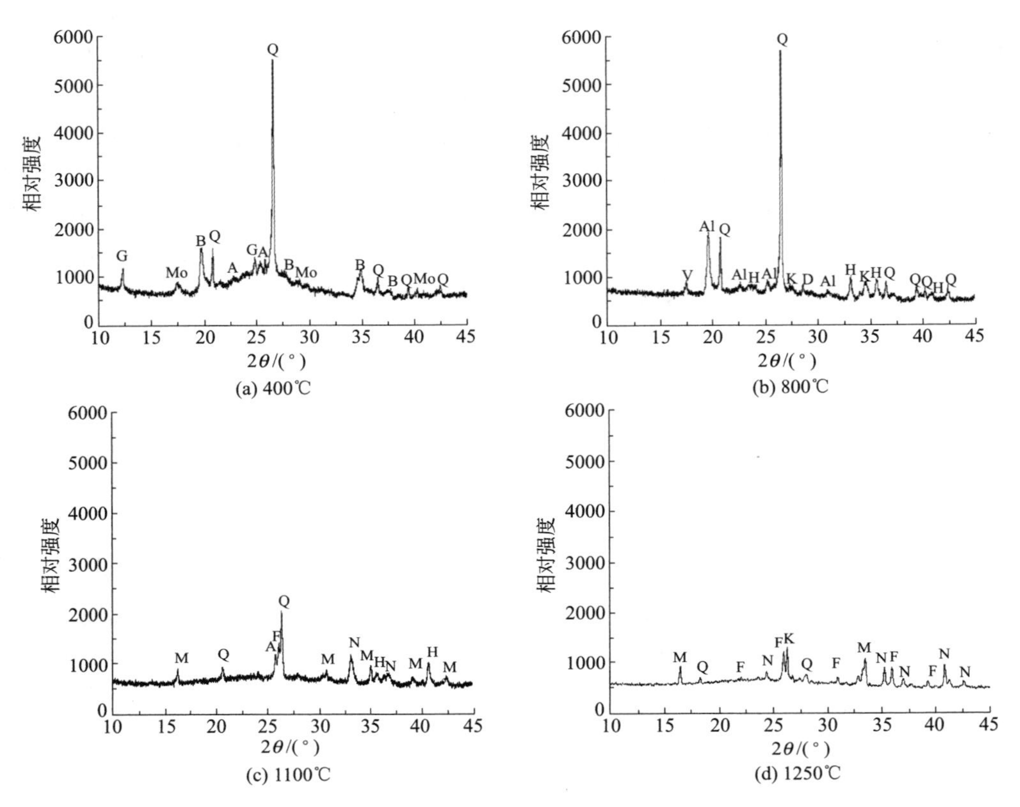

(a) 400℃ (b) 800℃

(c) 1100℃ (d) 1250℃

图 3-21 加 5% FeS_2 越南煤灰在不同温度下的 X 射线衍射谱图

A—硬石膏（$CaSO_4$）；Al—毛钒石［$Al_2(SO_4)_3 \cdot 17H_2O$］；B—白云母［$KMgAlSiO_4O_{10}(OH)_2$］；D—白云石［$CaMg(CO_3)_2$］；F—铁橄榄石（$2FeO \cdot SiO_2$）；G—高岭石［$Al_2Si_2O_5(OH)_4$］；H—赤铁矿（$Fe_2O_3$）；K—钾霞石（$KAlSiO_4$）；M—莫来石（$Al_2O_3 \cdot 2SiO_2$）；Mo—蒙脱石［$(Na,Ca)_{0.33}(Al,Mg)_2(Si_4O_{10})(OH)_2 \cdot nH_2O$］；N—钙长石（$CaO \cdot Al_2O_3 \cdot 2SiO_2$）；Q—石英（$SiO_2$）；V—水钒铝铀矿［$(UO_2)_2AlOH(VO_4)_2 \cdot 8H_2O$］

总之，当温度达到800℃时，添加了5% FeS_2 的越南煤灰的毛钒石衍射峰要比原越南煤灰明显得多；当温度达到1100℃时，原灰样中毛钒石和钾霞石完全分解，赤铁矿减少，钙长石和莫来石的生成导致石英减少，而添加了5% FeS_2 的越南煤灰在相同温度下，衍射峰减少，主要以硬石膏、莫来石、铁橄榄石、赤铁矿等矿物为主；通过对比可以看到，1250℃时越南煤灰中出现少量铁橄榄石，而加了5%助熔剂 FeS_2 的越南煤灰在1100℃就出现了铁橄榄石，1250℃时莫来石、石英衍射峰消失，而钙长石和铁橄榄石的衍射峰明显增多，而含铁共熔体衍射峰变多，说明灰中生成了更多Fe和Si的低熔点的化合物，改变了煤灰的熔融特性。XRD实验结果表明，添加的助熔剂容易和煤灰中的矿物质发生反应，生成一些低熔点的共熔物，降低了煤灰的熔融温度，验证了采用热分析法可以识别煤灰熔点和相变温度段。

3.6 硅基助熔剂对煤灰熔融特性的影响及机理

3.6.1 硅基助熔剂对煤灰熔融特性的影响

3.6.1.1 煤中加入硅基助熔剂的实验

根据有关文献所述，煤灰可以看成是高岭土（$Al_2O_3 \cdot 2SiO_2 \cdot 2H_2O$）、游离 SiO_2 及各种金属氧化物的一种多组分混合物。由于多组分混合物中的游离 SiO_2 在燃烧过程中可以和多种金属氧化物结合，成为某些熔融温度较低的硅酸盐或硅铝酸盐，因此煤灰中游离 SiO_2 与各种金属氧化物的比例不同而影响了煤灰熔融性。煤灰中各成分本身的熔融温度各不相同，具体见表 3-8。煤灰成分在燃烧后将结合成不同结构的化学结晶混合物，该混合物又具有不同的熔融温度，见表 3-9。

表 3-8 煤灰中不同组分的熔融温度（单独存在时）

成分	SiO_2	Al_2O_3	CaO	MgO	Fe_2O_3	FeO	K_2O	Na_2O
熔融温度/℃	1625	2050	2570	2800	1565	1030	800～1000	800～1000

表 3-9 煤灰燃烧后各组分的熔融温度

成分	SiO_2 结晶	$3Al_2O_3 \cdot 2SiO_2$	$2FeO \cdot SiO_2$	$CaO \cdot FeO \cdot SiO_2$	$CaO \cdot SiO_2$	$CaO \cdot Al_2O_3$
熔融温度/℃	1710	1850	1065	1100	1540	1500

3.6.1.2 SiO_2 对煤灰熔融性的影响

对 3 种煤加入不同质量的 SiO_2 观察煤灰熔融性的变化情况，结果如图 3-22 所示。由结果可知，在加入同一种助熔剂 SiO_2 后，3 种煤样灰熔融性的变化趋势是不同的，不连沟煤和 B 煤随着 SiO_2 加入量的增加，FT 在加入量为 2%时达到最低值，然后逐渐升高；A 煤的 FT 随着 SiO_2 的增加一直升高。

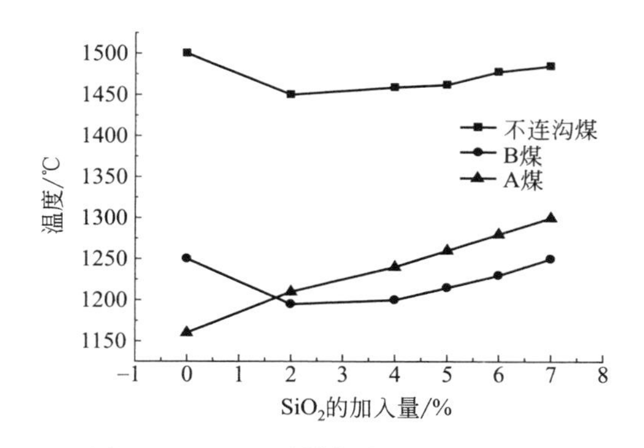

图 3-22 SiO_2 对煤灰熔融温度的影响

为探讨此种现象，把加入不同比例的 SiO_2 后 3 种煤样灰组分的理论计算值列出，见表 3-10～表 3-12，其中加入助熔剂比例均指相对于干基的煤。

表 3-10 加入 SiO_2 后不连沟煤灰中各组分含量

加入量/%	组分含量/%				
	SiO_2	Al_2O_3	Fe_2O_3	CaO	MgO
2	46.2	41.1	2.5	2.1	0.3
4	50.2	38.0	2.3	1.9	0.3
5	25.0	36.7	2.2	1.8	0.3
6	53.6	35.4	2.2	1.8	0.3
7	55.2	34.2	2.1	1.7	0.2

表 3-11 加入 SiO_2 后 A 煤灰中各组分含量

加入量/%	组分含量/%				
	SiO_2	Al_2O_3	Fe_2O_3	CaO	MgO
2	65.5	10.1	5.1	8.4	2.2
4	72.4	8.1	4.0	6.7	1.8
5	74.9	7.4	3.7	6.1	1.6
6	77.0	6.7	3.4	5.6	1.5
7	78.8	6.2	3.1	5.2	1.3

表 3-12 加入 SiO_2 后 B 煤灰中各组分含量

加入量/%	组分含量/%				
	SiO_2	Al_2O_3	Fe_2O_3	CaO	MgO
2	38.5	14.8	3.3	19.8	5.2
4	47.3	12.7	2.8	16.9	4.4
5	50.8	11.8	2.6	15.8	4.1
6	53.9	11.1	2.4	14.8	3.9
7	56.6	10.4	2.3	14.0	3.6

由表 3-9～表 3-11 可以看出，3 种煤的硅铝比（SiO_2/Al_2O_3）在 SiO_2 加入量为 2%时相差很大，分别为 1.12、6.49、2.60。从高岭土的结构（$Al_2O_3 \cdot 2SiO_2 \cdot 2H_2O$）可推知理想的硅铝比应是 1.18，不连沟煤本身的 SiO_2 不足，加入适量的 SiO_2 可以形成更多的熔点较低的硅酸盐组分；A 煤的 SiO_2 在组分中已经过量，继续加入并不能产生更多的较低熔点的硅酸盐，而 SiO_2 本身的熔点较高，反而使 A 煤的 FT 逐渐升高；B 煤虽然初始硅铝比已经大于 1.18，但可能是由于还不足以和 CaO 以及 Fe_2O_3 形成相应的硅酸盐，因此随着 SiO_2 的增加其 FT 先有下降的趋势，当加入量超过 2%时，又逐渐升高，说明 SiO_2 已经过量。

3.6.2 硅基助熔剂对煤灰熔融特性的影响机理

对未添加助熔剂及添加高效助熔剂后的灰渣样品分别进行了矿物组成分析，研究不同添加剂对高温下煤灰的矿物组成的影响。由图 3-23 可知，LE 灰渣样品 900℃时主要晶体矿物有钙长石、莫来石、石英和钙黄长石。钙黄长石的衍射峰在 1000℃时消失，钙长石的衍射峰则随着温度的升高逐渐增强，并且在 1100℃时达到最大值，这是由于钙黄长石逐渐转变成钙长石所导致的。石英与煤灰中碱性氧化物反应生成硅铝酸盐，造成石英的衍射峰逐渐降低，并且随着温度的升高逐渐减少。莫来石的衍射峰在 1300℃时达到最大，因此在高温时 LE 灰渣中矿物以莫来石为主。

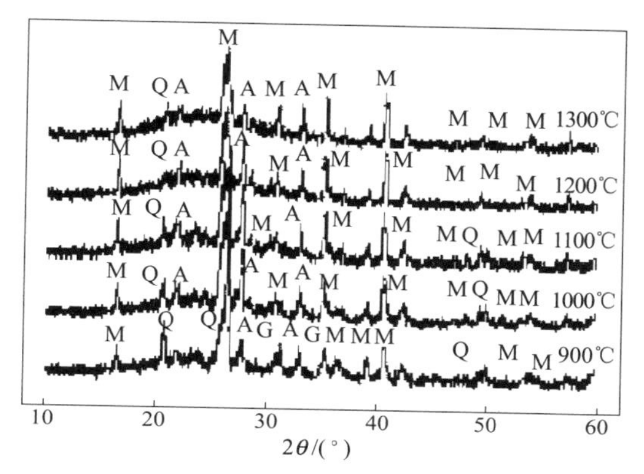

图 3-23　LE 灰渣样品不同温度下的 XRD 谱图

Q—石英；M—莫来石；A—钙长石；G—钙黄长石

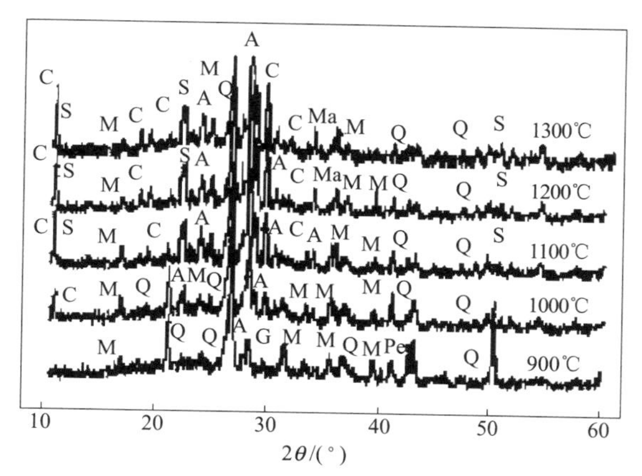

图 3-24　LE 煤添加 4%高效助熔剂后灰渣样品不同温度下的 XRD 谱图

Q—石英；M—莫来石；A—钙长石；G—钙黄长石；Pe—方镁石；

C—镁堇青石；S—铁堇青石；Ma—镁铁铝氧化物

由图 3-24 可知，添加高效助熔剂后，灰渣样品 900℃时主要矿物组成为钙长石、莫来石、石英、钙黄长石和方镁石。当温度升至 1000℃时，方镁石、钙黄长石和明矾石衍射峰逐渐消失，镁堇青石、铁堇青石的衍射峰出现；在 1100℃时，镁堇青石和铁堇青石的峰明显增强，同时出现镁铁铝氧化物，而莫来石的衍射峰逐渐变弱，钙长石衍射峰增强。由此可见，堇青石、钙长石及镁铁铝氧化物的生成对降低煤灰熔融温度具有促进作用。

总之，高温下原煤灰中的主要矿物是莫来石，这是原煤灰熔融温度较高的原因。添加硅基助熔剂后，其与灰中的硅铝酸盐生成堇青石、钙长石及镁铁铝氧化物等助熔矿物，从而有效降低煤灰熔融温度。

3.7 硼砂对煤灰熔融特性的影响及机理

3.7.1 硼砂对煤灰熔融特性的影响

3.7.1.1 高灰熔点煤加入硼砂实验

采用五九矿和潞安矿两种高灰熔点煤作为研究对象，取（1±0.1)g 粉碎到 0.2mm 以下的煤样按不超过 0.15g/cm^3 的标准放在灰皿中。将灰皿送入温度不超过 100℃的电炉中，将炉门留有 15mm 左右的缝隙以保持通风，在此条件下，用 30min 缓慢升温至 500℃，并且在保持此温度 30min 后升温至（815±10)℃，然后关上炉门灼烧 1h 进行灰化，结束后从炉中取出灰皿放在石棉板上盖上皿盖，冷却 5min 后放入干燥器中冷却至室温后称重制成灰样。再根据 GB 212—1977 测其成分，其结果分析见表 3-13。

表 3-13 煤灰成分分析

原样编号	成分/%				
	SiO_2	Al_2O_3	Fe_2O_3	CaO	MgO
潞安矿	46.7	33.63	3.7	5.28	0.84
五九矿	67.1	20.53	3.28	1.7	0.26
原样编号	成分/%				
	SO_3	TiO_2	K_2O	Na_2O	P_2O_5
潞安矿	2.44	1.42	0.91	0.84	0.46
五九矿	0.89	0.9	1.95	0.46	0.23

3.7.1.2 硼砂对煤灰熔融特性的影响

将硼砂（$Na_2B_4O_7 \cdot 10H_2O$）加入标准灰样中作为助熔剂用分析天平称量，按比例 5%、10%、15%、20%、25%分别与原煤灰掺混制成混合灰样，再将硼砂添加量折算成当量 Na_2O。然后将不同比例混合灰样分别放入玛瑙研钵中充分研磨，混合均匀制成灰锥。

表 3-14 是原煤灰和添加硼砂后煤灰熔融温度，分别给出了变形温度（DT）、软化温度（ST）和流动温度（FT）。图 3-25 是五九矿、潞安矿煤灰熔融温度随着助熔剂硼砂添加量变化的关系曲线。从图 3-25 可以看出，随着硼砂量的增加，两种煤灰的熔点呈显著下降的趋势。当硼砂添加量为 20%～25%时，五九矿煤灰熔融温度（FT）从 1350℃降到 1100℃，煤灰熔融温度几乎降低了 250℃。此时潞安矿煤灰熔融温度也几乎降低了 100℃左右。可见硼砂的助熔效果明显且很稳定。

表 3-14　煤灰熔融温度

原样编号	温度/℃		
	DT	ST	FT
潞安矿	1500	1500	1500
五九矿	1380	1490	1500

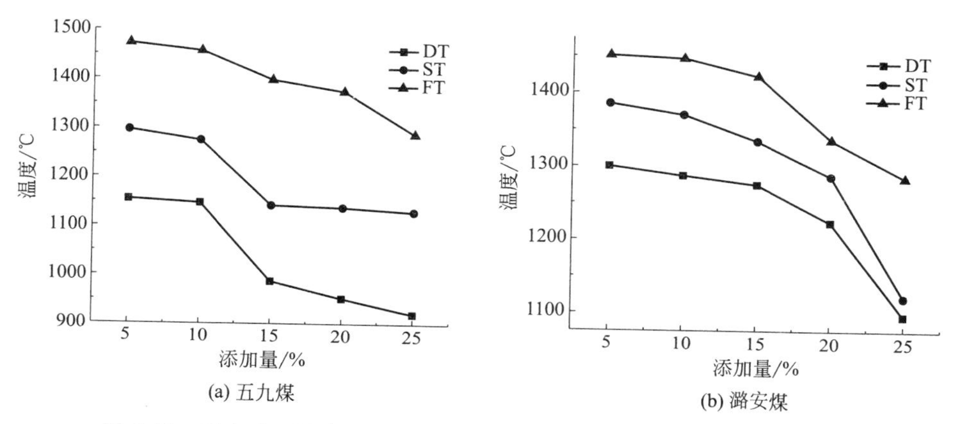

图 3-25　五九矿、潞安矿煤灰熔融温度随着硼砂添加量变化的关系曲线

3.7.2 硼砂对煤灰熔融特性的影响机理

3.7.2.1 硼砂对莫来石的影响

图 3-26 给出了莫来石结构优化后的三维结构和晶体结构示意图。从图 3-26 可以看出，莫来石分子属于正交晶系，分子具有高度的周期性，包含两组结构单元。第一组是由 2 个硅（Si）原子共用 3 个氧原子构成，第二组是 1 个硅原子与 3 个氧原子构成平面三角形结构后又与 1 个氧原子和 3 个铝（Al）原子构成的三角锥结构相连。体心铝原子以共价键连接 6 个氧原子，X 轴和轴的 4 个氧原子均连接第一组结构单元，Z 轴的 2 个氧原子连接第二组结构单元。同晶面的第一组结构单元以铝原子相连，不同晶面的第一组结构单元以硅原子共价相连。

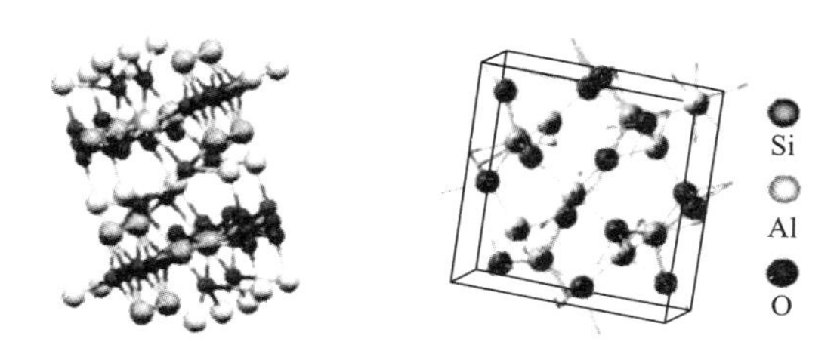

图 3-26　莫来石分子的三维结构和晶体结构示意图

3.7.2.2 原子布居数参数

表 3-15 列出了莫来石分子中部分原子的 Mulliken 布居数。从表中可以看到，

仅氧原子带有负电荷，由此可见，与氧原子相连的硅、铝原子上的负电荷都极易向氧原子转移，证明莫来石中氧原子具有较高的电负性，即氧原子吸引电子的能力很强，这样硅、铝原子与氧原子相连的键极易断开生成新键。也可以说，与氧原子相连的原子都易于发生氧化反应而失去电子，因此当遇到易得电子、氧化性强的原子或离子时，与电负性较强的氧原子相连的键亦容易发生断裂而使晶格结构发生改变，从而生成新的物质或使其物理性质发生改变。莫来石分子中 O(23)、O(25)原子上负电荷数较大，因此，当添加硼砂（$Na_2B_4O_7 \cdot 10H_2O$）为助熔剂时，莫来石中的 O(23)、O(25) 极易与硼砂中的 Na^+ 相互作用，破坏了原有的晶格结构，促使莫来石结构发生变化生成低熔点的霞石晶体，从而使煤灰熔融温度降低。

表 3-15　莫来石分子中部分原子 Mulliken 布居数

原子	电荷	原子	电荷	原子	电荷
Al(1)	1.43	Al(9)	1.41	O(23)	−0.90
Al(10)	1.43	Si(2)	1.69	O(25)	−0.90
Al(4)	1.22	O(20)	−0.75	O(26)	−0.75
Al(17)	1.26	O(22)	−0.82	O(28)	−0.86

3.7.2.3　硼砂对霞石结构的影响

图 3-27 给出了霞石结构几何优化后的三维结构和晶体结构示意图。从图 3-27 可以看出，霞石分子属于六方晶系，也具有较高的周期性，体心原子为钾（K）原子。霞石的结构主要由四面体结构组成。除硅原子与氧原子、铝原子结合形成的硅氧四面体结构外，钠（Na）原子与氧原子结合形成的构型也是四面体或三角锥等空间结构，霞石分子结构中很难找到共面的结构单元，每个结构单元之间都呈一定角度向四周空间展开。

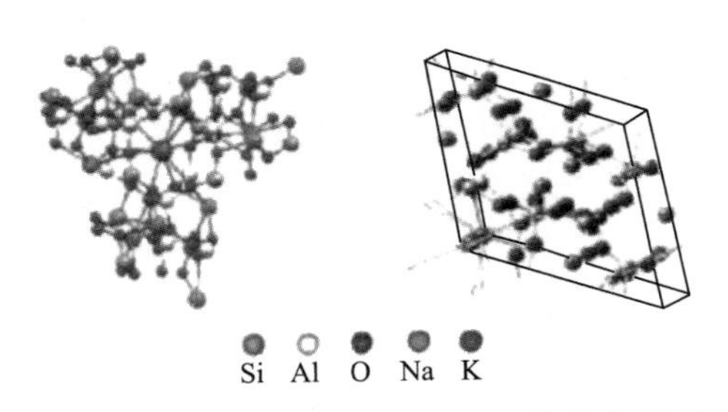

图 3-27　霞石分子的三维结构和晶体结构示意图

3.7.2.4　原子布居数参数

表 3-16 列出了霞石分子中部分原子的 Mulliken 布居数。从表 3-15 中可以看到，霞石中的氧原子同样具有较高的电负性，尤其 O(36)、O(40)、O(54) 具有较高的电负性。可见与氧原子相连的原子都易于发生氧化反应而失去电子，因此，当霞石遇到易得电子、氧化性强的原子或离子作用时，与 O(36)、O(40)、O(54)

相连的键亦发生断裂而使晶格结构发生改变，从而使其物理性质发生改变。所以随着继续添加硼砂，煤灰中霞石将可能相变为新的矿物质。

表 3-16 霞石分子中部分原子 Mulliken 布居数

原子	电荷	原子	电荷	原子	电荷
Al(1)	0.58	Si(18)	0.79	O(52)	−0.60
Al(4)	0.45	O(36)	−0.82	O(54)	−0.78
Al(23)	0.67	O(40)	−0.73	O(55)	−0.62
Si(15)	0.83	O(38)	−0.71	O(60)	−0.62

总之，高灰熔点煤添加硼砂可以降低煤灰熔融温度，随着硼砂添加量的增加，混煤灰逐渐从莫来石相区向霞石相区移动，煤灰中矿物质的变化导致煤灰熔融特性变化。莫来石中氧原子电负性很高，很容易与电子受体结合形成新的化学键，从而导致晶格结构发生改变，使其物理性质发生改变，生成新的物质霞石。霞石分子中氧原子电负性也很高，但由于构成金属键的钠和钾原子外层电子数较少，因此构成的金属键较莫来石中金属键的强度弱，因此熔点低于莫来石；与氧原子相连的键亦发生断裂而使晶格结构发生改变，从而生成新的物质使其物理化学性质发生变化。

3.8 复合助熔剂对煤灰熔融特性的影响及机理

针对添加 $CaCO_3$、Fe_2O_3 及 MgO 等单一物质作为助熔剂的助熔机理已有较深入的研究，但基于煤灰化学组成添加多成分助熔剂的助熔机理研究还较少。研究针对高灰熔点朱集西洗煤，分别添加 $CaCO_3$、Fe_2O_3、复合助熔剂 $CaCO_3/Fe_2O_3$ 及白云石［$CaMg(CO_3)_2$］作为助熔剂，分析测试煤灰熔融温度的变化，并且结合 FactSage 软件的 Phase Diagram 和 Equilib 模块计算不同助熔剂添加量下煤灰液相线温度的变化，煤灰达到流动温度时液态熔渣含量以及煤灰液相含量随反应温度的变化，掌握多组分助熔剂的助熔机理。

3.8.1 复合助熔剂对煤灰熔融特性的影响

质量比为 7∶3 的 $CaCO_3/Fe_2O_3$ 复合助熔剂以及 $CaMg(CO_3)_2$ 分别按不同的质量比例添加到原煤样中，制成 (815±10)℃ 灰样。复合助熔剂中 $CaCO_3/Fe_2O_3$ 质量比的选择是基于工业气化原料价格石灰石较低而铁矿石较高，助熔剂中 Ca 含量较高而成本较低的价格基础，因此，依据价格原因选择 7∶3 的质量比。

依据 GB/T 219—2008 标准利用封碳法，使用长沙开元公司制造的 5E-AF4000 型智能灰熔点测试仪在弱还原性气氛中测量煤的灰锥样品的熔融特征温度，即变形温度（DT）、软化温度（ST）、半球温度（HT）、流动温度（FT），量程为 900～1550℃。

3.8.1.1 添加 $CaCO_3/Fe_2O_3$ 复合助熔剂对煤灰熔融温度的影响

图 3-28(a) 为 $CaCO_3/Fe_2O_3$ 含量与反应温度二元相图，原煤灰及复合助熔剂

添加量为1.0%～2.0%的样品在处于流动温度时，煤灰的液态熔渣位于莫来石和液相熔渣共存区；添加量为3.0%～5.0%的煤灰样品处于流动温度时，煤灰的液态熔渣位于莫来石、钙长石和液相熔渣共存区。由流动温度随助熔剂添加量变化趋势可以看出，煤灰流动温度随$CaCO_3/Fe_2O_3$添加量增加而逐步降低，但在莫来石、钙长石和液相熔渣共存区附近变化趋势不明显。图2-29(a)中复合助熔剂添加量为1.0%～4.0%的含液量曲线在1200～1600℃存在2个固相转折温度点，分别对应石英和钙长石熔化为液相的反应温度；添加量为5.0%的含液量曲线在1200～1600℃不存在转折点，1200℃以后，熔渣中固相物质为钙长石，至液相线温度时固相熔渣全部熔化进入液相。可以看出相对于添加单一$CaCO_3$助熔剂，添加相同质量分数的该复合助熔剂在相同温度下可以减少固相物质含量，使熔渣在较低温进入液相，降低煤灰熔融温度。

3.8.1.2 添加$CaMg(CO_3)_2$白云石助熔剂对煤灰熔融温度的影响

图3-28(b)为$CaMg(CO_3)_2$含量与反应温度二元相图，原煤灰及添加量为2.0%、4.0%的样品在处于流动温度时，煤灰的液态熔渣位于莫来石和液相熔渣共存区；添加量为6.0%～8.0%的煤灰样品处于流动温度时，煤灰的液态熔渣位于莫来石、钙长石和液相熔渣共存区。由流动温度随助熔剂添加量变化趋势可以看出，煤灰流动温度随$CaMg(CO_3)_2$添加量增加而逐步降低，但在莫来石、尖晶石和液相熔渣共存区附近温度降低趋势变缓。对比添加不同比例助熔剂后煤灰液相线温度，具体见图3-29(b)。由图3-29(b)可以看出，煤灰液态熔渣含量随温度的改变趋势不是线性变化，而是分为数个对数曲线的区段。由图3-29可知，原煤灰样中液态熔渣随温度升高变化速度最慢，添加量为2.0%～4.0%的煤灰样品在1260℃前液态熔渣含量相似。温度高于1460℃时$CaMg(CO_3)_2$添加量越高，熔渣中含液量越高，添加量为10.0%的样品在1420℃进入全液相，而添加量为6.0%的样品在1530℃进入全液相。

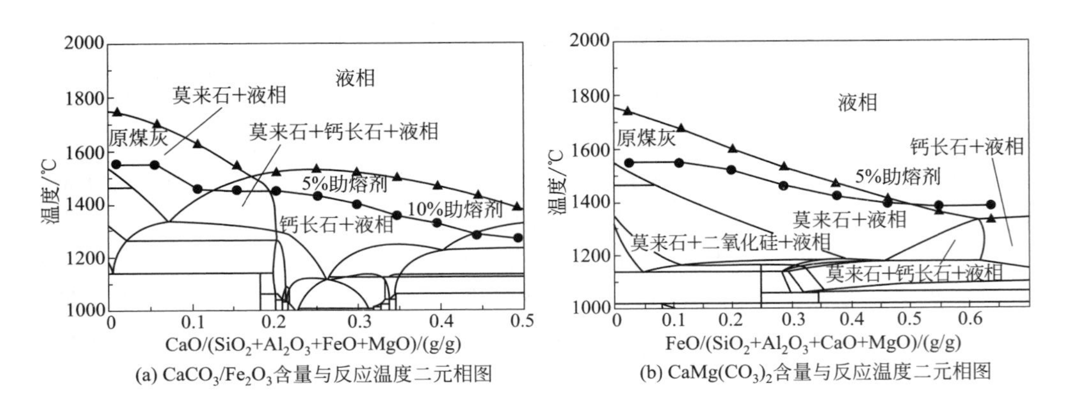

(a) $CaCO_3/Fe_2O_3$含量与反应温度二元相图　(b) $CaMg(CO_3)_2$含量与反应温度二元相图

图3-28　煤灰二元相图与煤灰流动温度

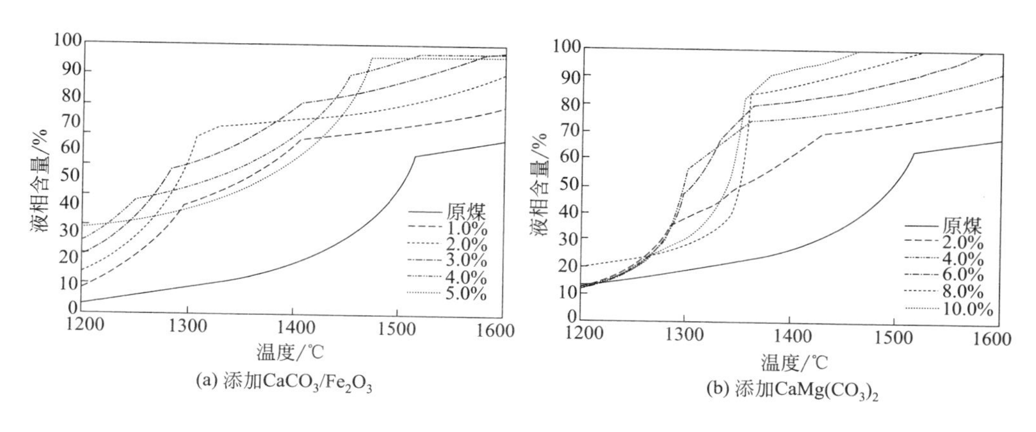

图 3-29　煤灰中液相含量与温度的关系

图 3-29(b) 中复合助熔剂添加量为 2.0%、4.0%、6.0%及 8.0%的含液量曲线在 1200～1600℃存在 3 个转折点，对应堇青石、石英和钙长石熔化为液相的反应温度；添加量为 10%的含液量曲线在 1200～1600℃存在 2 个转折点，对应堇青石和钙长石熔化为液相的反应温度。相比于添加 $CaCO_3$，$CaMg(CO_3)_2$ 中的镁元素使得煤灰高温下产生更多的低熔点的堇青石，从而降低煤灰熔融温度。白云石从熔渣的离子结构角度的助熔机理类似于 $CaCO_3$ 的助熔机理，即为碱土金属的加入使得稳定的 SiO_2 链被碱土金属破坏，并且降低了 $[SiO_4]^-$ 与 $[AlO_4]^-$ 的关联度，使得整体的力学稳定性被破坏。

3.8.2　不同助熔剂对煤灰熔融特性的影响机理

由图 3-30 可知，添加量为 4.0%～5.0%时，添加复合助熔剂后流动温度降至 1350℃附近，达到了液态排渣的操作需要；添加量为 6.0%～7.0%时，$CaMg(CO_3)_2$ 效果较好，而 $CaCO_3$ 在添加量超过 8.0%后效果比其他助熔剂显著，流动温度可以降至 1250℃。灰锥随温度升高形状发生变化的过程，可以看作为煤灰力学结构发生变化的物理过程，其间含液量与固液相成分对煤灰的力学性质有着直接影响。添加助熔剂可以在高温下由高熔点的化合物转化为低熔点的化合物，同时提高液相熔渣含量，熔渣可以在较低温度转化为液相，破坏煤灰的力学结构，导致煤灰熔融温度降低。

不同种类的助熔剂添加效果不同，添加 $CaCO_3$ 使熔渣中的固相物质从莫来石和石英转化为熔点更低的钙长石及钙黄长石，使熔渣可在较低温度转化为液相。添加 Fe_2O_3 没有改变熔渣中的固相物质种类，却可以提升液相熔渣含量，相比固相熔渣，液相熔渣作为中间媒介物可以更有效地促进熔渣达到相平衡，降低煤灰熔融温度 FT。添加复合助熔剂作用显著的原因是包含钙元素转变固相物质种类和降低熔渣机械强度以及铁元素提升液态熔渣含量的改善效果。而 $CaMg(CO_3)_2$ 的加入可以使熔渣在高温下生成堇青石，可在较低温度转化为液相。对比添加不同助熔剂时处于流动温度下煤灰含液量，具体见图 3-31。由图 3-31 可知，添加 $CaCO_3$ 后，样品煤灰在流动温度下含液量较低，由于碱土金属可以破坏熔渣中既有的硅铝酸盐骨架结构，降低灰锥的整体机械强度，在较低温度下破坏原有的形状结构；添加 Fe_2O_3 后，样品在流动温度下含液量高于 95%，可知样品为接近全液相时其灰锥的力学结构才会得到破坏；添加复合助熔剂后，样品在流动温度下含液量随添加量升高而降低，且相同添加量时含液量比添加 $CaCO_3$ 提高多于 20%，可知样品中钙元素添加量增加后，硅铝酸盐网格结构被破坏，铁元素增加后含液量得到提升；添加 $CaMg(CO_2)_3$ 后，流动温度时的熔渣含液量在 6.0%添加量之前变化不大，随后显著下降，然而相同添加量下的含液量明显高于 $CaCO_3$，说明达到流动温度时添加 $CaMg(CO_3)_2$ 的样品需要更高质量分数的液相熔渣，因此，镁元素和钙元素虽同为碱土金属，镁元素对 SiO_2 网格结构的破坏作用弱于钙元素。由此可见，热力学可以很好地解释不同种类助熔剂的助熔机理，煤灰熔点实验结果亦与既有的熔渣内部结构理论吻合。然而添加不同助熔剂后，流动温度时的含液量有很大差异（图 3-31），添加 Fe_2O_3 的含液量较大，添加 $CaCO_3$ 的含液量较小，降至相同流动温度时，Fe_2O_3 的添加量总体较 $CaCO_3$ 低。相同流动温度的样品，添加 $CaCO_3$ 的液相线温度较高，而添加 Fe_2O_3 的液相线温度较低。这与目前依靠与液相线温度进行线性关联的煤灰熔点预测方法相悖，因此，与煤灰液相线温度进行线性关联的煤灰熔点预测方法，其结果的准确性和可靠性不高。

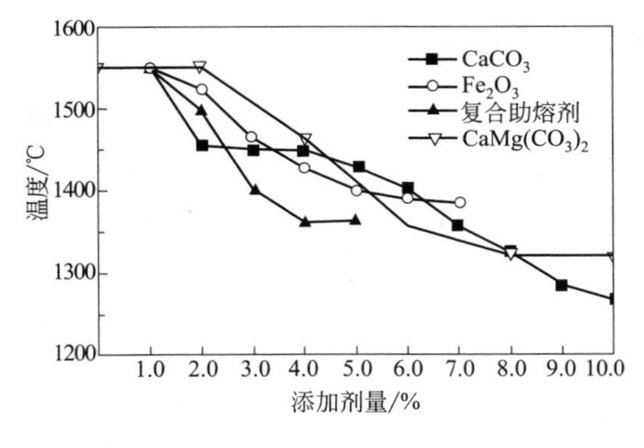

图 3-30 添加助熔剂对煤灰流动温度的影响

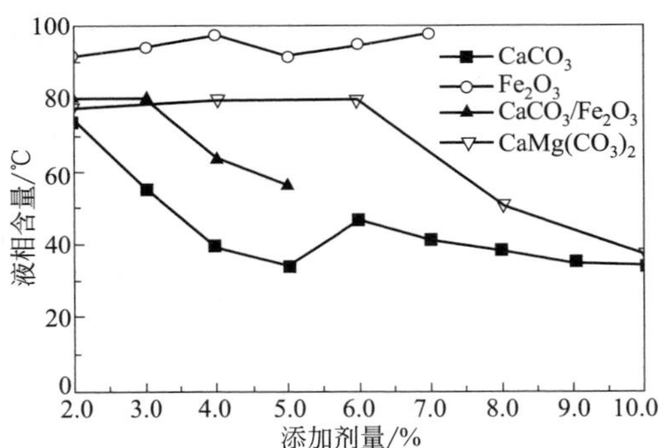

图 3-31 流动温度时的煤灰含液量

总之，高硅高铝含量煤灰在高温下会形成熔点较高的莫来石，导致煤灰熔融温度较高。不同助熔剂的助熔机理不同。添加复合助熔剂可在形成钙长石的同时降低固相物质含量；添加白云石可形成熔点较低的堇青石，从而降低煤灰的流动温度。从熔渣离子结构分析，碱土金属与稳定的 SiO_2 链结合形成了 $O^-—M^{2+}—O^-$ 离子键，结构稳定性被破坏。

3.9 耐熔剂对煤灰熔融特性的影响及机理

3.9.1 耐熔剂对煤灰熔融特性的影响

3.9.1.1 原料煤和煤质分析

本实验所选用原料煤为空气干燥基的云南小龙潭褐煤，煤样由中国科学院山西煤炭化学研究所粉煤气化中心中试基地提供。将小龙潭褐煤粉碎至0.200mm以下，记作XLT。小龙潭褐煤灰成分和灰熔点分别见表3-17和表3-18。

表3-17 小龙潭褐煤灰成分（质量分数）

成分	SiO_2	Al_2O_3	Fe_2O_3	CaO	MgO	SO_3	K_2O	Na_2O	TiO_2	P_2O_5
数值/%	33.14	17.56	8.95	21.64	1.79	13.16	0.99	0.94	1.14	0.28

表3-18 小龙潭褐煤灰熔点

温度	DT	ST	HT	FT
数值/℃	1096	1158	1169	1189

注：DT表示变形温度；ST表示软化温度；HT表示半球温度；FT表示流动温度。

3.9.1.2 耐熔剂对小龙潭褐煤灰熔点的影响

把氧化铝（Al_2O_3）、二氧化硅（SiO_2）和高岭石（$Al_2O_3 \cdot 2SiO_2$）3种化学试剂分别粉碎至0.200mm以下。向XLT煤样中分别按一定的质量比添加粉碎的氧化铝（Al_2O_3）、二氧化硅（SiO_2）和高岭土（$Al_2O_3 \cdot 2SiO_2$），制成混合煤样。氧化铝（化学纯）由西安化学试剂厂提供，高岭土（化学纯）和二氧化硅（化学纯）由天津市富辰化学试剂厂提供。依据国家标准GB/T 1574—2001，将原XLT煤样和混合煤样分别放进马弗炉内，在30min内缓慢升温至500℃，并且保持0.5h，然后升温至815℃，保温2h。取出后放入蒸馏水中快速冷却，然后放入真空干燥箱在105℃干燥36h，将干燥的样品密封，即得灰样。将制备的三角灰锥放入SDAF2000b灰熔融特性测试仪（长沙三德仪器有限公司）中。在测定开始之前，将体积比为1∶1的H_2和CO_2混合气体导入灰熔融特性测定仪中，以保持煤灰熔点测定过程的还原性气氛。在900℃之前以15℃/min的速度升温，然后以5℃/min的速度升温，根据灰锥的变形情况记录相应的温度。

3.9.2 耐熔剂对小龙潭褐煤灰熔融特性的影响机理

氧化铝的添加量（占原煤的质量，下同）对原煤（XLT）灰熔融特征温度的影响如图3-32(a)所示。由图3-32(a)可以看出，当氧化铝的添加量增加到3.1%时，煤样的DT、ST、FT明显增加，上升幅度达200℃以上；当氧化铝的添加量达到2.1%时，原煤灰软化温度ST上升至1250℃。由此说明：添加氧化铝可明显升高原煤灰熔融温度；随氧化铝添加量的增加，其煤灰熔融温度逐渐上升。

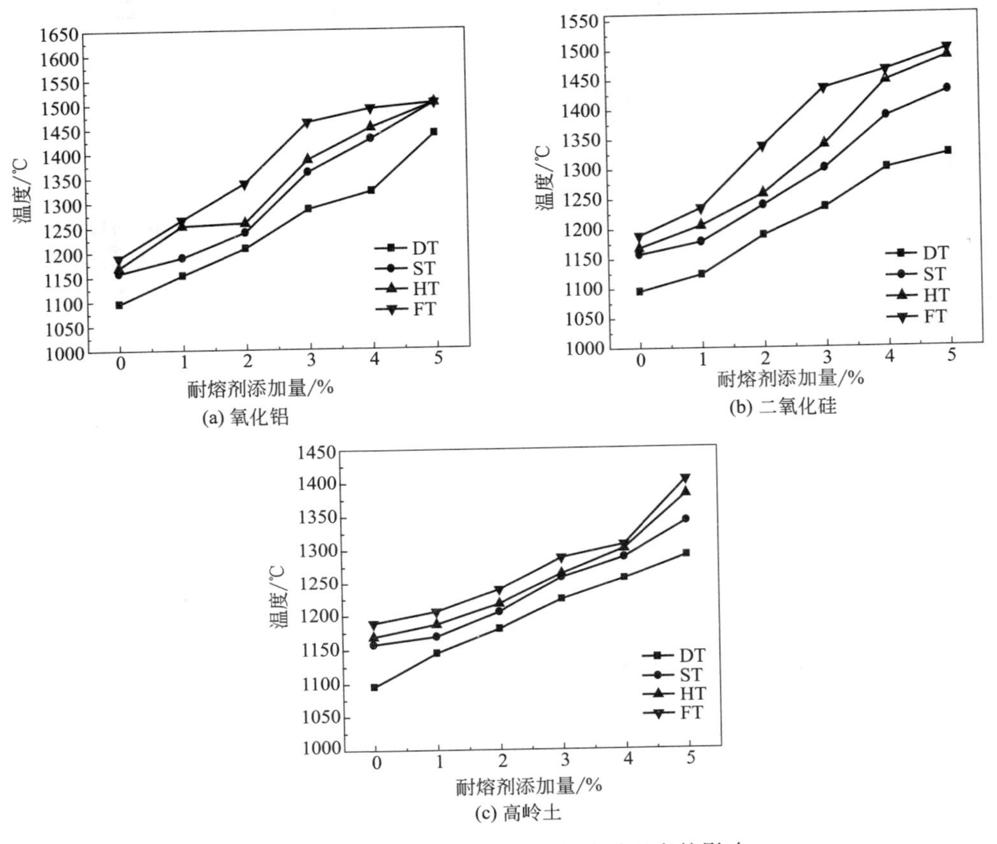

图 3-32 耐熔剂对小龙潭煤灰熔融温度的影响

二氧化硅的添加量对原煤灰熔融温度的影响如图 3-32(b) 所示。由图 3-32(b) 可以看出，当二氧化硅的添加量从 2%增加到 4%时，煤灰熔点增加明显；与氧化铝一样，当二氧化硅的添加量达到 2.2%时，原煤灰软化温度 ST 上升至 1250℃。由此说明：添加二氧化硅可升高原煤灰熔融温度。随二氧化硅添加量的增加，煤灰熔融温度上升呈现先缓慢，后加快，而后逐渐缓慢的情况。高岭土的添加量对原煤灰熔融温度的影响如图 3-32(c) 所示。由图可以看出，随着高岭土质量分数的增加，小龙潭煤灰熔点增加比较缓慢，当添加高岭土的质量分数接近 3%，原煤灰软化温度达到 1250℃。由以上分析可知，对于小龙潭褐煤而言，分别添加氧化铝、二氧化硅和高岭土 3 种耐熔剂均可使小龙潭煤灰熔点上升，当氧化铝或二氧化硅的添加量为 2.2%，或者高岭土的添加量为 3%时，均可使小龙潭煤灰软化温度上升到 1250℃以上，达到灰熔聚流化床气化对小龙潭煤灰熔点的要求。

未添加耐溶剂小龙潭煤灰在不同热处理温度下的 XRD 谱图如图 3-33 所示。由图 3-33 可知，小龙潭煤中的方解石在 815℃前分解成 CaO，CaO 与黄铁矿分解生

成的 SO_3 反应生成硬石膏，硬石膏在 1000℃时分解，又生成 CaO。煤中高岭土在高温下转变为莫来石和石英，莫来石在高温下易与 CaO 反应生成钙长石，赤铁矿还原成的 FeO 反应生成铁橄榄石（Fe_2SiO_4）和铁尖晶石（$FeAl_2O_4$）。由于小龙潭煤中方解石和石膏的含量多，而高岭土的含量少，因此，在 1200℃以上的小龙潭煤灰中的矿物质主要以低熔点的钙长石和钙黄长石存在，导致小龙潭煤灰熔点较低。

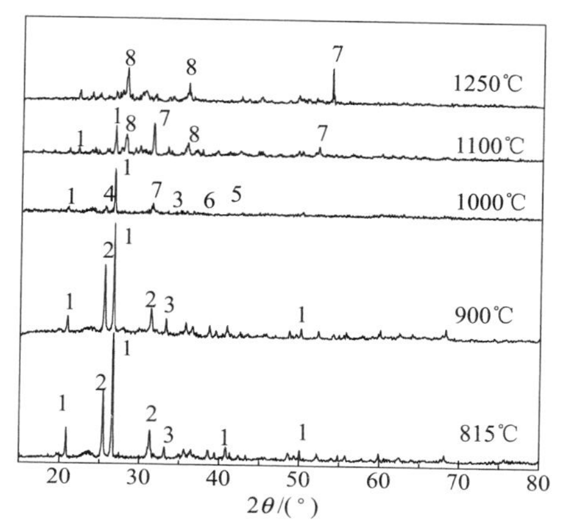

图 3-33　未添加耐熔剂小龙潭煤灰在不同热处理温度下的 XRD 谱图

1—石英（SiO_2）；2—硬石膏（$CaSO_4$）；3—赤铁矿（Fe_2O_3）；4—铁橄榄石（Fe_2SiO_4）；
5—莫来石（$3Al_2O_3 \cdot 2SiO_2$）；6—铁尖晶石（$FeAl_2O_4$）；
7—钙黄长石（$2CaO \cdot Al_2O_3 \cdot SiO_2$）；8—钙长石（$CaAl_2Si_2O_8$）

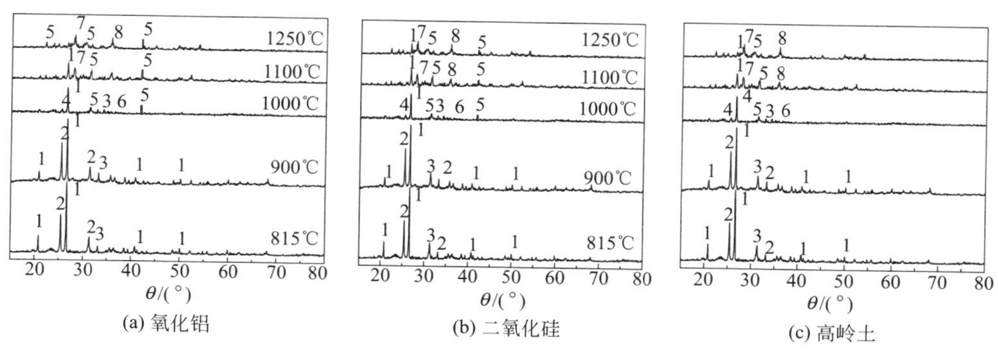

图 3-34　添加耐熔剂小龙潭煤灰在不同热处理温度下的 XRD 谱图

1—石英（SiO_2）；2—硬石膏（$CaSO_4$）；3—赤铁矿（Fe_2O_3）；4—铁橄榄石（Fe_2SiO_4）；
5—莫来石（$3Al_2O_3 \cdot 2SiO_2$）；6—铁尖晶石（$FeAl_2O_4$）；
7—钙黄长石（$2CaO \cdot Al_2O_3 \cdot SiO_2$）；8—钙长石（$CaAl_2Si_2O_8$）

在煤灰熔融过程中，煤灰矿物质之间发生相互作用和晶型的转换，因此，根据煤灰矿物质在升温过程中的矿物质晶相的种类和含量可以预测煤灰熔融特性的变化。XRD 谱图中的衍射峰的强度能够反映矿物质含量的变化，对同一种矿物质来说，衍射峰的变化能表示出矿物质含量的变化。分别添加了2%的氧化铝、二氧化硅和高岭土含量的小龙潭煤灰在不同热处理温度下的谱图如图3-34所示。

由图3-34可以看出，添加3种耐熔剂后与没添加前的小龙潭煤灰受热后的矿物质的相互作用机理相同。添加氧化铝后煤灰熔点增高的原因是由于氧化铝与煤中矿物质作用生成了较大含量的能使煤灰熔点增高的莫来石。添加二氧化硅后生成的莫来石居中，而添加高岭土的莫来石最少，从而导致了氧化铝、二氧化硅和高岭土对小龙潭褐煤灰熔融温度影响的不同。

添加和未添加耐熔剂小龙潭煤灰的XRD表明，小龙潭煤灰熔点低主要是由在高温下生成低熔点的钙长石和钙黄长石引起的。添加3种耐熔剂后与没添加前的小龙潭煤灰受热后的矿物质的相互作用机理相同。添加不同耐熔剂后煤灰熔点变化程度的差异是由于生成的高熔点的莫来石含量的不同引起的。

本章小结

本章重点针对助剂对煤灰熔融特性的调控进行了归纳。助剂是调控煤灰熔融流动特性的重要手段，在工业中被广泛运用。煤灰矿物质组成的改变是煤灰熔融特性变化的关键因素，助剂应根据原煤的煤灰成分和矿物质组成来选择。

在采用实例方式对于镁基、钙基、钾基、钠基、铁基、硅基、硼砂助熔剂对煤灰熔融特性的影响及机理分析讨论的基础上，研究了复合助熔剂对煤灰熔融流动特性的调控，最后对耐熔剂调控高灰熔点煤的灰熔融特性进行了探索。助剂对煤灰熔融特性调控的实质是通过添加外在成分改变了煤在高温条件下的矿物组成，从而改变了煤灰熔融流动特性。

第4章

配煤对煤灰熔融特性的调控

配煤就是根据不同工艺对煤质的要求，将不同类别、不同质量的单种煤经过破碎、筛选按照不同比例混合，改变单种煤的化学组成、物理性质和反应特性的过程。配煤可以改善煤灰熔融特性实现气流床气化炉的顺利排渣，减小气化过程中结渣概率，优化合成气的组成，能够实现资源综合优化利用。配煤是当前调控煤灰熔融特性的一种重要方法，与添加剂相比，配煤可以降低氧耗、实现煤质互补、优化产品结构，是一种改变煤灰熔融流动特性的经济高效且切实可行的方法。配煤可以选用两种或三种煤进行混配，当前主要以二元配煤为主，多元配煤也是发展的重要方向。因此加强对于配煤调控煤灰熔融特性及其机理的研究，对拓宽煤种的应用领域和实现煤种资源的本地化意义重大。

4.1 气化配煤

4.1.1 气化配煤的意义

配煤是改变煤质特性，使之适应煤气化工艺要求的重要手段，具有以下优点。

(1) 稳定并提高单种煤的质量，满足生产需求　由于煤化工用煤来自于特定的生产矿井，不同矿井的煤质存在差异，同一矿井不同煤层的煤质也存在差异，甚至同一煤层的煤质也有差异。煤质的不稳定性无法保障生产的需求，需要通过配煤系统对多种原料煤进行配比计算，生产出与煤质指标相符的“新煤种”，确保所配新煤种的稳定性，是满足生产需求的一种快捷、有效的措施。

(2) 合理、有效地利用煤炭资源，提高煤炭企业的经济效益　煤化工企业在优化其配煤方案时，在满足生产配煤指标的前提下，尽可能大量配入劣质煤。这样煤化工企业配煤系统不仅能合理利用煤炭资源，充分发挥煤炭的总体效益，而且降低了成本，提高了煤炭企业的经济效益。

(3) 配煤可以调控煤灰的熔融特性，从而改善煤灰的结渣性　配煤能够显著改变煤灰熔融温度，配煤灰熔融温度变化与配煤比不呈线性关系。煤灰是由各种矿物质组合在一起形成的复杂混合物，在受热过程中，这些矿物质发生复杂的物理化学变化而生成新的矿物质。配煤可以让不同煤灰中的矿物成分相互反应生成新的矿物质，煤在高温气化过程中生成矿物质的种类和含量决定煤灰熔融温度，从而有效避免气化结渣现象的发生。配煤是目前防止结渣的简单有效的手段。

4.1.2 气化配煤的技术指标

4.1.2.1 气化炉类型以及对煤质的要求

不同工艺、不同气化炉型对入炉煤的煤质要求不同。在选择气化工艺时，首先要考虑煤质，若选择不当会导致气化装置生产指标下降，甚至不能正常运行。分析煤气化对煤质的要求，选择具有合适的煤气化工艺的原煤，对拓宽煤炭应用范围具有重要意义。煤气化具有不同的分类，根据煤在气化炉中的流体力学行为，可分为移动床（固定床）气化法、流化床气化法、气流床气化法，如图 4-1 所示。

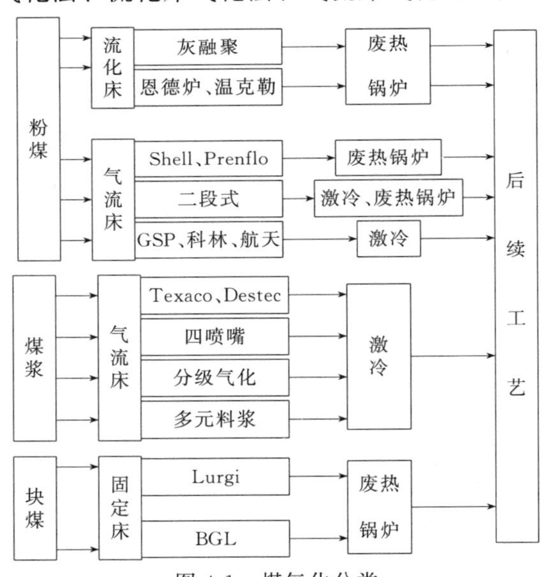

图 4-1　煤气化分类

(1) 固定床气化对煤质的要求　固定床用煤一般采用 6～13mm、13～25mm、25～50mm或 50～100mm 的粒级煤（粒径范围依其所用煤类不同而异），以保证床层的孔隙率。具体要求包括：煤的反应性好以提高反应速率；要具有一定的抗碎强度，保证煤在运输及从加煤机落到炉内时不能摔碎而影响透气性；要有一定的热稳定性，以免在炉内预热爆裂；要拥有不黏性或弱黏性，防止气化时产生胶质结焦；固态排灰时软化温度 ST 要高于 1200℃（液态排渣法除外），以利于提高操作温度。对固定床而言，大部分无烟煤、长焰煤、不黏煤、弱黏煤、部分黏煤和气煤、贫煤、大部分老年褐煤都适用。

(2) 流化床气化对煤质的要求 流化床气化炉的特点是煤从上部或下部加入气化炉，而气化介质从下部吹入，使大部分煤颗粒悬浮在密相区，床层位置基本不变。因此要求原料煤粒度在1～10mm范围内，过大的颗粒会沉落炉底导致反应不完全，太小的颗粒又容易被气流携带迅速到达出口而来不及反应。为了提高操作温度，要求ST要高。而为防止煤颗粒在密相区黏结成大块沉落炉底，黏结性要低，对强黏结性煤需要预处理破黏。由于煤颗粒停留时间较短，炉内温度较低（一般为900～1000℃，灰熔聚反应区可达1300℃），颗粒又不像气流床那么小，只有反应性好的煤才容易反应完全。流化床可气化含灰量为30%～50%的高灰煤，一般要求入炉煤水分低于10%，水分过大会使较小的颗粒容易黏结堵塞以至于无法输送，而且干燥和气化所需耗热较多。流化床能气化的煤种包括部分烟煤、长焰煤、不黏煤、弱黏煤以及部分褐煤。

(3) 气流床气化对煤质的要求 气流床气化炉的特点是干粉和气化介质一起从喷嘴中喷出，因速度较快，能很快穿过炉膛，所以速度很快、停留时间很短、操作温度较高。因此原料适应性较广。对水煤浆气化技术而言，最佳黏度应为15～40Pa·s，灰分含量最好在13%以下，哈氏可磨性指数在50～60以上，氯含量不宜过高。一般水煤浆黏度都大于60cP。适用煤种包括长焰煤、不黏煤、弱黏煤、气煤等，而大多数褐煤、瘦煤、贫煤、无烟煤等很难适用。干粉进料技术可气化几乎所有煤种，其灰分一般要求低于15%～20%，流动温度最好低于1450℃。此外，还要求耐磨指数高、干燥和气力输送性能好、灰渣黏温特性适宜等，进炉煤粉一般含水量小于2%，褐煤应小于6%。表4-1所列为各种气化炉对原料煤的要求和适用的煤种。

表4-1 各种气化炉对原料煤的要求和适用的煤种

气化炉形式	对原料煤的要求	适用的煤种
鲁奇气化炉	1～50mm粒煤，含灰质量分数<25%，抗碎强度>65%，热稳定性>60%	褐煤，长焰煤，烟煤
BGL气化炉	煤灰熔点1400～1600℃	泥煤，褐煤，烟煤，贫煤
UGI固定床气化炉	25～50mm块煤或煤球、煤棒	无烟煤，不黏结煤，焦炭
U-gas气化炉	外水质量分数<4%，内水无要求，含灰质量分数<40%，0～6mm煤料	褐煤，长焰煤，不黏结煤
恩德气化炉	含水质量分数<12%，含灰质量分数<40%，0～10mm煤料	褐煤，长焰煤，不黏结煤
煤灰熔融气化炉	含水质量分数<7%	褐煤，长焰煤，烟煤，无烟煤
德士古气化炉	含灰质量分数<8%，内水质量分数<4.5%，煤灰熔点一般<1300℃，哈氏可磨性指数50～65，黏度800～1200cP，热值25080kJ/kg	大部分的烟煤（气煤和气肥煤）
壳牌气化炉	煤灰熔点一般<1450℃，内水质量分数15%，含硫质量分数<2%	无烟煤，烟煤，褐煤，石油焦

续表

气化炉形式	对原料煤的要求	适用的煤种
GSP 气化炉	煤灰熔点一般<1500℃	泥煤，褐煤，烟煤，贫煤，无烟煤
四喷嘴对置水煤浆气化炉	含灰质量分数<8%，内水质量分数<4.5%，煤灰熔点一般<1350℃，哈氏可磨性指数 50～65，黏度 800～1200cP，热值 25080kJ/kg	烟煤，贫煤
多元料浆单喷嘴顶置气化炉	料浆含灰质量分数<8%	各种煤和石油焦以及油料混合
四喷嘴干煤粉加压气化炉	含灰质量分数<25%	褐煤，烟煤，无烟煤
HT-L 航天炉	煤粒度 20～90μm，含灰质量分数<25%	泥煤，褐煤，烟煤，贫煤
二段煤粉加压气化炉	煤灰熔点<1350℃，含挥发质量分数≤25%，内水质量分数<15%	无烟煤，石油焦

注：1cP=1mPa·s。

4.1.2.2 水煤浆制备对煤质的要求

气流床气化技术中，GE、Texaco 和多喷嘴对置式气化技术（OMB）是世界上最广泛使用的技术。其中它们共同的特点是原料以水煤浆的形式与气化介质一同进入气化炉。水煤浆的制备对煤质有一定的要求，水煤浆加压气化用煤选择原则是应以煤的气化性能及稳定运行性能为主。

（1）煤的灰分含量　灰分是煤中的无机形式成分，为使其能顺利地以液态形式排出水煤浆气化炉，操作温度必须高于入炉煤的灰熔点。有资料表明，在同样的气化反应条件下，灰分每增加 1%，氧耗增加 0.7%～0.8%，煤耗增大 1.3%～1.5%；其次灰分增加，使烧嘴和耐火砖的磨损加剧，寿命大大缩短，同时灰、黑水中的固含量升高，系统管道、阀门、设备的磨损率大大加剧，设备故障率提高。灰分含量高对成浆性能也有一定的影响，除使煤浆的有效成分降低之外，还使煤质的均匀性变差，削弱了煤浆分散剂的分散性能。在相同的情况下，对提高煤浆浓度不利。建议所选煤样的灰渣干基含量不高于 13%。

（2）煤的最高内水含量　煤的内水含量对气化过程的主要影响表现在对成浆性能的影响，一般认为煤的内水含量越高，煤中的 O/C 越高，含氧官能团和亲水官能团越多，孔隙率越发达，煤的制浆难度越大。煤质对成浆性能的影响是多方面的，各影响因素之间密切相关。煤的内在水含量越高时所制得的煤浆浓度越低，而且使添加剂的消耗、煤耗、氧耗均有一定的增加，从综合技术与经济两方面考虑，水煤浆加压气化原料用煤的最高内在水含量以小于 8%为宜。

（3）煤渣的熔融特性　煤灰的熔融特性是煤的灰熔点，煤的 FT 以低于操作温度 50～100℃为宜。若煤的灰熔点高，为使气化炉顺利排渣，必须将气化炉的反应温度提高至煤的灰熔点以上，操作温度提高使气化炉耐火砖的寿命相应缩短（气化炉的操作温度每提高 100℃，耐火砖的磨蚀速率增加 2 倍），氧耗、煤耗增加。为了降低操作温度必须加入助熔剂，而助熔剂的加入会增加煤中惰性物质含量，使耐火砖磨蚀加剧，提高了制浆成本，固体灰渣处理量增加，灰渣水系统的结垢量上升。考虑到煤的气化效率及耐火砖的使用周期等方面的因素，最好的煤种灰熔点在1250～1300℃。如果原料煤的灰熔点太低，由于生产条件下煤灰的黏度降低，也会加剧对耐火砖的侵蚀，较低灰熔点的煤种可以通过配煤来解决。

（4）灰的黏温特性　黏度是衡量流体流动性能的主要指标，要实现气化温度下灰渣以液态顺利排出气化炉，黏度应在合适的范围之内，既要保证在耐火砖表面形成有效的灰渣保护层，又要保持一定的流动性。根据国内外对液态排渣锅炉的研究指出，灰渣的黏度应在25～40Pa·s之间方可保证顺利排渣，水煤浆气化炉在操作温度下灰渣黏度控制在25～30Pa·s为宜。影响灰渣黏度的主要因素是煤灰的组成。煤灰的主要矿物质成分是Al_2O_3、SiO_2、MgO等，通过调查研究表明，Al_2O_3是灰渣熔点升高、黏度变差的主要成分。SiO_2是煤灰成分中含量最高的组分，使煤的灰熔融特性变差，黏度升高，但它与其他的组分（CaO）可以形成低熔点的物质，因而可依据其含量，在一定范围内添加CaO以削弱对灰黏度的影响。Fe_2O_3也是降低灰熔点及灰渣黏度的组分，因为Fe_2O_3在还原性气氛下被H_2或CO还原为FeO，FeO与灰渣中的SiO_2和Al_2O_3形成低熔点的共熔物。

（5）煤灰的焦渣特性　灰渣黏度是煤灰的高温特性，是指测定煤挥发分后所残留下焦渣的特性，共分8类，序号越大黏结性越强，一般认为水煤浆加压气化工艺的原料煤焦渣特性应为1、2类。

（6）煤的挥发分　原料煤的挥发分代表一种煤的变质程度，变质程度越大，燃烧火焰越长，反应活性越好。煤的内在水分与挥发分有一定的关系，当煤的挥发分在25%±5%时内在水分最低；大于30%，随着挥发分的增加而增加；当大于40%时，增加较快；小于20%时，随着挥发分的降低而增加。煤的变质程度越高，成浆性越差。

（7）煤的硫含量　对气化操作的本身并无显著影响，但生成的煤气只要高于露点温度操作，即可避免设备腐蚀，硫含量的高低对甲醇洗工序的影响很大。

（8）煤的可磨性　煤被破碎的难易程度称为煤的可磨性，不同的煤有不同的可磨性指数。煤的可磨性直接影响磨机的工作状况，既影响水煤浆的产量和质量，又影响磨机的消耗。

总之，煤料的反应性、成浆性、灰熔融温度是衡量煤种适应能力的主要指标，无烟煤反应活性低，褐煤成浆性差，均不适宜于水煤浆气化，最适宜的是长焰煤、气煤等。同时还应注意到煤灰在还原性气氛下的流动温度和黏温特性。对煤质的一般要求如下。

① 主要指标　放热量达25.121MJ/kg，越高越好；煤灰的流动温度在1300℃为宜，过高或过低都不利于气化；煤中灰的含量不得高于13%，越低越好。

② 次要指标　考虑到煤浆的制备、泵送特性、煤的反应活性及气化效率，则全水分含量越低越好，挥发分含量越高越好，固定碳含量适中为好，煤中有害元素硫、氯、砷等越低越好，可磨性指数越大越好。

4.1.3 配煤对水煤浆性质的影响

配煤则是一种能改善难成浆煤的成浆性能、扩大制浆煤种的简易而又经济的方法。本节选取变质程度不同的4种煤为例，按照不同比例配比制浆，研究2种煤相配制得的水煤浆的成浆性、流变性和稳定性，从中获得配煤制浆对水煤浆性质的影响规律。

(1) *原煤的特性* 从表4-2中看到，各种煤的挥发分含量及氧碳比不同。石港煤和小屯煤属于煤阶较高的无烟煤和贫煤，兖州煤和黄陵煤则是煤阶较低的烟煤。氧碳比的不同表征了煤的变质程度不同，煤的变质程度不同也使煤在水含量、氧含量、灰分方面都发生了质的变化，由此影响煤的成浆特性。

水煤浆制备方法是：将表4-2中的4种煤磨制成煤粉，并且过200目筛。根据所需的配比称取煤粉，加入质量为干煤粉量0.8%的亚甲基萘磺酸钠-苯乙烯磺酸钠-马来酸钠，倒入去离子水中，搅拌均匀。电动搅拌器的转速为800～1000r/min，搅拌时间为15min。配煤制浆中，2种煤的比例选为2∶8、4∶6、5∶5、6∶4、8∶2。

表4-2 原料煤的工业分析与元素分析

煤种	工业分析/%				发热量	元素分析/%				
	M_{ad}	A_{sd}	V_{ad}	FC_{ad}	$Q_{ad,net}$/(J/g)	C_{ad}	H_{ad}	N_{ad}	$S_{t,ad}$	Q_{ad}
石港	1.27	31.42	9.03	58.29	22507	57.61	2.92	1.00	2.26	3.53
小屯	1.44	28.39	11.14	59.03	23906	61.43	3.02	1.26	0.34	4.11
兖州	1.66	14.23	31.28	52.83	28271	69.58	4.46	1.00	0.75	8.32
黄陵	3.48	29.57	23.02	43.93	22471	54.88	3.53	0.85	0.47	7.22

(2) *水煤浆黏度、浓度、稳定性测定* 水煤浆的表观黏度由美国Thermo公司生产的HAAKEVT550型黏度计进行测量。根据GB/T 18856.4—2002规定的方法测量水煤浆的黏度和流变特性。设定实验温度为(20±0.1)℃，按仪器要求取适量待测浆样，加入测量容器中，连接好装置。启动黏度计，剪切速率从0均匀上升至$100s^{-1}$。当剪切速率为$100s^{-1}$时，每隔1min记录一次仪器读数，共记10次，10次读数的平均值即为水煤浆在$100s^{-1}$下的表观黏度。水煤浆的浓度采用GB/T 18856.2—2002中的干燥箱干燥法测量。称取(3.0±0.2)g的水煤浆样，在鼓风干燥箱中于105～110℃下，干燥至恒重，干燥后试样的质量占原试样的质量分数即为该水煤浆的浓度。

以析水法测定水煤浆的稳定性。将待测水煤浆放入密闭容器，静置20天后，如浆样上层析出清液，吸出上层清液，称量出清液的质量。定义浆样的析水率为20天后水煤浆析出的上层清液占水煤浆原有水分的质量分数。析水率越低，表明稳定性越好。

（3）单煤成浆、流变特性分析

① 单煤成浆特性　图 4-2 为 4 种不同变质程度的煤制取水煤浆的黏度与浓度关系曲线。由图 4-2 可见，4 种煤的成浆规律一致，制取的水煤浆随着浓度的增加，黏度增大。其中，在相同的浓度下，变质程度相对较低的两种煤——黄陵煤和兖州煤的水煤浆黏度较高。一般要求水煤浆的黏度小于 1200mPa・s，而工业应用的水煤浆黏度通常为 1000mPa・s。将表观黏度为 1000mPa・s 时的浆体浓度定为水煤浆的最大成浆浓度，可以得到这 4 种单煤的最大成浆浓度，见表 4-3。从表 4-3 可以看出，氧碳比低的煤种，最大成浆浓度较高，成浆性较好。一般来说，氧碳比低的煤种，变质程度高。煤种的变质程度越高，其中的亲水官能团含量就越低，内水较低，孔隙结构不发达，成浆性会越好。

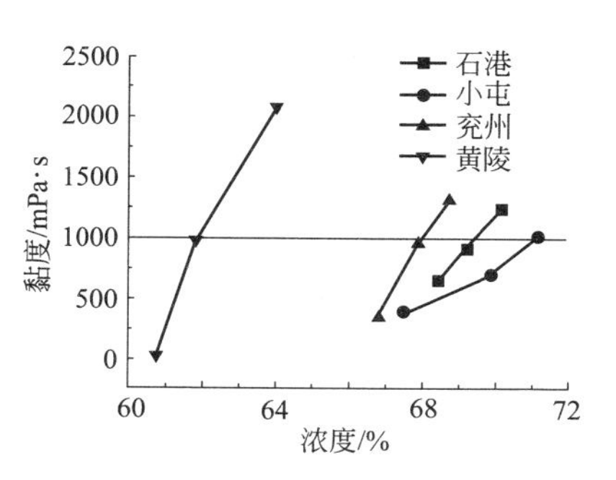

图 4-2　单煤黏度与浓度特性曲线

表 4-3　4 种煤的最大成浆浓度

煤种	氧碳比	最大成浆浓度/%
石港	0.061	69.42
小屯	0.067	71.08
兖州	0.120	67.98
黄陵	0.130	61.91

② 单煤流变特性　水煤浆是复杂的多相悬浮体系，施加剪切应力产生的速率梯度受到内部物理结构变化的影响，反过来内部的物理结构又会因剪切作用而引起变化，因此水煤浆的流变特性呈现复杂多样性，从目前的研究看，水煤浆涵盖了牛顿流体和几乎各种类型的非牛顿流体。图 4-3 是 4 种单煤的成浆流变特性曲线。从流变特性曲线中可以看出，石港煤和小屯煤在浓度较低时，水煤浆的黏度随剪切速率的增加基本不变，体现了较明显的牛顿流体的特性。一般而论，当浓度增加，浆体黏度增大，随剪切速率的增加，水煤浆的黏度会下降。浓度越高，黏度越大，剪切变稀的非牛顿流体特性也越显著。水煤浆的黏度和非牛顿流体特性主要取决于浆体内的自由水分含量和固相颗粒间的平均相互作用距离。水煤浆的浓度增加，浆体中的自由水含量减小，黏度就会增加。同时，固相颗粒间的平均作用距离减小，浆体的非牛顿流体的特性越显著。相比于前两种煤，黄陵煤和兖州煤水煤浆剪切变稀的特性非常明显。

煤浆的影响与煤种表面性质、孔隙结构分布及煤表面的疏水性等因素相互作用有复杂的关系。只有通过合适的煤种、合适的比例相配，才能有效提高难成浆煤的成浆性。不同配比的石港煤与其他煤种的成浆浓度见图 4-4。不同配比的小屯煤与兖州煤、黄陵煤的成浆浓度见图 4-5。

按照配煤比例，依据线性拟合得到理论上预测的配煤成浆浓度，与实际的配煤

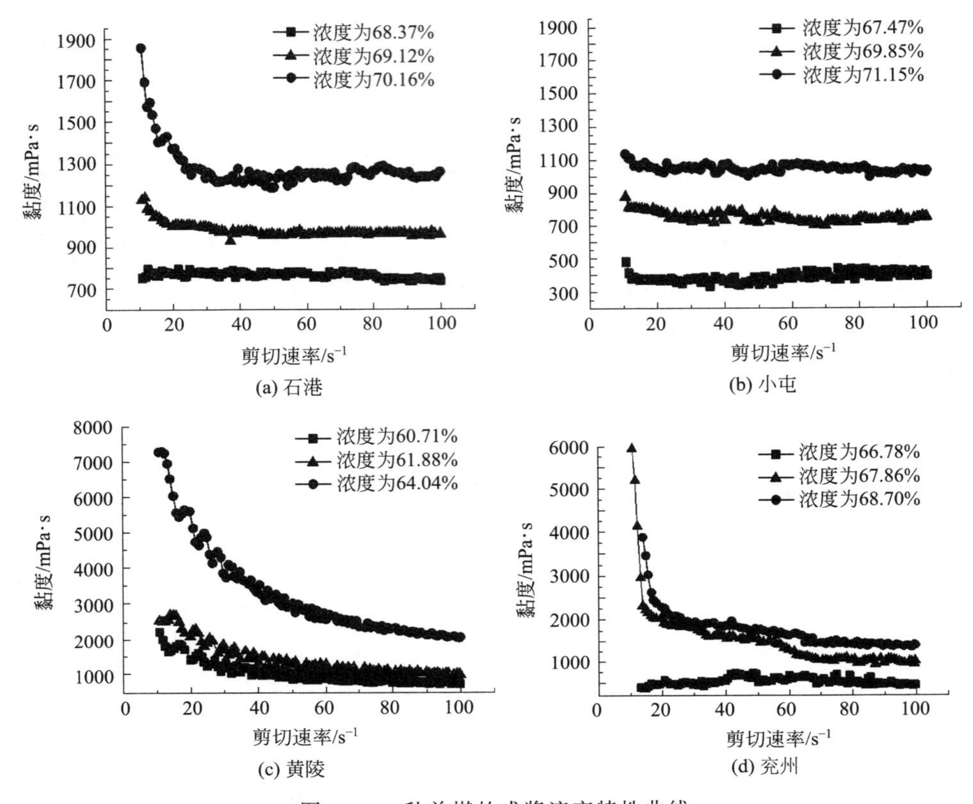

图 4-3 4 种单煤的成浆流变特性曲线

成浆浓度相比较，见表 4-4。从表 4-4 不难发现，线性拟合的预测值与实际的成浆浓度相比差距较大，最大相差 1.82 个百分点。因此，简单地通过线性加权拟合来预测配煤成浆浓度是不合适的；以非线性理论甚至神经网络系统预测配煤成浆浓度，更好地指导配煤制浆工作非常必要。

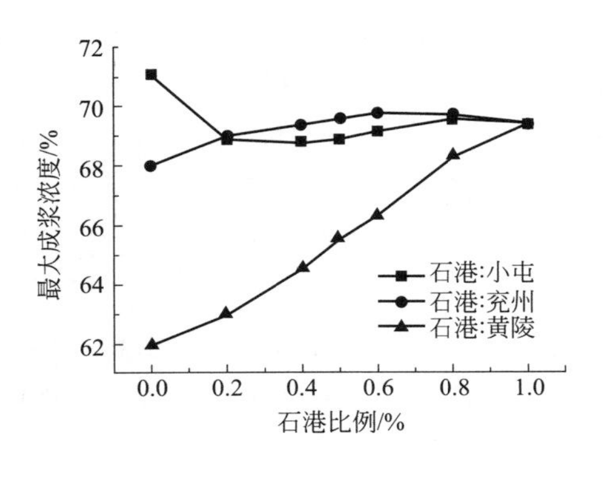

图 4-4 不同比例下石港配煤的成浆浓度

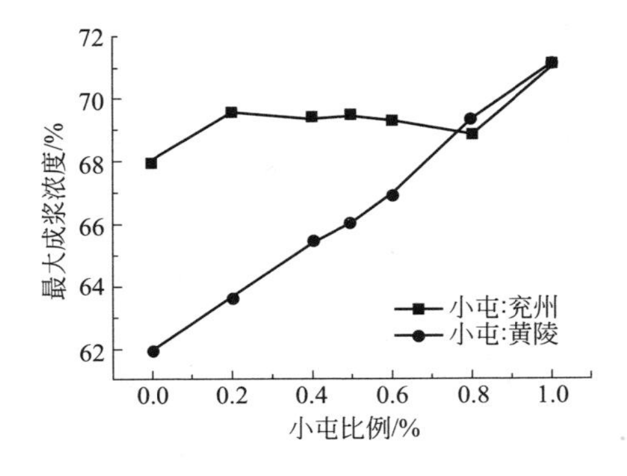

图 4-5 不同比例下小屯配煤的成浆浓度

表 4-4　配煤成浆浓度与线性加权平均浓度的比较

配煤煤种	配煤比例	实际成浆浓度/%	线性拟合成浆浓度/%	差值/%
石港和小屯	2∶8	68.93	70.75	1.82
	4∶6	68.79	70.42	1.63
	5∶5	68.89	70.25	1.36
	6∶4	69.22	70.09	0.86
	8∶2	69.55	69.75	0.20
石港和兖州	2∶8	69.04	68.28	−0.77
	4∶6	69.42	68.56	−0.86
	5∶5	69.60	68.70	−0.90
	6∶4	69.78	68.84	−0.94
	8∶2	69.72	69.13	−0.59
石港和黄陵	2∶8	69.97	63.41	0.44
	4∶6	64.46	64.91	0.45
	5∶5	65.47	65.67	0.19
	6∶4	66.31	66.42	0.11
	8∶2	68.28	67.92	−0.36
小屯和兖州	2∶8	69.57	68.60	−0.97
	4∶6	69.38	69.22	−0.16
	5∶5	69.49	69.53	0.04
	6∶4	69.30	69.84	0.54
	8∶2	68.78	70.46	1.68
小屯和黄陵	2∶8	63.64	63.74	0.10
	4∶6	65.37	65.58	0.21
	5∶5	66.06	66.50	0.44
	6∶4	66.99	67.41	0.42
	8∶2	69.34	69.25	−0.09

(1) 水煤浆流变模型　水煤浆是一种复杂的高黏度固液分散悬浮液，其流变性可以采用通用的屈服-幂率模型描述：

$$\tau=\tau_0+k\gamma^n$$

式中，τ 为剪切应力，Pa；τ_0 为屈服应力，Pa；k 为稠度系数，$Pa\cdot s^n$；n 为流动性系数；γ 为剪切速率，s^{-1}。悬浮体内部颗粒间的相互作用力使得颗粒和液体组成不同大小的结构单元，当颗粒体积分数超过某一临界值时，悬浮体内的结构单元就会充满整个体系而形成空间网状结构，体系就会有剪切力的屈服值(简称为屈服应力)，即当水煤浆所承受的剪切应力大于此值时，水煤浆内部才会有相对移动或变形。稠度系数一般随浆体黏度增加而增大。当 $n<1$ 时，浆体剪切变稀，为假塑性流体；当 $n>1$ 时，浆体剪切变黏，为胀塑性流体。且当 n 值与 1 相差越大，浆体剪切时的非牛顿流体特性越显著。根据最小二乘法按上述屈服-幂率曲线拟合，得到各单煤制浆的流变特性参数，见表 4-5。从表 4-5 中可看出，对于同一种浆体，随浆体黏度的增加，稠度系数增加，稠度系数 k 很好地表征了浆体黏度的变化。并且同种浆体的屈服应力一般随浓度的增大而增加，因为随着浆体的浓度增加，浆体中的固相颗粒占的体积变大，体系中的空间网状结构更加密集，要使浆体单煤内部发生移动或形变克服的阻碍越大，表现为浆体的屈服应力就会越大。同时，还能从表 4-5 发现，相同黏度下黄陵煤的屈服应力最大，而石港煤和小屯煤的屈服应力都很小。另外，表中的石港煤和小屯煤的非牛顿流体特性并不显著；而石港煤和小屯煤的流动特性指数值接近 1，说明黄陵煤则体现出了明显的非牛顿流体的特性，且随着浓度增加，n 值和 1 的差值越大，说明非牛顿流体的特性越显著。

表 4-5 单煤制浆的流变特性参数

煤种	黏度/mPa·s	τ_0	k	n
石港	658	0.7823	0.8278	0.9816
	905	1.3870	0.9158	1.0110
	1235	1.0280	1.4900	0.9718
小屯	381	0.7410	0.2753	1.0830
	707	0.1331	0.8931	0.9578
	1016	2.0310	1.1520	0.9694
黄陵	731	13.6500	1.5630	0.7883
	993	19.6500	2.3830	0.7551
	2086	38.0200	11.8600	0.5720

表 4-6 是配煤的浆体在黏度为 1000mPa·s 左右的流变特性参数，拟合曲线如图 4-6～图 4-8。由表 4-6 可见，屈服应力小的煤种加入黄陵煤相配制浆后，浆体的屈服应力有明显提升，且随着黄陵煤的比重增加，屈服应力有上升的趋势。这是因为黄陵煤的加入，增强了石港煤和小屯煤浆体体系中的网状结构，使得浆体变形所要克服的阻力增加，导致浆体屈服应力上升。当石港煤加入黄陵煤相配后，n 值与 1 的差值变大，表明了黄陵煤增强了石港煤剪切变稀的特性，说明在这两种煤的浆体中，非牛顿流体特征在混煤制浆后仍有较强表现，占主导地位。但小屯煤和黄陵煤相配时，n 值仍和 1 比较接近，只有当黄陵煤比重很大时（80%），浆体才体现出明显的剪切变稀的特性。石港煤和小屯煤相配制浆后，屈服应力和浓度系数值均有所增加，说明这两种煤相配制浆后在相同浓度下黏度有所增加，与前面配煤成浆特性研究结论相一致。可见，配煤的煤种和比例不同，对浆体流变性的影响也会不同，说明与煤质特性有较大的关系。

表 4-6　配煤制浆的流变特性参数

配煤煤种	配比	τ_0	k	n
石港和小屯	2∶8	2.3120	1.4630	0.8824
	4∶6	6.3520	1.2970	0.9286
	5∶5	3.1480	1.2750	0.9274
	6∶4	3.8960	1.6620	0.9095
	8∶2	0.3981	1.3750	0.9496
石港和黄陵	2∶8	10.6200	3.0120	0.7135
	4∶6	14.1300	1.4120	0.8811
	5∶5	8.0540	1.8610	0.8632
	6∶4	7.4040	1.8510	0.8838
	8∶2	4.1880	0.8220	0.8990
小屯和黄陵	2∶8	29.2000	1.8330	0.7965
	4∶6	14.4800	1.1330	0.9107
	5∶5	27.2000	0.7701	1.0020
	6∶4	18.7100	0.8381	0.9991
	8∶2	18.33	0.6028	1.067

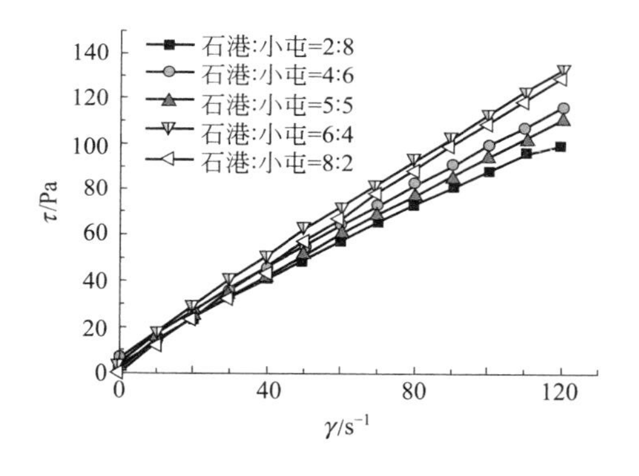

图 4-6　石港和小屯配煤流变特性拟合曲线

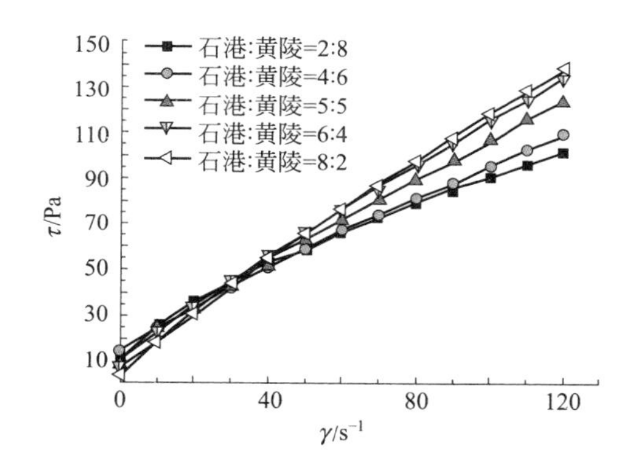

图 4-7　石港和黄陵配煤流变特性拟合曲线

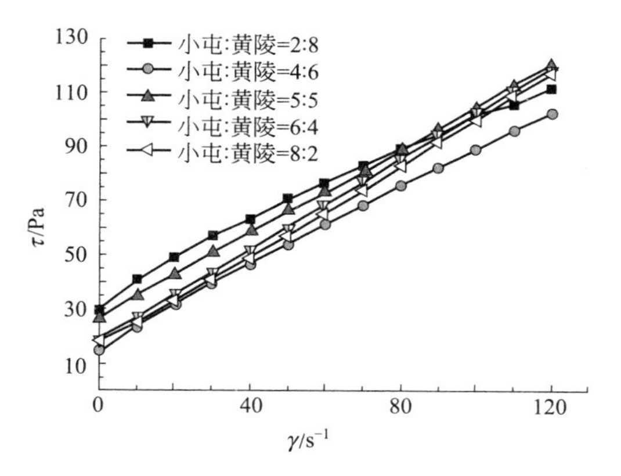

图 4-8　小屯和黄陵配煤流变特性拟合曲线

（2）配煤制浆的稳定性　析水率在一定程度上表征了水煤浆的稳定性。一般来说，析水率越大，浆体的稳定性越差。4 种单煤制得水煤浆 20 天后的析水率见表 4-7。由表 4-7 可知，同种水煤浆的析水率随着浆体浓度的增加而降低，表明水煤浆的浓度越大，浆体的稳定性越好。因为水煤浆中固体颗粒和液体相互作用形成结构单元，大量的结构单元会组成空间网状结构，浆体浓度越大，固相颗粒越多，这种空间网状结构越密集，水煤浆中固体颗粒沉降受到的阻力越大，水煤浆就越稳定。

表 4-7　配煤制浆的析水率

煤种	浓度/%	黏度/mPa·s	析水率/%
石港	68.37	685.19	13.96
	69.12	904.88	9.19
	70.16	1235.20	6.68
小屯	67.47	380.60	9.85
	69.85	707.16	7.26
	71.15	1010.17	5.17
兖州	66.78	342.01	14.28
	67.86	949.54	7.34
	68.70	1290.70	4.34
黄陵	60.71	731.40	8.57
	61.88	992.75	6.46
	64.04	2086.30	2.71

表 4-8 为不同比例下配煤制浆在黏度为 1000mPa·s 左右时的析水率。发现配煤制浆对水煤浆稳定性的影响有些复杂：配煤制浆的稳定性可以和原来的单煤相差不大，比如石港和小屯配煤制浆后的析水率与石港单煤相差不大；配煤制浆也可能会大大改善浆体的稳定性，例如石港和兖州配煤制浆后，浆体的析水率比原来石港单煤和兖州单煤的析水率略小，兖州煤的加入提高了石港煤的稳定性；配煤制浆还可能使浆体的稳定性变差，例如小屯和兖州配煤制浆的浆体析水率比小屯单煤的析水率要大，从规律上看是兖州煤的加入降低了小屯煤的稳定性；此外，配煤的比例不同，对浆体的稳定性影响也会不同，例如石港煤和黄陵煤虽然单煤稳定性比较接近，但相配制浆在黄陵煤比例较高时，析水率比石港单煤高时，当是黄陵煤比例较低时，浆体的析水率又会小于石港单煤，从规律上看是黄陵煤的加入提高了石港煤和小屯煤的稳定性。

表 4-8　不同比例下配煤制浆的析水率

配煤	配煤比例				
	2∶8	4∶6	5∶5	6∶4	8∶2
石港和小屯	9.42	10.92	10.70	8.15	9.36
石港和兖州	6.03	5.92	5.78	6.15	6.46
石港和黄陵	9.51	9.88	8.01	5.86	6.26
小屯和兖州	6.46	8.47	8.06	7.96	11.04
小屯和黄陵	5.69	5.54	5.46	5.29	4.69

通过对石港、小屯、兖州、黄陵 4 种煤进行单煤和配煤成浆特性研究，在同样添加剂加入的情况下，获得如下结论。

① 因为煤质的差异，4 种煤的成浆浓度明显不同。石港煤最大成浆浓度为 69.42%，小屯煤最大成浆浓度为 71.08%，兖州煤最大成浆浓度为 67.98%，黄陵煤最大成浆浓度为 61.91%。水煤浆的表观黏度随浆体浓度的增加而增加，氧碳比低的煤一般成浆性较好。

② 配煤的成浆性体现出明显的非线性特征。两种不同的煤相配，对浆体最大成浆浓度的影响不同；配煤成浆的实际成浆浓度和按单煤线性加权平均拟合计算获得的成浆浓度差距较大，实验中最大相差 1.82 个百分点。

③ 在一定的浓度范围内，水煤浆体现了剪切变稀的非牛顿流体的特性，且水煤浆的浓度越高，剪切变稀越明显。利用屈服-幂率模型的拟合，发现不同煤的浆体流变特性不同，实验中黄陵煤的非牛顿流体特性比其他煤明显。配煤制浆在一定条件下可以改变水煤浆的流变特性，但由于不同煤种间的作用效果不同，不同的煤种以及不同的配比对水煤浆流变性的改变效果也不同。

④ 水煤浆的稳定性研究表明，水煤浆浓度越高，析水率就会越低，稳定性越好。配煤制浆对浆体的稳定性有多种影响，兖州煤能提高石港煤的稳定性，同时也会降低小屯煤的稳定性。配煤的比例不同，对浆体的稳定性影响也会不同，石港煤和黄陵煤相配制浆，在黄陵煤比例较高的时候，稳定性不如石港单煤，当黄陵煤比例较低的时候，稳定性又好于石港单煤。

4.2　二元配煤对煤灰熔融特性的影响

不同灰熔点煤配比，可有效降低高灰熔点煤的熔融温度。由于煤灰成分的复杂性，混煤灰的熔融特性要比添加单一助熔剂的熔融特性复杂得多。高温下灰中的矿物质行为对煤灰熔融特性产生重要影响，高温下灰中矿物质变化较为复杂，除了发生矿物质的熔融外，矿物质组分之间还会相互反应生成新的物质以及形成低温共熔物，给煤灰熔融特性的预测带来很大困难。二元配煤是当前调控煤灰熔融特性运用较多的一种形式，加强对不同煤灰熔融特性调控的研究对拓宽煤种的应用领域、实现煤气化原料本地化意义重大。

4.2.1 配煤对高熔点煤灰熔融特性的影响

4.2.1.1 原料特性及分析方法

（1）原料特性　原料为义马煤、神木煤、鹤壁煤和晋城煤。将煤样粉碎至0.2mm以下，按照GB/T 212—2008进行工业分析。依据GB/T 219—2008规定的角锥法，用ALHR-2型智能灰熔点测定仪（常州奥联科技有限公司生产）测定各原料煤在弱还原性气氛下的灰熔融温度——变形温度（DT）、软化温度（ST）、半球温度（HT）和流动温度（FT），见表4-9。

表4-9　各原料煤的工业分析及灰熔融温度

煤种	M_{ad}/%	A_{ad}/%	V_{daf}/%	FC_{daf}/%	DT/℃	ST/℃	HT/℃	FT/℃
义马煤	6.75	12.68	39.33	60.67	1191	1206	1210	1239
神木煤	8.5	10.71	35.46	64.54	1194	1200	1204	1231
鹤壁煤	2.04	13.69	9.08	90.92	1200	1355	1385	1402
晋城煤	2.66	25.47	7.9	92.1	1468	>1500	>1500	>1500

从表4-9可知，四种煤灰熔融温度存在较大差异，神木煤的灰熔融温度最低，晋城煤的灰熔融温度最高，这与各原料煤的灰化学成分有关。

（2）样品制备

① 配煤灰样的制备　以空气干燥基为基准，按照义马煤和神木煤分别占10%、20%、30%、40%、50%质量分数制备义马煤与鹤壁煤、神木煤与鹤壁煤混合煤样；按照义马煤占20%、30%、40%、50%和70%（质量分数）制备义马煤与晋城煤混合煤样；配制质量分数为30%、40%、50%、60%和70%神木煤与晋城煤混合煤样。依据GB/T 219—2008制灰，取出密封于样品袋内，即得配煤灰样。

② 高温渣样的制备　将质量比为7∶4的活性炭和石墨粉混合物加入ALHR-2型智能灰熔点测定仪的刚玉舟中，营造弱还原性气氛。将灰样放入长瓷舟内，长瓷舟放入刚玉舟正中部，将刚玉舟推入测定仪，长瓷舟中部正好位于测定仪热电偶热端正下方。当温度升至预设值，停止加热，迅速取出长瓷舟，放入冰水混合物中猝冷，以保证矿物质晶型不发生转变。将冷却后灰样放入真空干燥箱，在105℃下干燥36h，干燥后的样品密封在样品袋内，即得高温渣样。

（3）分析测试方法

① 灰化学成分分析　采用日本岛津XRF-1800型X射线荧光光谱仪（XRF）测定各原料煤的灰化学成分，结果见表4-10。

表4-10 各原料煤的灰化学成分

煤种	成分/%									
	Na_2O	MgO	Al_2O_3	SiO_2	P_2O_5	SO_3	K_2O	CaO	TiO_2	Fe_2O_3
义马煤	0.57	1.46	22.39	57.36	0.89	2.77	2.19	5.27	1.19	5.91
神木煤	0.73	1.14	18.64	49.46	0.41	5.13	1.62	11.39	1.34	10.13
鹤壁煤	0.41	2.25	28.61	52.54	0.39	4.32	0.14	4.60	2.28	4.46
晋城煤	0.46	1.60	33.55	47.00	0.01	2.92	0.38	5.16	0.85	7.99

从表4-10可知，灰中酸性氧化物Al_2O_3的含量神木煤最低，义马煤稍高，晋城煤最高，Al_2O_3在煤灰熔融过程中起“骨架”作用，能够显著提高煤灰熔融温度；义马煤和神木煤灰中碱性氧化物Na_2O和K_2O含量较鹤壁煤和晋城煤高，能够降低煤灰熔融温度。这是造成原料煤灰熔融流动温度$FT_{神木}<FT_{义马}<FT_{鹤壁}<FT_{晋城}$的原因。

② 灰中晶体矿物质的分析 利用日本理学的RIGAKU D/MAX-RB型衍射仪对制备的高温灰样进行XRD分析。衍射条件如下：Cu靶，管电流为100mA，管电压为40kV，Kα波长为0.15408nm，扫描范围（2θ）为5°～80°，步长为0.01°，步速为5°/min。

4.2.1.2 二元配煤对煤灰熔融特性的影响

（1）义马煤、神木煤对鹤壁煤灰熔融温度的影响 利用ALHR-2型智能灰熔点测定仪测定不同配比下混合煤灰熔融温度，见图4-9。

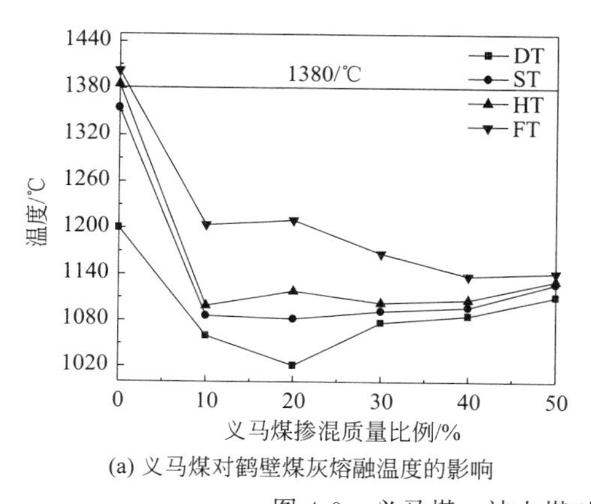

(a) 义马煤对鹤壁煤灰熔融温度的影响

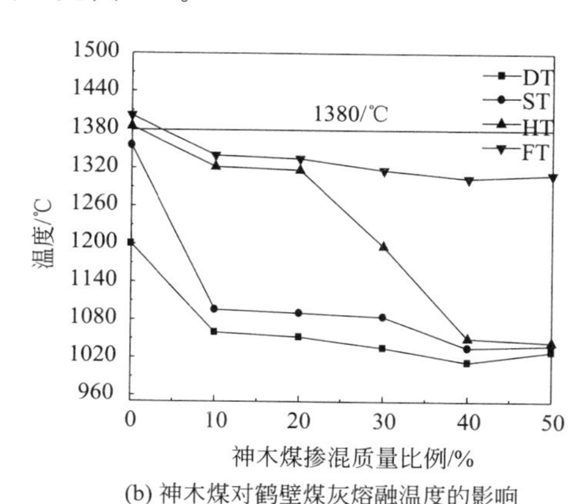

(b) 神木煤对鹤壁煤灰熔融温度的影响

图4-9 义马煤、神木煤对鹤壁煤灰熔融温度的影响

由图4-9(a)可知，加入义马煤可以降低鹤壁煤灰熔融温度，随着义马煤配比增大，四个灰熔融温度变化趋势基本一致。在配比为10%处出现一个较低值，配比为20%～40%呈现缓慢降低趋势，配比大于40%后变化平缓，温度略有增加；掺混比例大于1.11%时混合灰FT降低到1380℃以下，满足液态排渣对灰熔点的要求；配煤比例与配合煤灰熔融温度之间是非线性关系，这与之前的研究结论相似。

由表 4-10 可推知，加入义马煤后鹤壁煤中的灰分含量发生变化，Al_2O_3 含量降低，Fe_2O_3、SiO_2、MgO 与 CaO 含量增加，其中 Fe_2O_3、Al_2O_3、MgO 与 CaO 的变化有利于流动温度的降低，SiO_2 的影响较复杂。当 SiO_2 含量较大时有可能生成单体导致灰熔融温度升高，进而使配煤的灰熔融温度变化趋势出现波动。

由图 4-9(b)可知，加入神木煤能使鹤壁煤灰熔融温度降低，DT、ST、FT 曲线变化基本一致，配比大于 10%时变化平缓，HT 曲线在 20%～40%之间变化很快，配比大于 40%时温度略呈升高趋势，FT 随配比增大变化不明显；掺混比例大于 3.55%时 FT 降低到 1380℃以下；配煤比例与配煤灰熔融温度之间是非线性关系。由表 4-10 可推知，加入神木煤后鹤壁煤中的灰分含量发生了变化，Al_2O_3 含量降低，Fe_2O_3 与 CaO 含量增加，MgO 与 SiO_2 含量基本不变，其中 Fe_2O_3、Al_2O_3 与 CaO 的变化有利于流动温度的降低，配煤的流动温度应一直呈现降低趋势。

(2) 义马煤、神木煤对鹤壁煤灰熔融温度的影响机理分析　根据实验，制备 1100℃弱还原性气氛下的义马煤与鹤壁煤的高温灰样，并且进行 XRD 分析，结果见图 4-10。从图 4-10 可知，随义马煤配比增大，混合灰样中的矿物质铁橄榄石和铁尖晶石衍射峰强度逐渐减弱，出现了钙长石衍射峰。当配比为 10%时混合灰样以铁尖晶石为主，配比为 40%时有一定量钙长石生成，而配比为 50%时混合灰样中出现大量钙长石的衍射峰，这与义马煤中较高的 CaO 含量有关。铁橄榄石和铁尖晶石的低温共熔以及钙长石的生成是导致义马煤与鹤壁煤的混合灰样熔融温度降低的直接原因。

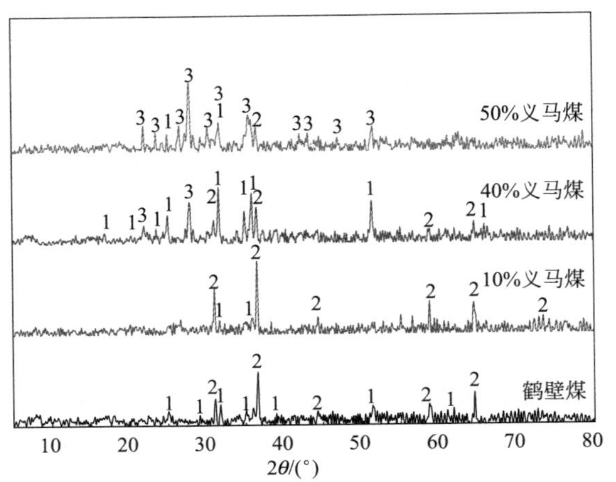

图 4-10　义马煤与鹤壁煤混合灰的 XRD 谱图

1—铁橄榄石（Fe_2SiO_4）；2—铁尖晶石（$FeAl_2O_4$）；3—钙长石（$CaAl_2Si_2O_8$）

推测高温灰样中可能发生的反应如下：

$$Al_2O_3 \cdot 2SiO_2 \cdot 2H_2O(\text{高岭石}) \longrightarrow Al_2O_3 \cdot 2SiO_2(\text{偏高岭石})$$

$$Al_2O_3 \cdot 2SiO_2(\text{偏高岭石}) \longrightarrow 3Al_2O_3 \cdot 2SiO_2(\text{莫来石}) + SiO_2(\text{无定形})$$

$$SiO_2(\text{无定形}) \longrightarrow SiO_2(\text{方石英})$$

$$CaSO_4(\text{硬石膏}) \longrightarrow CaO + SO_2$$

$$3Al_2O_3 \cdot 2SiO_2(\text{莫来石}) + CaO \longrightarrow CaAl_2Si_2O_8(\text{钙长石})$$

$$(KAl_2[(OH)_2AlSi_3O_{10}])(\text{伊利石}) + FeO \longrightarrow FeO \cdot Al_2O_3(\text{铁尖晶石})$$
$$+ 3FeO \cdot Al_2O_3 \cdot 3SiO_2(\text{铁铝榴石}) + KAlSi_2O_6(\text{白榴石})$$

$$Fe_2O_3(\text{赤铁矿}) \longrightarrow FeO$$

$$3Al_2O_3 \cdot 2SiO_2(\text{莫来石}) + FeO \longrightarrow 2FeO \cdot SiO_2(\text{铁橄榄石})$$
$$+ FeO \cdot Al_2O_3(\text{铁尖晶石})$$

$$FeO + SiO_2 \longrightarrow FeO \cdot SiO_2(\text{斜铁辉石})$$

$$FeO \cdot SiO_2(\text{斜铁辉石}) + FeO \longrightarrow 2FeO \cdot SiO_2(\text{铁橄榄石})$$

由数据分析，制备了1200℃弱还原性气氛下的神木煤与鹤壁煤的混合灰样，并且通过XRD分析其矿物组成，结果见图4-11。

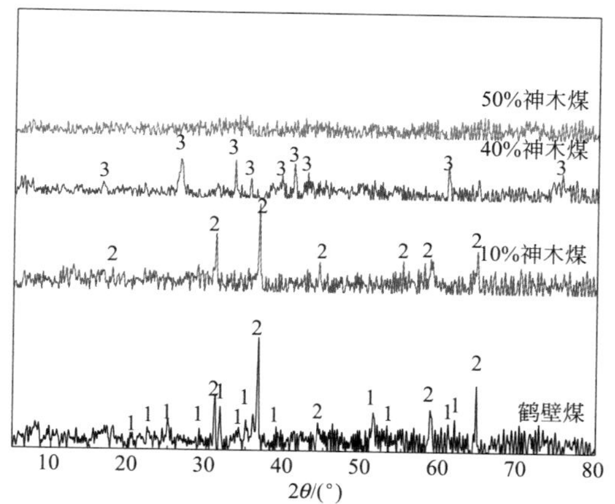

图4-11 神木煤与鹤壁煤混合灰的XRD谱图

1—莫来石（$Al_6Si_2O_{13}$）；

2—方石英（SiO_2）；3—钙长石（$CaAl_2Si_2O_8$）

从图4-11可知，高温下鹤壁煤灰中矿物质以莫来石和方石英为主。当神木煤掺混比例为10%时莫来石的衍射峰消失，掺混比例为40%时出现了大量钙长石的衍射峰，这是因为神木煤中CaO和SiO_2含量很大，促进了莫来石的分解和钙长石的生成；当神木煤掺混比例为50%时混合灰以玻璃态物质存在。高熔点莫来石和方石英的减少、钙长石和玻璃态物质的形成是导致鹤壁煤灰熔融温度随神木煤添加逐渐降低的原因。推测高温灰样可能发生的化学反应如下：

$$Al_2O_3 \cdot 2SiO_2 \cdot 2H_2O(\text{高岭石}) \longrightarrow Al_2O_3 \cdot 2SiO_2(\text{偏高岭石})$$

$$Al_2O_3 \cdot 2SiO_2(\text{偏高岭石}) \longrightarrow 3Al_2O_3 \cdot 2SiO_2(\text{莫来石}) + SiO_2(\text{无定形})$$

$$SiO_2(\text{无定形}) \longrightarrow SiO_2(\text{方石英})$$

$$CaSO_4(\text{硬石膏}) \longrightarrow CaO + SO_2$$

$$3Al_2O_3 \cdot 2SiO_2(\text{莫来石}) + CaO \longrightarrow CaAl_2Si_2O_8(\text{钙长石})$$

(3) 义马煤、神木煤对晋城煤灰熔融温度的影响　义马煤对晋城无烟煤灰熔融温度的影响规律见图 4-12(a)。义马煤灰熔融温度如下：DT 为 1191℃，ST 为 1206℃，HT 为 1210℃，FT 为 1239℃。由图 4-12 可知，加入义马煤可以降低晋城无烟煤灰熔融温度，且四个熔融温度变化基本一致，随着义马煤配比的增大，灰熔融温度整体呈现降低趋势，配煤比例与配煤灰熔融温度之间是非线性关系。义马煤配比大于 47.0%时混合灰 FT 降低到 1380℃以下，可满足气流床气化液态排渣要求。由表 4-10 可推知，加入义马煤后晋城无烟煤中的灰分含量发生变化。Al_2O_3与 CaO 含量降低，Fe_2O_3、MgO 与 SiO_2含量增加。由于 Fe_2O_3在弱还原性气氛下被还原成 FeO，FeO 又与 SiO_2、Al_2O_3、钙长石与莫来石等结合形成低熔点的铁尖晶石、铁橄榄石、铁铝榴石和斜铁辉石，所以 Fe_2O_3含量增加导致了灰熔融温度降低；Al_2O_3具有牢固的晶体结构，随着其含量减少，骨架成分减少，熔点降低；当 MgO 含量小于 4%时，CaO 含量小于 30%时，二者均容易与其他矿物形成低温共熔物，即随着它们含量的增加，灰熔融温度降低；SiO_2对煤灰熔融特性影响比较复杂，含量较低时容易与其他成分形成低温共熔物，含量继续增加时则出现更多的单体，流动温度先降后升。

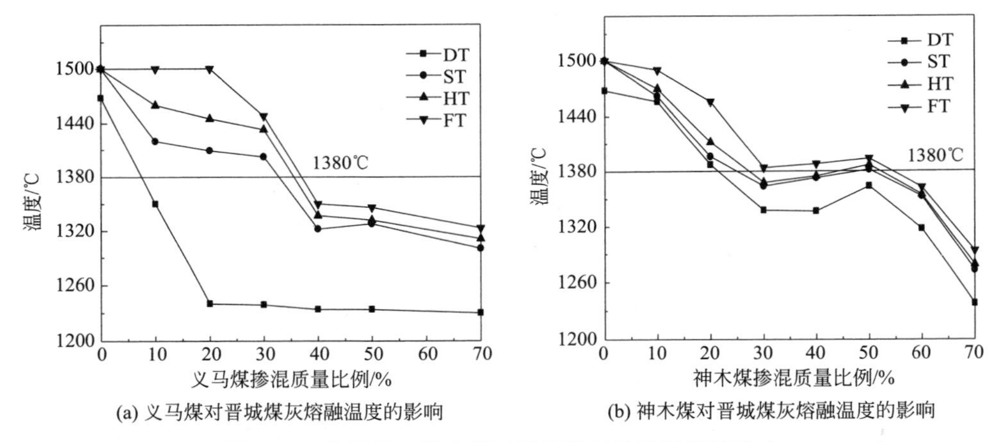

(a) 义马煤对晋城煤灰熔融温度的影响　(b) 神木煤对晋城煤灰熔融温度的影响

图 4-12　义马煤、神木煤对晋城煤灰熔融温度的影响

神木煤对晋城无烟煤灰熔融温度的影响规律见图 4-12(b)。神木煤灰熔融温度如下：DT 为 1194℃，ST 为 1200℃，HT 为 1204℃，FT 为 1231℃。由图 4-12 可知，加入神木煤后晋城无烟煤灰的 4 个灰熔融温度曲线变化一致，随着神木煤含量的增加，灰熔融温度整体呈现降低趋势。配煤比例与配煤灰熔融温度之间是非线性关系。神木煤配比大于 54.0%时，FT 降低到 1380℃以下，满足液态排渣要求。由表 4-10 可推知，加入神木煤后晋城无烟煤中的灰分含量发生变化。CaO 与 Al_2O_3含量降低，Fe_2O_3和 SiO_2含量增加，MgO 含量基本不变。神木煤中 Fe_2O_3与 CaO 含量大于义马煤，即同等配比的煤样中添加神木煤的配煤 Fe_2O_3与 CaO 含量偏高。所以，晋城无烟煤与神木煤的配煤灰熔融温度整体上降低得更快也更多。神木煤含

量为30%～50%时，灰熔融温度变化比较小，可能是因为Fe_2O_3含量逐渐升高和Al_2O_3含量逐渐减小导致灰熔融温度降低的作用与SiO_2含量升高使灰熔融温度升高的作用相当。神木煤含量在大于50%时，流动温度降低速度加快，可能因为Fe_2O_3含量升高和Al_2O_3含量减小降低灰熔融温度的作用大于SiO_2含量升高和CaO含量增大降低灰熔融温度的作用。

(4) 义马煤、神木煤对晋城煤灰熔融温度的影响机理分析　根据实验分析，制备了1200℃弱还原性气氛下的义马煤和晋城无烟煤的高温混合灰样，并且利用XRD分析其矿物组成，结果见图4-13。从图4-13可知，高温下晋城无烟煤灰中矿物质以莫来石为主。当义马煤掺混比例为30%时出现了一定量的钙长石，随着掺混比例的继续增大，钙长石的含量逐渐增大，这是造成灰熔融温度逐渐降低的原因。推测高温灰样可能发生的化学反应如下：

$$Al_2O_3 \cdot 2SiO_2 \cdot 2H_2O\text{（高岭石）} \longrightarrow Al_2O_3 \cdot 2SiO_2\text{（偏高岭石）}$$

$$Al_2O_3 \cdot 2SiO_2\text{（偏高岭石）} \longrightarrow 3Al_2O_3 \cdot 2SiO_2\text{（莫来石）} + SiO_2\text{（无定形）}$$

$$SiO_2\text{（无定形）} \longrightarrow SiO_2\text{（方石英）}$$

$$CaSO_4\text{（硬石膏）} \longrightarrow CaO + SO_2$$

$$3Al_2O_3 \cdot 2SiO_2\text{（莫来石）} + CaO \longrightarrow CaAl_2Si_2O_8\text{（钙长石）}$$

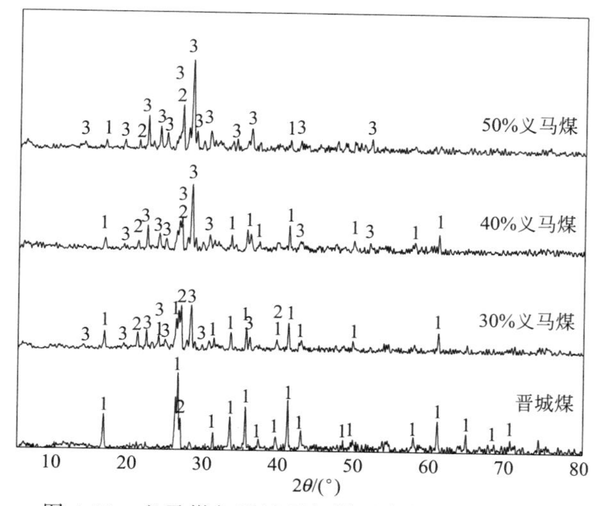

图4-13　义马煤与晋城无烟煤混合灰的XRD谱图

1—莫来石（$Al_6Si_2O_{13}$）；2—方石英（SiO_2）；3—钙长石（$CaAl_2Si_2O_8$）

根据实验分析，制备1200℃时弱还原性气氛下的神木煤与晋城无烟煤的高温混合灰样，并且进行XRD分析，见图4-14。

从图4-14可以看出，随着神木煤掺混比例增大，高熔点矿物莫来石和方石英的衍射峰逐渐减弱，直至消失，生成了熔点较低的钙长石，且钙长石相对含量随神木煤掺混比例增大而增大，这是导致混合灰熔融温度降低的原因。推测高温灰样可能发生的化学反应如下：

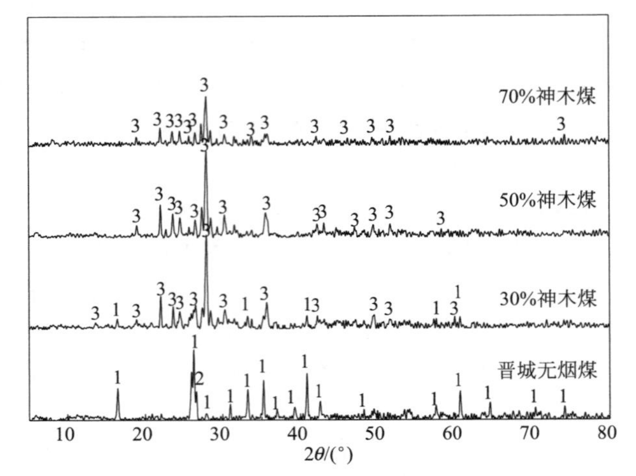

图 4-14 神木煤与晋城无烟煤混合灰的 XRD 谱图

1—莫来石（$Al_6Si_2O_{13}$）；2—方石英（SiO_2）；3—钙长石（$CaAl_2Si_2O_8$）

$$Al_2O_3 \cdot 2SiO_2 \cdot 2H_2O(\text{高岭石}) \longrightarrow Al_2O_3 \cdot 2SiO_2(\text{偏高岭石})$$

$$Al_2O_3 \cdot 2SiO_2(\text{偏高岭石}) \longrightarrow 3Al_2O_3 \cdot 2SiO_2(\text{莫来石}) + SiO_2(\text{无定形})$$

$$SiO_2(\text{无定形}) \longrightarrow SiO_2(\text{方石英})$$

$$CaSO_4(\text{硬石膏}) \longrightarrow CaO + SO_2$$

$$3Al_2O_3 \cdot 2SiO_2(\text{莫来石}) + CaO \longrightarrow CaAl_2Si_2O_8(\text{钙长石})$$

添加义马煤和神木煤能够显著降低鹤壁煤和晋城无烟煤的灰熔融温度，且混合灰熔融温度与配比呈现非线性关系。合适地选择配比，能够使灰熔融流动温度满足气化炉液态排渣要求。随着义马煤和神木煤的添加，鹤壁煤和晋城无烟煤中的高熔点矿物质莫来石和方石英逐渐减少，而低熔点矿物质钙长石的含量逐渐增大，这是造成灰熔融温度降低的原因。

4.2.2 配煤对低熔点煤灰熔融特性的影响

灰熔点过低导致在高温下煤灰的黏度较低，导致熔渣不能在炉壁上挂渣，不能达到以渣抗渣的目的，同时增加了煤灰对气化炉壁的腐蚀。因此为保证气化炉的正常运行，对灰熔点较低的煤也需要进行调控。将两种灰熔点较低的煤（宁鲁原煤、小屯煤）与灰熔点较高的煤（天池煤）按不同的比例混合，在弱还原性气氛下测量混煤的灰熔点，并且通过 XRD 分析配煤中矿物质的演变过程，说明混煤灰熔点存在差异的原因。

实验选取两种灰熔点较低的煤，即宁鲁原煤（软化温度为 1250℃）和小屯煤（软化温度为 1255℃），与灰熔点较高的天池煤（软化温度高于 1500℃）按照灰分质量比 3∶7、5∶5、7∶3 的比例均匀混配。依据 GB 212—1977 在马弗炉中烧制成灰，在弱还原性气氛下测定混煤的灰熔点，三种单煤的工业分析及灰成分见表 4-11。

表 4-11　宁鲁煤、小屯煤、天池煤的工业分析及灰成分

样本	热值 $Q_{b,ad}/(J/g)$	工业分析 $w_{ad}/\%$				灰成分 $w/\%$								
		M	A	V	FC	SiO_2	Al_2O_3	Fe_2O_3	MgO	CaO	K_2O	Na_2O	TiO_2	SO_3
宁鲁煤	19484	7.56	26.02	23.17	43.25	32.72	21.95	21.31	4.38	10.61	1.49	—	1.09	6.45
小屯煤	24141	1.79	28.29	11.10	58.82	46.49	28.47	5.76	1.91	10.42	1.77	0.90	1.91	3.09
天池煤	23983	1.38	28.74	9.34	60.54	47.88	41.79	3.06	0.74	2.23	0.93	0.40	1.71	1.26

4.2.2.1　配煤对宁鲁煤与小屯煤灰熔融温度的影响分析

表 4-12　混煤的灰熔点及混合比例

种类	AFT/℃				混合比例	
	DT	ST	HT	FT	灰	煤
宁鲁煤	1226	1250	1288	1335	—	—
小屯煤	1234	1255	1303	1343	—	—
宁鲁煤＋天池煤	1266	1278	1298	1349	7∶3	2.58∶1
宁鲁煤＋天池煤	1267	1288	1300	1356	5∶5	1.1∶1
宁鲁煤＋天池煤	1291	1269	1386	1412	3∶7	1∶1.2
小屯煤＋天池煤	1273	1277	1394	1427	7∶3	2.33∶1
小屯煤＋天池煤	1305	1459	1474	1497	5∶5	1∶1
小屯煤＋天池煤	1377	＞1500	＞1500	＞1500	3∶7	1∶2.33
天池煤	1488	＞1500	＞1500	＞1500	—	—

(1) 灰熔融温度分析　混煤的灰熔点及混合比例见表 4-12。由表 4-12 可知，随着小屯煤中配入天池煤比例的增加，混煤的灰熔点有较大的提高。当天池煤的添加比例增加到 5∶5 时，混煤的软化温度达到了 1459℃，比小屯煤的软化温度提高 204℃，按照煤灰软化温度来划分结渣倾向已经可以划分为难结渣的煤种了。反观宁鲁原煤的配煤过程中灰熔点的变化，随着宁鲁原煤中混入天池煤比例增加至灰比为 3∶7 时，混煤的软化温度也只有 1369℃，比宁鲁原煤的软化温度高了 119℃，结渣倾向仅由严重转为中等。由此可见，小屯煤中配入天池煤对灰熔点的提高较大，对结渣沾污的预防起到较好的作用；而宁鲁原煤中配入天池煤对灰熔点的提高幅度不大。从混煤灰熔点的结果来看，同为灰熔点较低且接近的两种煤与同一种灰熔点较高的煤按相同的比例混配后，配煤的灰熔点出现较大的差异，这种现象给配煤的灰熔点预测带来了很大的困难。小屯煤和宁鲁原煤的铝硅比很接近，分别为 0.61 和 0.67，钙含量也很接近，存在较大差异的是铁的含量，宁鲁原煤中铁含量明显高于小屯煤中铁的含量。含铁矿物在高温下易与煤灰中莫来石（熔点为 1850℃）、方石英（熔点为 1730℃）等矿物质反应生成易熔矿物，如铁橄榄石、斜铁辉石和硬绿泥石等（熔点均在 1000℃左右），减少了煤灰中高熔点矿物的存在，使得煤灰在高温下缺少骨架作用的耐熔矿物的支撑，所以煤灰熔点很低。

(2) X射线衍射分析　为了研究配煤中矿物质的转变过程从而更好地探讨配煤灰熔点呈现非线性的原因，取宁鲁原煤、小屯煤、天池煤这三种原煤的灰样以及宁鲁原煤与天池煤的配煤（灰分质量比为5∶5)、小屯煤与天池煤的配煤（灰分质量比为5∶5）的灰样放入可控温管式加热炉中，分别加热至900℃、1000℃、1100℃、1200℃、1300℃，炉内为弱还原性气氛以对应灰熔点炉中测量灰熔点加热的还原性环境。从炉中取出的煤灰立即放入浸水棉中急冷，这样不仅可以避免煤灰因长时间空冷而造成内部物质的晶格变化，而且能防止直接水冷而导致坩埚遇水破裂的现象。使用R-ASIX、RAPID型XRD粉末衍射仪，对不同温度下灰样中的晶相组成进行定量分析，可以跟踪记录煤灰中矿物质随温度的演变。实验采用阶梯扫描的方式，步长为0.02s/步、0.20s/步、2.00s/步。煤灰内主要矿物质衍射强度随温度的变化见图4-15。

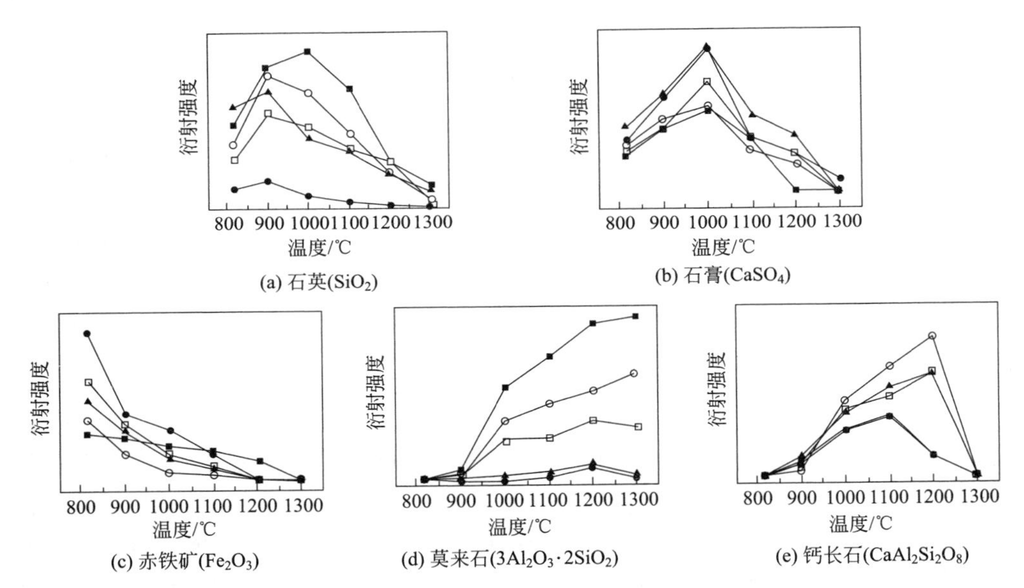

图4-15　煤灰内主要矿物质衍射强度随温度的变化

● 宁鲁煤；▲ 小屯煤；□ 宁鲁煤＋天池煤；○ 小屯煤＋天池煤；■ 天池煤

X射线衍射分析表明，温度高于900℃时，天池煤灰中莫来石（$3Al_2O_3 \cdot 2SiO_2$）产生量明显大于小屯煤和宁鲁原煤，见图4-15(d)。莫来石是一种高熔点矿物质，呈针状，是煤灰中重要的耐熔物质。少量莫来石在850～950℃直接由偏高岭石生成：

$$Al_2O_3 \cdot 2SiO_2 \cdot 2H_2O(\text{高岭石}) \xrightarrow{500\sim600℃} Al_2O_3 \cdot 2SiO_2(\text{偏高岭石}) + H_2O$$

$$Al_2O_3 \cdot 2SiO_2(\text{偏高岭石}) \xrightarrow{850\sim950℃} Al_2O_3 \cdot 2SiO_2(\text{莫来石}) + SiO_2$$

大量莫来石在1200～1300℃由SiO_2和γ-Al_2O_3反应生成：

$$Al_2O_3 \cdot 2SiO_2 \xrightarrow{850\sim950℃} \gamma\text{-}Al_2O_3 + SiO_2$$

$$\gamma\text{-}Al_2O_3+SiO_2\xrightarrow{1100\sim1300℃}3Al_2O_3\cdot2SiO_2$$

为了得到莫来石，煤灰中必须含有 Al_2O_3-SiO_2 二元系矿物（高岭石、蒙脱石）或者 γ-Al_2O_3（水铝石、勃姆石分解可得到）。莫来石在煤灰熔融过程中起到骨架作用，能显著地提高煤灰的熔融温度。因此，高温时莫来石的大量生成是天池煤灰熔点高的主要原因。小屯煤灰中在815℃时的主要矿物质是石英（SiO_2）、硬石膏、赤铁矿，见图4-15(c)，其中，硬石膏（$CaSO_4$）的含量仅次于石英。硬石膏会在1000℃以后发生分解，生成 CaO 和 SO_3，分解过程直至1200℃结束。所以在1000℃以后硬石膏的衍射强度不断减弱，具体见图4-15(b)：

$$CaSO_4(\text{硬石膏})\xrightarrow{1100℃}CaO+SO_2$$

其分解出的 CaO 是重要的助熔物质，能与莫来石或偏高岭石反应生成钙长石（$CaO\cdot Al_2O_3\cdot2SiO_2$），这样不仅消耗了在煤中起骨架支撑作用的高熔点的莫来石，而且生成的钙长石在高温下不稳定，极易与 SiO_2、Al_2O_3 以及硅铝酸盐类发生低温共熔形成玻璃体。钙长石的生成过程见图4-15（e），900℃开始生成，温度高于1300℃时则逐渐熔融和消失：

$$3Al_2O_3\cdot2SiO_2+CaO\xrightarrow{900\sim1100℃}CaO\cdot Al_2O_3\cdot2SiO_2$$

$$CaO+3Al_2O_3\cdot2SiO_2+SiO_2\xrightarrow{900\sim1300℃}CaO\cdot Al_2O_3\cdot2SiO_2$$

由此可见，含有大量的硬石膏是导致小屯煤灰熔点低的主要原因。宁鲁原煤灰在815℃除了含有硬石膏，还含有大量的赤铁矿（Fe_2O_3）。赤铁矿主要来源于煤中的黄铁矿（FeS_2）和菱铁矿（$FeCO_3$）的分解反应：

$$4FeS_2+9O_2\longrightarrow2Fe_2O_3+4SO_3$$

在还原性气氛中，赤铁矿易被还原成 FeO，FeO 活性非常高，极易与灰中的硅酸盐物质反应，生成硬绿泥石、斜铁辉石、铁橄榄石等含 Fe^{2+} 的矿物质：

$$Fe_2O_3\longrightarrow FeO$$

$$Al_2O_3\cdot SiO_2(\text{红柱石})+Fe_2O_3\xrightarrow{930℃}Al_2O_3\cdot SiO_2\cdot Fe_2O_3(\text{硬绿泥石})$$

$$SiO_2+FeO\xrightarrow{1140\sim1205℃}Fe_2O_3\cdot SiO_2(\text{斜铁辉石})$$

$$Fe_2O_3\cdot SiO_2+FeO\xrightarrow{1140\sim1205℃}2FeO\cdot SiO_2(\text{铁橄榄石})$$

这些矿物质在1083℃左右共熔，导致宁鲁原煤灰熔点较低，见图4-15(d)，莫来石在宁鲁煤灰和小屯煤灰中含量极少。当小屯煤中混入天池煤后，莫来石在900℃左右X射线衍射峰开始出现，1300℃时莫来石的衍射强度达到最大。较小屯煤单煤灰中的莫来石衍射强度有着较大幅度的提高，因为耐熔物质莫来石的大量生成使得小屯煤配煤的灰熔点提高得较快。莫来石的生成必然伴随着硅铝系矿物质的减少，所以配煤中 SiO_2 的含量从1000℃开始减少，见图4-15(a)。当宁鲁原煤中混入天池煤后，配煤灰中莫来石的X射线衍射强度增加，不如小屯煤中配入天池煤的煤灰中莫来石的衍射强度增加明显，说明在宁鲁原煤和天池煤的配煤中没有大量生成莫来石。这主要是因为煤灰中赤铁矿还原所得的FeO在900～1200℃极易与硅铝系矿物质生成低温共熔体，消耗了石英等矿物质：

$$CaO+2SiO_2+Fe_2O_3 \xrightarrow{950℃} CaO \cdot Fe_2O_3 \cdot 2SiO_2$$

而这些硅铝系矿物质正是莫来石生成所需要的原料，原料的消耗抑制了莫来石的生成。温度高于1140℃以后，FeO又会和生成的莫来石反应生成铁橄榄石和铁尖晶石等物质，这些含铁矿物质会和其他矿物质形成低温共熔体而熔融：

$$3Al_2O_3 \cdot 2SiO_2+FeO \xrightarrow{1140\sim1205℃} 2FeO \cdot 2SiO_2+FeO \cdot Al_2O_3\text{（铁尖晶石）}$$

同时，宁鲁原煤灰中的钙含量与小屯煤灰中CaO含量相近，当温度高于1200℃时，宁鲁原煤灰中的硬石膏分解完成，煤灰中出现CaO，CaO会继续和生成的莫来石反应生成钙长石等物质，又消耗掉部分莫来石。所以在钙铁类矿物质的双重作用下，宁鲁原煤配煤中的莫来石生成量较少，使得其配煤的灰熔点提高不如小屯煤配入天池煤后灰熔点提高得明显。

4.2.2.2 配煤改善煤灰结渣特性分析

使用的沉降炉有效加热长度为3m，由给料器、温控装置、加热反应管和取样管等组成。煤粉在炉内停留时间约6s，能满足煤粉着火燃尽的需求。实验所用的电磁振动给粉器比一般的螺旋给料器精度高得多，给粉量为2～9g/min。加热元件为硅碳棒，炉内温度由热电偶测量后传送给温控系统，可以较为准确、及时地控制炉温。炉温的可调范围较大，最高炉温为1550℃。实验中控制加热管内温度为1300℃，一、二次风温均为300℃，空气过量系数为1.2。

将硅碳棒插入沉降炉布置的观火孔中，用于收集灰渣。将硅碳棒上的灰渣取下，使用扫描电镜观察灰渣的表面形态和孔隙结构，以此判断结渣性的强弱。灰渣的黏附性越强，单位时间内附着在硅碳棒上的灰渣就越多，结渣就越严重。因此，在给粉量相同的情况下，测量单位时间内硅碳棒上灰渣的沉积量，即沉积速率，可以用于评价煤种结渣性的强弱。图4-16为单煤和配煤灰渣的放大3000倍后的SEM照片。

图4-16(a)为宁鲁原煤灰渣的SEM照片，灰渣表面结构致密，基本上看不到什么空隙，已经完全熔融，说明炉中灰渣主要以液态形式存在，结渣现象非常严重。图4-16(b)为小屯煤灰渣的表面形态，灰渣呈柱状致密地堆积在一起，灰样呈玻璃化、熔融化。图4-16(c)和(d)为宁鲁原煤和小屯煤分别混入50%天池煤的灰渣的SEM照片。由图4-16(d)可知，小屯煤中掺烧50%的天池煤后，混煤结渣性显著改善，灰渣不再呈熔融态，而是由小颗粒堆积在一起形成大颗粒，大颗粒又依靠黏附力吸附在一起，颗粒之间充满空隙，颗粒粒径普遍小于10μm，呈松散状分布，用普通的吹灰方式就能方便地除去。然而，从图4-16(c)中宁鲁原煤混入天池煤的照片中观察到，随着天池煤的混入，灰渣中只出现了小部分的颗粒状物体，大部分渣样仍然为熔融态，较之混煤前空隙只有小幅度增多，结渣现象没有得到明显的改善。对比图4-16(c)和(d)可知，小屯煤中混入高熔点的天池煤结渣现象改善明

显，更有利于电厂吹灰、除尘装置发挥作用。

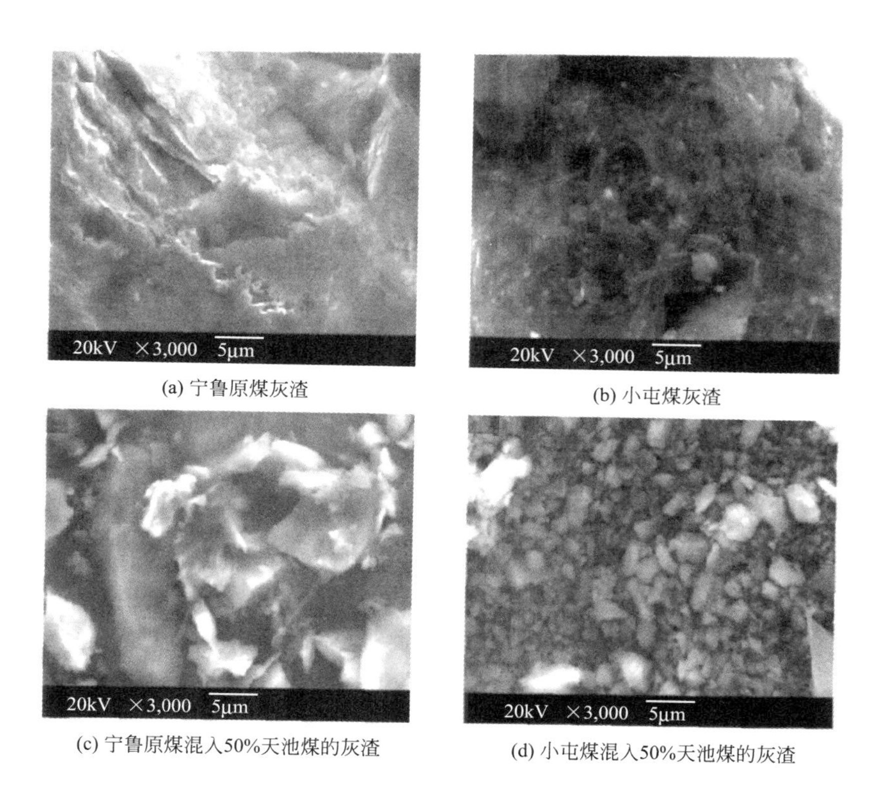

(a) 宁鲁原煤灰渣　(b) 小屯煤灰渣

(c) 宁鲁原煤混入50%天池煤的灰渣　(d) 小屯煤混入50%天池煤的灰渣

图 4-16　单煤和配煤灰渣的放大 3000 倍后的 SEM 照片

在未混入天池煤前，小屯煤的灰渣沉积速率为 52.76g/h，硅碳棒沾污很严重，当混入 50%天池煤后，沉积速率降为 21.34g/h，下降幅度达到 59.55%，沾污现象得到明显改善。而宁鲁原煤掺入天池煤后，灰渣沉积速率仅由 68.97g/h 降到 49.3g/h，下降幅度仅为 28.52%，结渣现象改善不明显。造成这种现象的原因是由于宁鲁原煤中含有较多的含铁的化合物，这些含铁的物质很容易与硅酸盐物质接触反应，生成含铁的铝硅酸盐（玻璃体）。玻璃体物质具有较强的黏附性，是造成结渣的主要原因。周俊虎等对神华煤结渣过程研究指出，煤粉在炉内燃烧时，煤粉内部由于和氧气难以接触，同时由于炉内的高温和煤粉自身的放热，所以导致煤颗粒内部为高温缺氧环境，煤灰中的内部铁在这种高温还原性的气氛中由三价 Fe^{3+} 向亚铁离子 Fe^{2+} 转变，Fe^{2+} 能显著降低硅酸盐化合物的灰熔点和黏度，引起灰渣烧结速率的增加。而小屯煤中由于铁系化合物含量较少，所以在混入天池煤后极大地缓解了煤的结渣。

小屯煤和宁鲁原煤灰熔点都较低且接近，按相同比例配入高熔点的天池煤的情况下，配煤的灰熔点出现较大的差异。小屯煤中配入天池煤，灰熔点明显提高，当天池煤的参配比例为 7∶3 的时候，配煤已经可以划分为难结渣煤种了；而同样比例的天池煤配入宁鲁原煤中，结渣倾向仅由严重转为中等，说明了配煤过程中灰熔点与配煤比例无确定线性规律，这主要是因为配煤灰中的矿物质不同，在高温下会形成不同的产物。

宁鲁原煤配入天池煤后煤灰中莫来石的生成量没有小屯煤配入天池煤后煤灰中莫来石的生成量多，究其原因是宁鲁原煤灰中铁系矿物质含量明显高于小屯煤灰中铁系矿物质含量。此类矿物质不仅消耗了生成莫来石的原料，还易与莫来石反应，生成含铁的铝硅酸盐（低温共熔物）。莫来石是一种高灰熔点矿物质（熔点高达 1850℃），在煤灰中起到支持作用，能显著提高煤灰熔点。莫来石的生成量较少是宁鲁原煤配煤灰熔点低的主要原因。

小屯煤中配入天池煤后，灰渣由几乎不含小颗粒的熔融玻璃态转变为大量小颗粒堆积在一起，沉积速率下降幅度达到 59.55%，结渣现象得到明显改变。而宁鲁原煤中配入天池煤后煤灰的结渣沾污现象没有显著改变。这是由于小屯煤中铁系化合物的含量远远低于宁鲁原煤中的含量，而煤粉在炉内燃烧时处于高温缺氧环境，煤灰中三价 Fe^{3+} 向亚铁离子 Fe^{2+} 转变，亚铁离子能够显著降低煤灰熔点，引起结渣速率增加。

4.2.3 配煤对煤灰黏温特性的影响

气流床气化炉成功运行的一个参数就是使灰渣处于熔融状态，使灰渣在特定的温度下从气化炉底部排出。因此在高温的气化炉中，灰渣的特性尤其是黏度和流动行为以及焦渣的转化过程在气化过程中起重要作用。为了减少运行成本，许多企业运用价格较低的劣质煤作为原料。但是由于灰含量较高，后者热值较低，气化炉的稳定性就会相应地减小。找到合适的配煤比例和最佳的操作温度对工业气化炉的操作是非常重要的，选用一种劣质煤和一种优质煤来研究配煤对工业水煤浆气化炉配煤灰渣特性的影响，用 FactSage 软件模拟和黏度分析，对最佳的配比进行分析。

（1）原料特性　在多喷嘴水煤浆气流床工业气化炉内，两种具有不同灰含量的煤混配作为气化原料。两种煤的工业分析和元素分析以及灰熔融温度见表 4-13。两种煤的灰化学组成见表 4-14。1 号煤是相对优质的煤具有较高的碳含量和氢含量、较低的灰熔融温度和较低的灰含量，而 2 号煤具有较高的灰熔融温度和较高的灰含量。

表 4-13　两种煤的工业分析和元素分析以及灰熔融温度

样本	工业分析(质量分数)/%			元素分析(质量分数)/%					灰熔融温度/℃
	灰分	挥发分	固定碳	C	H	N	S	O	
1	7.68	36.12	56.20	76.84	3.27	1.06	0.43	10.72	1185
2	14.88	35.12	50.00	69.92	2.29	1.03	0.70	11.18	1344

表 4-14　两种煤的灰化学组成

样本	组成(质量分数)/%									
	SiO_2	Fe_2O_3	Al_2O_3	TiO_2	CaO	MgO	SO_3	K_2O	Na_2O	其他
1	20.94	16.27	10.92	0.57	22.45	10.78	13.34	0.26	3.27	1.20
2	40.18	10.64	16.9	1.43	12.76	4.96	7.58	1.96	2.84	0.75

灰含量较高意味着在较高的气化温度下会有更多的矿物质进行反应。在表 4-14 中，主要矿物质的组成为 SiO_2、Fe_2O_3、Al_2O_3、CaO、MgO 和 SO_3 等氧化物，约占到总灰的 96%。与 2 号煤相比，1 号煤的 SiO_2 和 Al_2O_3 含量较低，但是 Fe_2O_3、CaO 和 MgO 含量较高。在气化环境下，大部分 SO_3 会变成 H_2S，并且以气相的形式从气化室中释放出来，然而剩下的化合物就会转化到灰和渣中，并且以固相的形式离开。所以 SiO_2、Fe_2O_3、Al_2O_3、CaO、MgO 是矿物质的主要组成。

(2) *矿物质转化分析*　气流床能顺利排渣的关键取决于灰渣的流动特性，灰中矿物质组成会影响灰渣的流动特性。高温下矿物质作用非常复杂，需要深入地研究解释矿物质的转化对配煤气化行为的影响。基于 FactSage 软件计算 S/A=2.45 时的 SiO_2/Al_2O_3-CaO-FeO 和 SiO_2/Al_2O_3-CaO-MgO 拟三元相图，如图 4-17 和图 4-18 所示。

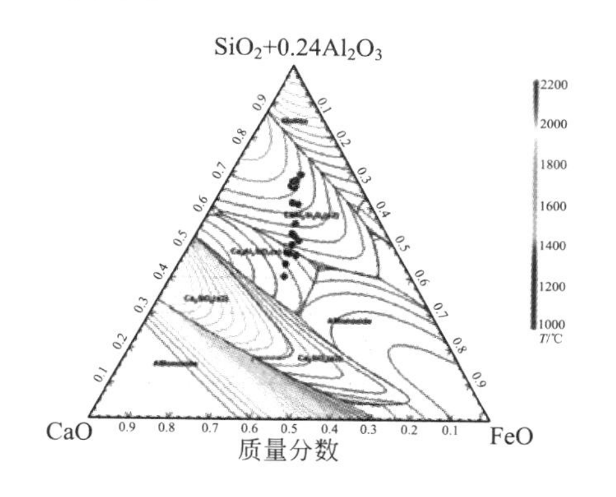

图 4-17　SiO_2/Al_2O_3-CaO-FeO 拟三元相图

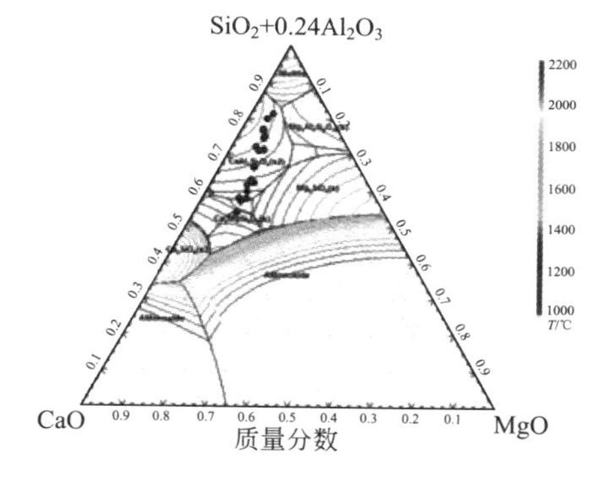

图 4-18　SiO_2/Al_2O_3-CaO-MgO 拟三元相图

结果表明，配煤不同，灰中矿物质组成就会不同。由图 4-17 可以看出，主要的矿物质主要在钙铝黄长石和钙长石范围内。在图 4-18 中，灰渣的组成主要位于钙长石区和钙铝黄长石钙镁硅酸盐区。对比图 4-17 和图 4-18，随着 SiO_2 的增加，两个相图的趋势是一致的，相图中的矿物质从钙长石、钙铝黄长石或镁黄长石逐渐变为莫来石。当 Al_2O_3 和 SiO_2 含量增加，莫来石会形成而导致灰渣的液相温度升高。

配煤比例与液相温度的关系如图 4-19 所示。灰渣在不同配比下的液相温度可以用 FactSage 软件计算出来，并且可以将液相温度认为是气化炉操作的最小温度。随着高熔点煤的加入，渣灰的液相温度并没有立刻升高。由图 4-17、图 4-18 所计算出来的液相温度先降低，直到 2 号煤配比约为 0.3 时，然后再逐渐地升高。当配煤比例小于 0.5 时，灰渣的液相温度低于 1300℃，这意味着气化炉操作温度为 1300℃，在配比为 0～0.5 时可以稳定运行。当配比为 0.3 时，灰渣的液相温度最低与 1 号煤的灰熔融温度相近。如果气化炉的操作温度不能高于灰熔融温度，就会导致黏度变化和灰渣的不正常流动。如果气流床的温度过高，将会缩短耐火材料的使用寿命，增加氧耗。因此维持操作温度稍高于液相温度将是最合适的温度。

（3）黏度分析　灰渣的黏度是有关气流床排渣的一个重要特性，但是测定出所有配比下的混合灰的黏度是不可能的。最可行的方法是，找到一个合适的以进入气化炉的煤组成为基础的模型计算出黏度值。S^2 模型、Watt-Fereday 模型、Urbain 模型和 Kalmanovitch-Frank 模型等可以用来预测两种煤样的混合黏度值。S^2 的模型用于硅含量少于 55%、铁含量少于 5%的灰渣比较准确，但是 Watt-Fereday 模型用于硅含量或者铁含量超过 15%的渣灰较准确。Kalmanovitch-Frank 模型也被称为优化的 Urbain 模型，通常以来自 SiO_2-Al_2O_3-CaO-MgO 系统的拟合实验数据为基础来预测炉渣的黏度。Browning 等对比了不同的黏度模型，认为 Kalmanovitch-Frank 模型具有较高的准确性。优化的 Urbain 模型包含了正常炉渣中的大部分矿物质，现在广泛用于预测不同组成的炉渣黏度。

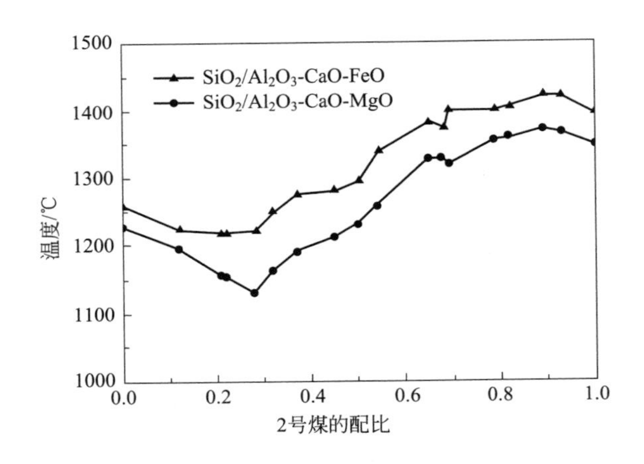

图 4-19　配煤比例与液相温度的关系

为了进一步证实模型的准确性，对比了 S^2 模型和改变的 Urbain 模型与 1 号煤和 2 号煤黏度的实验值，如图 4-20 所示。可以发现对于 1 号煤和 2 号煤改变的 Urbain 模型比 S^2 模型具有更高的准确性。模型计算的结果基本与实验结果一致，尤其是温度高于 1300℃时，考虑到工业的操作温度为 1250℃或者更高，采用改变的 Urbain 模型来预测高温下不同配比下灰渣的黏度更合理。采用 Urbain 模型计算了不同配比下灰渣在 1250℃、1300℃、1350℃、1400℃时的黏度。不同配比下的计算结果列在表 4-15 中，并且绘制在图 4-21 中。由图可以看出，温度恒定时随着配比的增大而黏度增大。随着操作温度的增加则灰渣的黏度逐渐下降。如果选择

25Pa·s作为气化炉液态排渣的标准要求，在操作温度为1250℃时应保持2号煤的配比低于0.5。相应的原料成本可以减少高达14%。如果操作温度为1400℃，那么配比可以达到0.75。当2号煤的配比小于0.5时，不同温度下的黏度值相差很小。

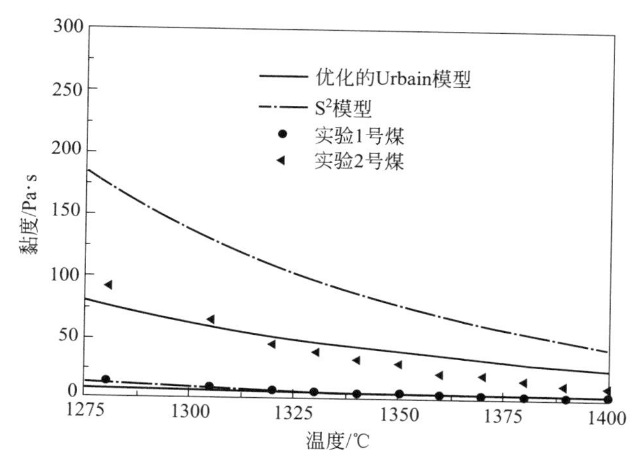

图4-20 不同温度下煤灰的黏度变化

表4-15 气化炉中灰渣的化学组成

煤样	化学组成/%						
	SiO_2	Fe_2O_3	Al_2O_3	CaO	MgO	S/A	煤的计算结果
1	25.65	26.15	11.95	29.12	7.12	2.15	约0
2	28.74	24.63	11.91	26.95	7.78	2.42	0.12
3	31.17	24.44	12.62	25.05	6.72	2.47	0.21
4	31.27	25.84	11.64	23.34	7.91	2.69	0.22
5	32.17	23.45	11.8	25.31	7.26	2.73	0.28
6	32.75	24.72	14.41	21.05	7.07	2.28	0.32
7	33.43	23.66	12.27	23.09	7.55	2.73	0.37
8	34.57	22.07	13.86	21.49	8.02	2.49	0.45
9	35.02	23.09	13.33	21.4	7.16	2.63	0.50
10	36.25	21.81	15.65	19.86	6.44	2.32	0.54
11	40.54	19.83	16.49	16.59	6.55	2.46	0.65
12	40.91	18.78	17.51	18.14	4.66	2.34	0.68
13	41.01	18.52	16.84	17.99	5.64	2.44	0.69
14	43.28	16.92	18.73	15.66	5.42	2.32	0.79
15	43.73	17.03	18.51	15.41	5.32	2.36	0.82
16	44.7	15.64	19.91	15.35	4.40	2.25	0.89
17	45.62	15.82	19.22	15.08	4.62	2.38	0.93
18	46.83	17.24	19.37	12.83	3.72	2.42	约1.00

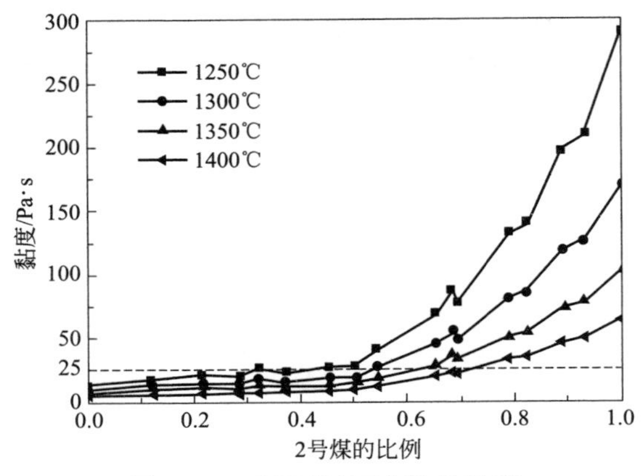

图 4-21 不同配比下灰渣的黏度

考虑到所有的影响因素如炉渣的特性、合成气组成和整体成本等来确定最佳的配煤比例是非常重要的，也是很困难的。最简单的方式是，在保证气化炉稳定运行的情况下尽可能地多用 2 号煤，因为 2 号煤具有较低的操作成本。与上述结果相反，考虑到配煤灰渣的液相温度以及黏温特性，确定最好的配煤比例是 0.3～0.5，可以保证较低的操作温度，还有较低的灰渣黏度，同时可以减少原料成本 14%～80%。

煤样中的矿物质随着高 SiO_2 含量煤的加入，矿物质逐渐由钙长石变为莫来石。不同的配比下不同的灰组成可以明显地改变炉渣的液相温度和黏度。2 号煤的最优配比范围为 0.3～0.5，同时可以减少原料成本 14%～80%。当 2 号煤配比小于 0.5 时，气化炉可以在 1250℃下运行。但是在配比小于 0.5 时，温度范围 1250～1400℃时炉渣的黏度变化较小。如果想要价格较低的劣质煤能够被利用，配煤是一种更经济的方式。当配煤比例波动时最好先确定影响煤灰组成的主要因素，并且根据实际情况升高或者降低气化炉的操作温度来相应地调整气化炉的负荷。

4.3 三元配煤对煤灰熔融特性的影响

煤种的多样性也制约了气化装置的稳态操作，而在生产实际中，由于原煤价格昂贵、煤源紧张、煤灰产率偏高、煤灰熔融温度偏高或偏低、煤灰流动特性及黏温特性差等原因，液态排渣气化炉一般不采用单煤作为其实际用煤。由长期的工业实践可知，当混配的两个原煤煤灰熔融温度相差高于 190℃时，很可能造成气化炉积灰堵渣等严重问题，所以二元配煤对两个原煤的煤灰熔融温度的要求较高，且二元配煤的原煤利用率不及三元配煤。因此，在充分利用原料煤的前提下，选取不同煤阶、不同灰分含量、煤灰熔融温度呈梯度差异的 3 个原煤进行混配分析，从矿物学的角度探讨三元配煤对高温煤灰熔融特性的影响，为指导三元配煤提高入炉煤煤质的稳定性提供理论参考。

4.3.1 原料特性分析

选用 a、b、c 三个煤样，按一定质量配比进行三元配煤实验，按照 a、b、c 的质量比为 4：4：4、4：4：2、2：4：4、3：4：3、2：7：1 配成 5 组三元配煤方案，分别用代码 A、B、C、D、E 表示。煤样的分析数据见表 4-16。

表 4-16　煤样的分析数据

煤样	工业分析(质量分数)/%				元素分析(质量分数)/%					热值
	M_{ad}	A_{ad}	V_{ad}	FC_{ad}	$S_{t,ad}$	C_{ad}	H_{ad}	N_{ad}	O_{ad}	$Q_{b,ad}$/(MJ/kg)
a	6.91	8.12	30.69	54.28	0.71	70.09	3.31	1.13	9.73	28.69
b	0.74	22.23	12.42	64.60	0.74	67391	3.33	0.99	4.06	26.90
c	2.99	23.39	8.53	65.09	3.14	66.86	2.06	1.27	3.69	26.06
A	3.54	18.11	17.10	61.26	1.53	68.22	2.90	1.13	4.57	27.39
B	3.66	16.82	18.95	60.57	1.21	68.57	3.07	1.10	5.57	27.95
C	2.87	19.87	14.52	62.73	1.69	67.93	2.82	1.13	3.69	2592
D	3.27	17.95	16.73	62.05	1.45	68.25	2.94	1.12	5.03	27.10
E	2.20	19.52	15.68	62.59	0.97	68.247	3.20	1.05	4.82	26.43

采用美国 Thermo Fisher Scientific ARL9800 XP 型 X 射线荧光光谱仪（XRF）对各灰样化学成分进行分析。利用北京普析通用有限公司 MSAL XD-3 型粉末 X 射线衍射仪对试样矿物组成进行定性分析。操作条件为：Cu 靶和石墨单色器滤波，Ni 滤光片，扫描范围(2θ)为 5°～60°，扫描速度 0.02°/s，管电流 40mA，管电压 36kV。

在 KTL-1600 高温管式炉内将配煤方案灰样（1.0100±0.0100）g 制成灰柱进行程序升温，炉膛内通入 100m/min 的 CO（99.9%）以及 100mL/min 的 N_2（99.999%），待气流稳定后开始程序升温，达到目标温度后保温 30min 快速取出，放入去离子水中。快速冷却，尽可能减少试样中矿物相的变化。然后取出试样置于干燥箱内干燥 12h 后取出，用玛瑙研钵研磨至 200 目以下进行 X 射线实验。

4.3.2　矿物质组成分析

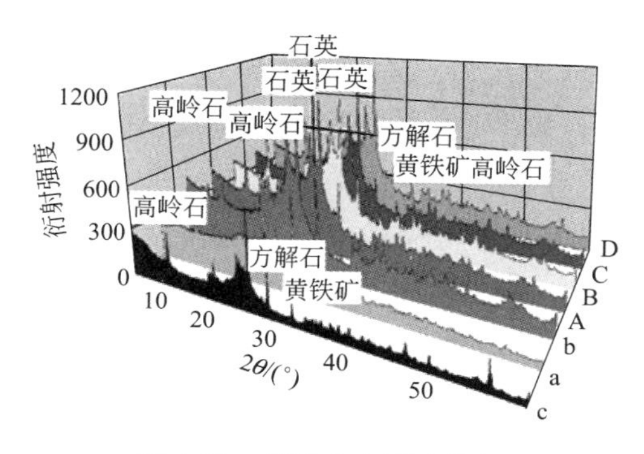

图 4-22　煤样中主要矿物相 XRD 谱图的对比

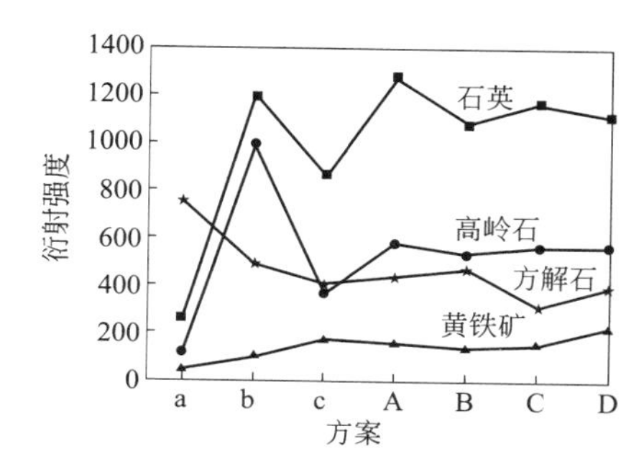

图 4-23　煤样中主要矿物相最强衍射峰强度的对比

表 4-17 煤及配煤中主要矿物相最强衍射峰的衍射强度及 MF

煤样	最强衍射峰强度				MF_{coal}
	石英	高岭石	黄铁矿	方解石	
a	259	117	44	753	0.47
b	1191	996	94	492	3.73
c	861	366	175	407	2.11
A	1273	570	160	446	3.04
B	1075	539	148	473	2.60
C	1168	565	155	316	3.68
D	1113	570	227	398	2.69

为探究三元配煤技术对改善高温煤灰熔融特性的影响，选择了煤灰化学组成、煤灰熔融温度相差较大的 3 个原煤 a、b、c 进行分析研究，具有一定的煤质差异性，随机混配了 5 组三元配煤进行实验。实验测得三元配煤方案 E 的煤灰熔融温度如下：DT 为 1312℃，ST 为 1385℃，HT 为 1410℃，FT 为 1432℃，煤灰流动温度 FT 高于 1400℃，不适合用作 Shell 气化炉和 GE 气化炉的气化方案。

(1) *原煤矿物质组成分析* 图 4-22 为煤样中主要矿物相 XRD 谱图的对比。图 4-23 为煤样中主要矿物相最强衍射峰强度的对比。原煤中各种矿物质对 X 射线的吸收或反射量是不同的，它不仅与矿物质含量有关，而且与矿物质，本身结晶性好坏、混合物中其他矿物的存在有关，但对同种矿物质，其衍射强度的变化可近似反映出矿物质含量的变化。煤中矿物质形态的变化对煤灰熔融特性会产生非常重要的影响，按照矿物质本身的熔融特性及转化产物对煤灰熔融温度的贡献，将原煤中矿物分为耐熔矿物（高岭石、伊利石、蒙脱土、石英、金红石等）以及助熔矿物（石膏、黄铁矿、方解石、白云石、菱铁矿、菱镁矿等）。由图 4-23 及表 4-17 可知，耐熔矿物高岭石和石英衍射总强度高低顺序为 b＞A＞C＞B≈D＞c＞a，助熔矿物方解石和黄铁矿衍射总强度高低顺序为 a＞B≈D＞A＞b≈c＞C。

为更好地阐明原煤中耐熔矿物和助熔矿物相互作用对高温煤灰化学行为的影响，提出矿物因子 MF 概念：

$$\phi_{MF}=\frac{I(\text{高岭石})+I(\text{石英})+\cdots}{I(\text{方解石})+I(\text{黄铁矿})+I(\text{白云石})+\cdots} \tag{4-1}$$

式中，ϕ_{MF} 为煤中的矿物因子；I 为各矿物质最强衍射峰的衍射强度。式(4-1)中出现的矿物相并不一定全部出现在同一个试样中，限于仪器灵敏度，当 XRD 检测不出某一矿物相的存在时，可视为此矿物相衍射强度为 0。

由表 4-17 可知，矿物因子 MF 值的大小关系为 b＞C＞A＞D＞B＞c＞a 且 D≈B。可见，三元配煤在改变原煤各矿物组分含量的基础上，优化了耐熔矿物和助熔矿物之间的比例。

(2) *煤灰化学组成及熔融温度* 煤灰中主要当量氧化物含量及熔融温度见表 4-18，由表 4-18 可知，三元配煤 A、B、C、D 均可以降低高灰熔融温度原料煤 b 的煤灰熔融温度，从而改善高温煤灰的熔融特性。煤灰流动温度 FT 的大小关系为

b>C>D>B>A>c>a，配煤中 C 的 FT 最高，达 1390℃，B（1345℃）与 D（1355℃）几乎一致，这一实验结果与三元配煤中 MF 的大小关系为 b>C>A>D>B>c>a，且 D≈B，吻合较好，A 的 FT 最低，这可能是由于方案 A 中此时的耐熔矿物相和助熔矿物相形成了最多的低温共熔物，导致煤灰熔融温度最低。说明采用 MF 来表征煤中矿物组分对高温煤灰熔融特性的影响具有一定的可靠性。为了验证矿物因子 MF 表征煤灰流动温度的可靠程度，笔者利用 a、b、c 三种原煤按一定比例混配得出 34 种三元配煤方案，在相同的实验条件下得出其 MF，并且测定出各自煤灰流动温度 FT。由图 4-24 看出，随着 MF 的增加，FT 也随之升高（为防止仪器损坏，故 FT 趋于 1600℃时不做检测）。通过回归分析和曲线拟合，得出预测煤灰流动温度 FT 的公式[式(4-2)]，这也在一定程度上验证了采用 MF 来表征煤中矿物组分对高温煤灰熔融特性的影响具有一定的可靠性。

表 4-18　煤灰化学组成及熔融温度

煤样	煤灰化学组成/%									煤灰熔融温度/℃			
	SiO_2	Al_2O_3	Fe_2O_3	CaO	MgO	TiO_2	SO_3	K_2O	Na_2O	DT	ST	HT	FT
a	27.81	18.12	17.14	21.03	3.10	0.72	7.63	0.62	0.82	1119	1126	1129	1132
b	49.83	31.15	5.56	5.13	0.81	1.26	2.99	1.15	0.45	>1500	>1500	>1500	>1500
c	43.42	26.44	14.03	6.72	0.78	1.86	5.38	0.44	0.61	1214	1224	1231	1255
A	45.92	27.60	9.93	7.47	0.98	1.46	3.30	0.82	0.48	1234	1265	1274	1291
B	46.55	27.89	8.90	7.66	1.04	1.36	2.78	0.91	0.45	1258	1320	1326	1345
C	47.28	28.31	9.39	6.46	0.83	1.51	2.98	0.83	0.46	1276	1321	1330	1390
D	46.94	28.11	9.16	7.01	0.92	1.44	2.89	0.87	0.46	1254	1296	1302	1355

$$W_{FT}=-520.6738\exp\left(\frac{\phi_{MF}}{-3.0412}\right)+1636.7 \qquad (R^2=0.9138) \tag{4-2}$$

式中，W_{FT}为煤灰的流动温度。

（3）*配煤灰中的矿物组成及其高温转化性*　图 4-25 为配煤方案 A、B、C、D 的煤灰在不同温度下的 XRD 谱图。图 4-26 为 4 个配煤方案中主要矿物最强衍射峰强度变化曲线。由图 4-25、图 4-26 可以看出，高温下，4 个方案中主要助熔矿物（硬石膏、赤铁矿、方钙石）和主要耐熔矿物（石英、莫来石）衍射峰强度存在明显差异。

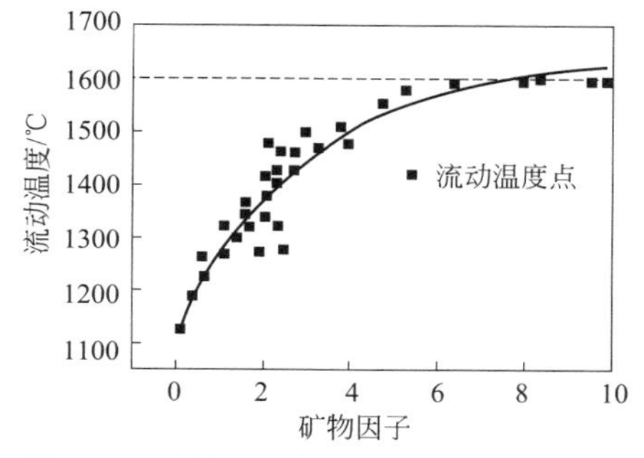

图 4-24　矿物因子与煤灰流动温度的关系

硬石膏衍射峰随温度的升高明显下降，在 1100℃左右消失，分解生成了 CaO。赤铁矿的衍射峰随温度的升高有所减弱，这是由于在弱还原性气氛下煤灰中部分赤铁矿被还原成铁的氧化物（如 FeO 等），在高温下这些铁的氧化物会与煤灰中 SiO_2、Al_2O_3、MgO、CaO 等成分发生化学反应生成铁辉石、铁尖晶石、铁铝榴石、铁橄榄石等，这些低灰熔融温度的矿物会对降低煤灰熔融温度起到促进的作用。结合图 4-25、图 4-26 可知，随着温度的升高，石英的衍射峰逐渐变弱，并且出现了莫来石的特征衍射峰，且随温度的升高不断增强，这是由于煤灰中 SiO_2 和方钙石 CaO 发生了反应。当温度升高至 FT 左右时，因为煤灰中矿物大量熔融，此时煤灰 XRD 谱图会出现大量玻璃体介稳态物质宽泛弥散的衍射峰，莫来石的衍射峰可能被湮没。A、B 两个方案煤灰中钙长石衍射强度在 1100℃以后开始下降，C、D 两个方案煤灰中钙长石衍射强度在 1200℃以后开始下降，说明钙长石在高温下与煤灰中其他物质生成低温共熔物，有利于降低煤灰的熔融温度。由图 4-26 可以看出，钙长石的衍射峰和莫来石的衍射峰存在着“此消彼长”的趋势，说明煤灰在高温下生成的钙长石起到降低灰熔融温度的作用。

由图 4-26 可知，在 4 个配煤方案各自煤灰流动温度 FT 左右，即温度区间 1300～1400℃，石英和莫来石最强衍射峰强度的高低顺序均为 C>D>B>A，钙长石最强衍射峰强度的高低顺序为 A>B>D>C；前两种矿物相最强衍射峰强度的变化趋势与 4 个配煤方案煤灰流动温度呈现一定的正相关性，即 C>D>B>A；钙长石物相则相反。

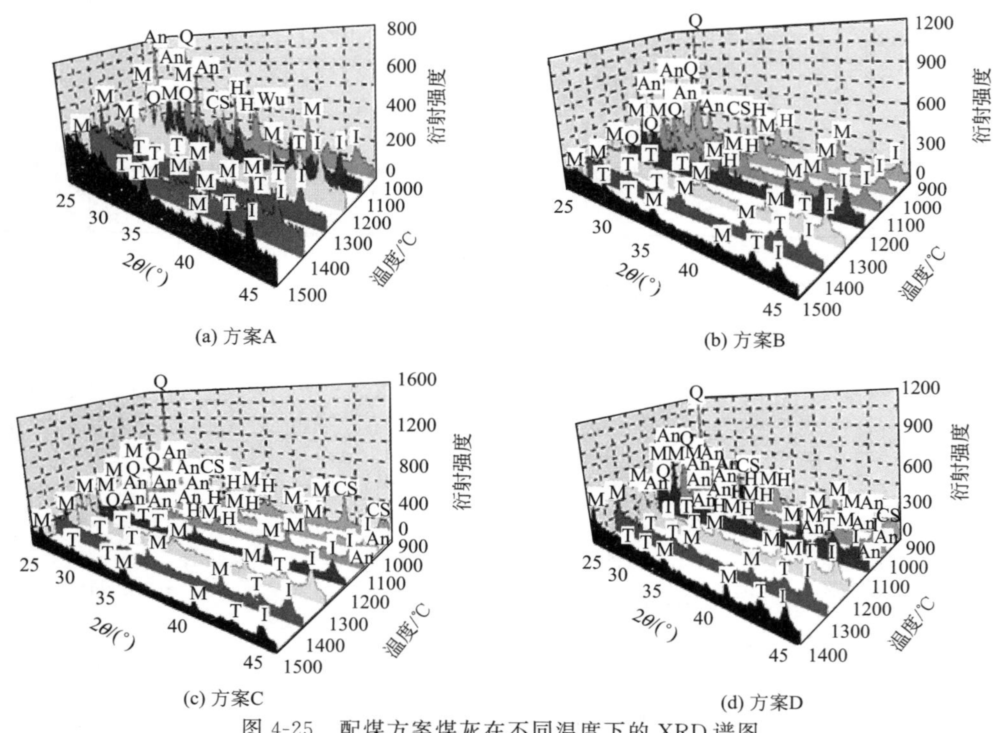

(a) 方案A　(b) 方案B　(c) 方案C　(d) 方案D

图 4-25　配煤方案煤灰在不同温度下的 XRD 谱图

Q—石英；An—硬石膏；H—赤铁矿；I—伊利石；
M—莫来石；CS—方钙石；Wu—方铁石；T—金红石

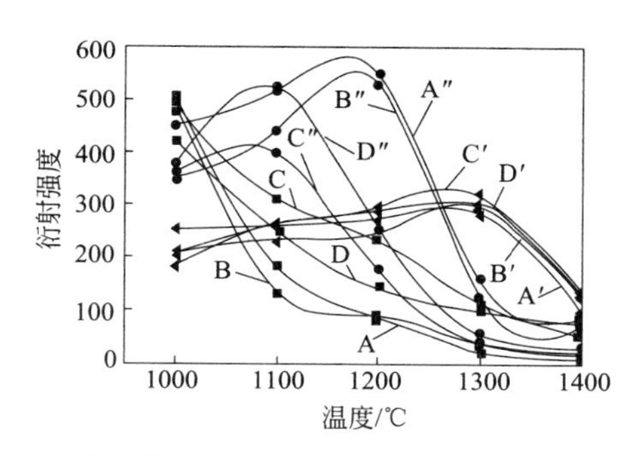

图 4-26 4个配煤方案主要矿物最强衍射峰强度变化曲线

—■— 石英；—◀— 莫来石；—●— 钙长石

A～D，A′～D′，A″～D″—石英、莫来石、钙长石的4个配煤方案

低温共熔物存在于玻璃体物质（非晶态）中，种种状态都有其相应状态下的衍射特征曲线。因此，为了对比4个三元配煤方案低温共熔物的相对含量，采用其所对应的非晶包衍射峰的积分面积 S_f（实验点均取：温度1300℃，扫描范围15°～35°）来表征。

在计算特征衍射峰面积时，首先要对X射线谱图进行去噪处理，进而再进行分峰拟合。由于测试仪器以及人为操作均会影响分峰拟合的过程，选用Origin8.0软件直线分峰拟合的方式进行拟合，结果如图4-27所示（$R^2=0.9703$）。图4-27为在衍射图纹中选取和计算晶体峰以及非晶包面积的示意，S_j 为非晶包之上晶体衍射峰积分面积之和，如果将衍射角15°～35°的积分面积之和记为 S_t，则非晶体衍射峰的积分面积 $S_f=S_t-\sum S_j$。利用软件分别计算 $2\theta=15°\sim35°$ 时各样品衍射谱图的晶体衍射峰面积与积分面积和 S_t，得出A、B、C、D四个方案在1300℃时各自的 S_f 分别为71176、67268、59615、64287。若将方案A非晶体衍射峰积分面积 S_f 视为单位1，则方案B、C、D非晶体衍射峰积分面积 S_f 分别为0.9451、0.8376、0.9032、对比煤灰流动温度C＞D＞B＞A，也说明高温下低温共熔物相对含量的高低与煤灰熔融温度呈现一定的负相关性。

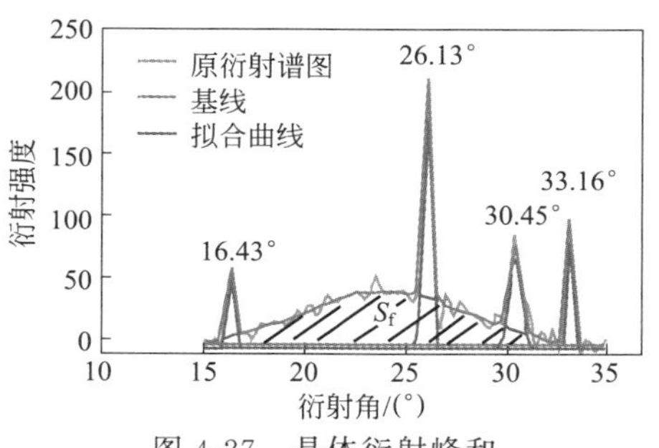

图 4-27 晶体衍射峰和非晶包的选取及面积计算

通过以上分析表明，三元配煤在改变原煤各矿物组分含量的基础上，优化了原煤中耐熔矿物和助熔矿物之间的比例，改善了高温煤灰熔融特性，引入的矿物因子MF与煤灰熔融温度具有较好的对应性。通过X射线衍射谱图分析，随着温度的升高，钙长石的衍射峰和莫来石的衍射峰存在“此消彼长”的趋势，低灰熔融温度矿物钙长石含量的升高与高灰熔融温度莫来石矿物相含量的减少共同导致了灰熔融温度的降低。对比高温下煤灰中三大主要矿物相石英、莫来石和钙长石的最强衍射峰

强度（流动温度左右）和煤灰流动温度（C＞D＞B＞A）说明，高温煤灰中石英和莫来石物相衍射峰强度的高低与煤灰流动温度呈现一定的正相关性；高温煤灰中钙长石物相衍射峰强度的高低以及低温共熔物相对含量的高低与煤灰流动温度呈现一定的负相关性。

4.4 基于系统分类的配煤灰熔融特性

配煤可以调控煤灰的熔融特性，许多科研工作者对此也进行了很多科学研究，但是这些研究都是针对当前所使用的个别煤种进行分析的，其结论不具有代表性，只局限于某一范围中。根据煤本身的性质及矿区进行归类，总结出不同类别间配煤的指导规律，深入了解不同煤种混配后的熔融特性。相图理论是矿物学的基础理论，已有研究者运用相图理论解释过煤灰的熔融现象，但是没有给出配煤如何使混煤熔融性总体呈下降趋势的原因。

设计 T-φ（T 表示混煤灰的软化温度，φ 表示混煤灰熔点与低熔点单煤灰熔点之间的温度差）图可以进行混煤效果判别。通过对中国不同地区分布的熔融性各异的 14 个煤种按灰分 1∶1 进行配煤实验，将 105 种混煤进行归类，以总结出不同类型煤配煤的熔融性规律。

4.4.1 单煤的分类与性质

选用了准格尔煤、平朔煤、神华煤等 14 个位于中国不同地域矿区的代表煤种。将煤脱去外水后，先使用离心式磨煤机将其磨细至 180 目，单煤按 GB/T 212—1977 国家标准制成灰样，使用智能灰熔点仪测得灰熔点以及 8 种灰化学成分含量。根据灰熔点的不同，分为高熔点、中熔点、低熔点三等，分别表示不易结渣煤、中等结渣煤以及易结渣煤。根据 X 射线衍射（XRD）半定量分析法确定的煤中矿物质，将同等级的煤归为不同类型。14 种单煤以灰分 1∶1 的比例两两相配，用玛瑙研钵研磨混合均匀后，得到 105 种混煤。将混煤在 800℃ 马弗炉中恒温 2h 烧制灰样，测定混煤的灰熔点。

（1）*单煤灰熔点及其分类* 单煤的灰熔点以及灰化学成分见表 4-19～表 4-21，DT 表示变形温度，ST 表示软化温度，HT 表示半球温度，FT 表示流动温度。根据灰熔点 ST 的高低，煤灰分为易熔（＜1200℃）、中等易熔（1200～1350℃）、难熔（1350～1500℃），根据这一分类原则，将 14 种煤根据灰熔点高低分为三等。

表 4-19 高熔点煤的灰成分

分类	煤种	温度/℃				成分(质量分数)/%								Al_2O_3/SiO_2
		DT	ST	HT	FT	SiO_2	Al_2O_3	Fe_2O_3	CaO	MgO	TiO_2	K_2O	Na_2O	
I	准格尔煤	＞1500	＞1500	＞1500	＞1500	33.05	51.30	8.42	6.19	0.13	0.71	0.43	0.05	1.55
	平朔煤	＞1500	＞1500	＞1500	＞1500	46.99	45.23	3.21	2.61	0.31	1.45	0.44	0.04	0.96

续表

分类	煤种	温度/℃				成分(质量分数)/%								Al_2O_3/SiO_2
		DT	ST	HT	FT	SiO_2	Al_2O_3	Fe_2O_3	CaO	MgO	TiO_2	K_2O	Na_2O	
Ⅱ	新疆石煤	1451	>1500	>1500	>1500	76.32	15.76	0.69	0.82	0.34	0.04	5.21	0.05	0.21
	王晁次煤	1243	1425	1470	1486	61.35	23.62	4.10	2.42	1.14	0.44	2.25	0.72	0.39
Ⅲ	田陈洗煤	1364	>1500	>1500	>1500	52.96	31.20	1.58	1.00	1.34	0.89	1.02	0.30	0.59
	新安洗煤	1453	1475	>1500	>1500	49.23	35.81	2.78	3.37	0.86	0.91	1.63	0.30	0.73

表 4-20　中等熔点煤的灰成分

分类	煤种	温度/℃				成分(质量分数)/%								Al_2O_3/SiO_2
		DT	ST	HT	FT	SiO_2	Al_2O_3	Fe_2O_3	CaO	MgO	TiO_2	K_2O	Na_2O	
Ⅳ	蒙煤	1319	1353	1378	1401	54.68	23.72	7.32	2.70	1.43	0.66	0.93	0.40	0.43
	王晁煤	1227	1357	1408	1423	55.07	25.78	5.92	2.80	1.66	0.66	2.31	0.33	0.47
	新汶煤	1156	1325	1353	1388	47.08	36.05	8.06	3.71	1.14	1.01	0.95	0.58	0.77
	田陈煤	1298	1353	1366	1393	55.38	26.46	6.73	2.85	1.35	0.68	1.81	0.39	0.48
	河南煤	1313	1349	1354	1366	46.44	25.81	8.43	6.28	1.08	0.81	0.97	1.38	0.56

表 4-21　低熔点煤的灰成分

分类	煤种	温度/℃				成分(质量分数)/%								Al_2O_3/SiO_2
		DT	ST	HT	FT	SiO_2	Al_2O_3	Fe_2O_3	CaO	MgO	TiO_2	K_2O	Na_2O	
Ⅴ	神木煤	1150	1199	1217	1260	31.63	15.77	11.39	20.71	2.21	1.60	1.02	0.66	0.50
	神华煤	1125	1147	1158	1205	33.42	19.77	7.28	20.16	6.36	1.15	1.12	1.70	0.59
Ⅵ	宁鲁煤	1096	1136	1141	1154	29.36	22.99	33.23	8.05	4.68	0.51	1.07	0.10	0.78

(2) *高熔点煤的矿物质分布*　表 4-19 列出了 6 种高熔点煤的灰熔点和化学成分含量。图 4-28 为 XRD 定量分析测得高熔点煤中矿物质分布图。尽管单煤灰熔点都很高，但是根据矿物质分布特点以及配煤后混煤的灰熔点不同，高熔点煤可分为 3 种不同类型。

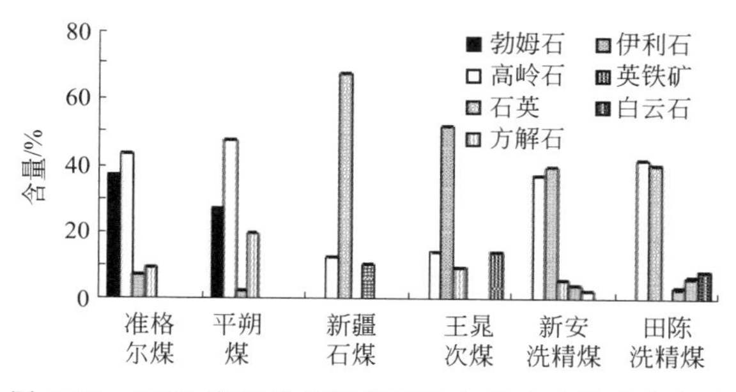

图 4-28　XRD 定量分析测得高熔点煤中矿物质分布图

Ⅰ类煤为准格尔煤和平朔煤，表 4-19 显示它们灰熔点非常高，DT 都高于 1500℃，是年代较早的煤种，一般形成于石炭纪以前，XRD 发现其中勃姆石（γ-$Al_2O_3 \cdot H_2O$）和高岭石（$Al_2O_3 \cdot 2SiO_2 \cdot 2H_2O$）含量非常高，说明煤矿周围有可能富集勃姆石矿。高岭石在高温下转化为耐熔的莫来石（$3Al_2O_3 \cdot 2SiO_2$），勃姆石受热后于 500～600℃失水变为 γ-Al_2O_3，而 γ-Al_2O_3 是形成二次莫来石的重要原料。因此由于勃姆石和高岭石富集，此类煤在高温后形成了大量耐熔莫来石，灰熔点非常高，不易结渣。

Ⅱ类煤为石煤和次煤，表示灰分含量相当高而热值很低的煤种，其中主要的矿物为石英（SiO_2），还含有少量高岭石和杂质，此类煤的 Al_2O_3/SiO_2 非常低，但由于石英熔点较高（1713℃）的原因，Ⅱ类煤灰熔点也较高。

Ⅲ类煤为洗精煤，洗煤除去了大量原煤开采过程中混入的外在矿物，使灰分含量降低。此类煤种 Al_2O_3/SiO_2 在 0.7 左右，并没有Ⅰ类煤那么高，但由于含 Ca、Fe 等矿物的助熔杂质含量较低，低温熔融不易发生，其灰熔点也较高。

（3）*中等熔点煤中的矿物质分布*　5 种中等熔点煤归为第Ⅳ类，见表 4-20，图 4-29 为Ⅳ类煤的矿物质分布图。此类煤中的主要矿物为石英（SiO_2）和高岭石（$Al_2O_3 \cdot 2SiO_2 \cdot 2H_2O$），石英含量为 35%～50%，高岭石含量为 20%～30%，Al_2O_3/SiO_2 普遍不高。煤中含 Ca、Fe、K、Na、Mg 等元素的杂质较多，有方解石（$CaCO_3$）、石膏（$CaSO_4$）、黄铁矿（FeS_2）、白云石（$CaCO_3 \cdot MgCO_3$）、铁白云石[$Ca(Fe^{2+},Mg^{2+})(CO_3)_2$]、伊利石[$KAl_2(Si_3Al)O_{10}(OH)_2$]等，与 Al-Si 二元相矿物结合生成熔点较低的长石类矿物。如图 4-29 所示，不同的煤所含杂质的种类不同，引起结渣的原因各不相同，但都使煤的灰熔点 ST 维持在 1300～1350℃，这类煤属于中等结渣煤。

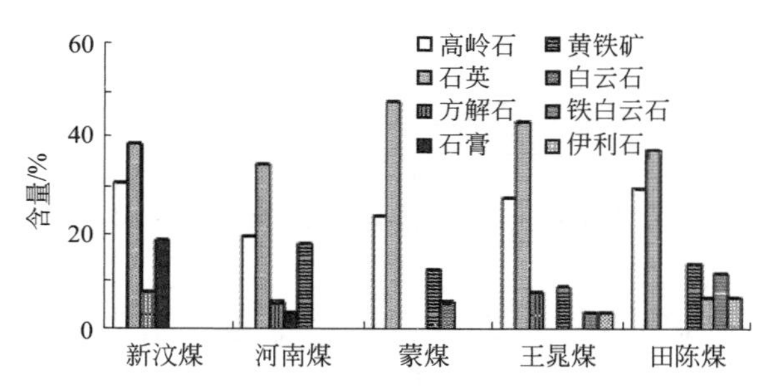

图 4-29　XRD 定量分析测得中等熔点煤中矿物质分布图

（4）*低熔点煤中的矿物质分布*　低熔点煤共有 3 种，分为Ⅴ、Ⅵ两类，见表 4-21。第Ⅴ类为神木煤和神华煤，这是两种典型的易结渣煤种，灰熔点一般为 1100～1200℃，此类煤生成于侏罗纪，形成年代晚，属于较年轻煤种。含 Fe 和 Ca 的助熔矿物在其中比例很高，Al-Si 二元相黏土矿物含量较低，使煤灰低温熔融，因此灰熔点很低，非常容易结渣。从图 4-30 可以看到，这两种煤中矿物质种类和含量分布类似，均由石英（SiO_2）、高岭石（$Al_2O_3 \cdot 2SiO_2 \cdot 2H_2O$）、方解石

($CaCO_3$)、硬石膏 ($CaSO_4$) 等构成，杂质含量较高。低熔点煤中第Ⅵ类为宁鲁煤，是形成较早的年老煤种，此煤 Al_2O_3/SiO_2 较高 (0.78)，证明其中黏土矿物含量高，这本该是煤灰耐熔的一个特征，但是由于 33% 的铁含量，使其成为所有煤中灰熔点最低的一种，从 XRD 分析可知这部分铁来自于菱铁矿，若菱铁矿不存在，这种煤将是一种铝硅比高的高熔点煤种。因此尽管此类煤熔点低，其结渣原因和Ⅴ类煤并不相同。

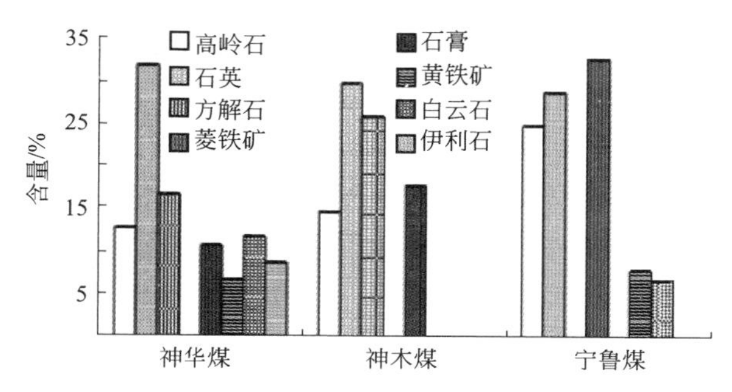

图 4-30　XRD 定量分析测得低熔点煤中矿物质分布图

4.4.2　T-φ 法对混煤灰熔融特性的分析

4.4.2.1　T-φ 法设计

通常为了提高低熔点煤的灰熔点，用高熔点煤和低熔点煤相配的方法，并且希望得到的混煤灰熔点高于低熔点煤的效果，同时混煤的灰熔点还应该在不易结渣的范围内，才能使配煤达到良好的效果。

设计一种判断配煤提高灰熔点效果的方法 (T-φ 法)。设两种单煤灰熔点 ST 为 T_x 和 T_y，混煤灰熔点为 T_{xy}。若以 ST>1350℃作为配煤难熔的标准，配煤希望得到的效果 $T_{xy}>\min(T_x, T_y)$，且 $T_{xy}>1350$℃。设 $\varphi=T_{xy}-\min(T_x, T_y)$，横坐标表示 φ 值，原点为 0℃，纵坐标表示 T_{xy}，原点为 1350℃。如 $\varphi>$ 0℃，说明此两种煤的混煤提高灰熔点的作用是积极的，若此时 $T_{xy}>1350$℃，则混煤的结渣性良好；若 $T_{xy}<1350$℃，说明混煤虽然使灰熔点提高，性质仍未达到理想效果；如 $\varphi<0$℃，则说明混煤比两种单煤的灰熔点都低，不如直接使用单煤更不易结渣。

按照灰分比 1∶1 的比例配煤，首先将Ⅰ、Ⅱ、Ⅲ类高熔点煤分别和Ⅳ、Ⅴ、Ⅵ类中低熔点煤的配煤结果做讨论；然后讨论在中等熔点Ⅳ类煤之间两两相配及中等熔点Ⅳ类和低熔点Ⅴ、Ⅵ类煤之间相配的结果，测得混煤灰熔点。最终通过 T-φ 图判断混煤改变灰熔点 ST 的效果。

4.4.2.2　高熔点煤参与配煤的混煤效果

(1) Ⅰ类煤的混煤效果　图 4-31 (受灰熔点测试仪量程所限，ST>1500℃在图中以 1500℃表示) 为Ⅰ类煤与Ⅳ、Ⅴ、Ⅵ类中低熔点煤相互掺配得到的混煤 T-

φ 散点图，每一个点表示一种混煤的灰熔点 ST 和 φ 值。从图 4-31 中可以看到，有Ⅰ类煤参与配煤的混煤 φ 值都为正，说明Ⅰ类煤的加入显著地提高了灰熔点。

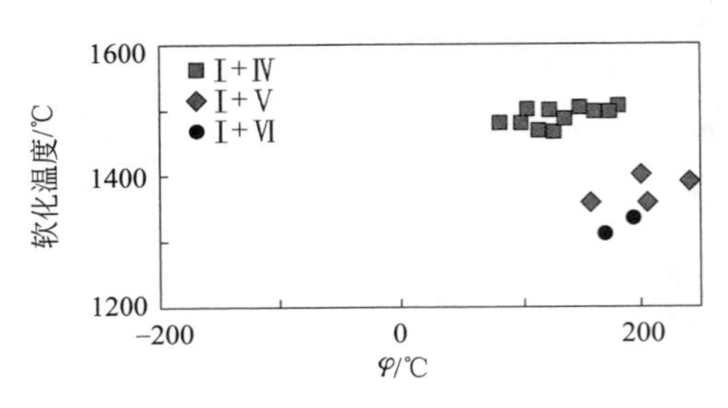

图 4-31 Ⅰ类煤的混煤 T-φ 图

Ⅰ＋Ⅳ系列点落在第 1 象限，灰熔点 ST 都在 1500℃附近，说明这种配煤组合使Ⅳ类煤 ST 从 1350℃ 提高到 1500℃，从中等结渣煤变为难结渣煤，改善效果非常好。由于准格尔煤中勃姆石含量比平朔煤高，Al_2O_3/SiO_2 也更高，准格尔煤比平朔煤改善中等熔点煤的效果更好。Ⅰ＋Ⅴ系列 φ 值在 200℃左右，混入平朔煤和准格尔煤使神华煤和神木煤两种低熔点煤 ST 从 1150～1200℃提高到 1300～1400℃，从易结渣煤变为中等结渣煤和难结渣煤，改善效果良好。Ⅰ＋Ⅵ系列点落于第 4 象限靠近 φ 轴位置，ST 在 1300～1350℃范围内，由于宁鲁煤中 33％的铁含量的特殊性质，尽管加入Ⅰ类煤使 φ 值达 200℃左右，但仅使宁鲁煤从易结渣煤改善为中等结渣煤。

（2）Ⅱ类煤的混煤效果　图 4-32 为Ⅱ类煤与中低熔点煤混煤的 T-φ 图。从图中可以看到，各个点不均匀分布在 4 个象限，灰熔点几乎都在 1400℃以下。

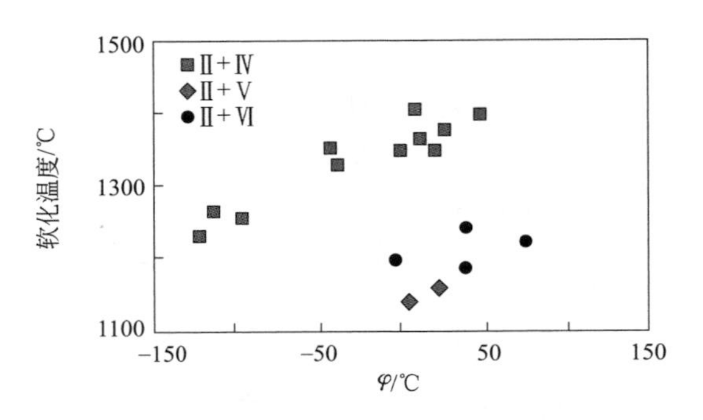

图 4-32 Ⅱ类煤的混煤 T-φ 图

Ⅱ＋Ⅳ系列点落在第 1、3 象限，灰熔点分布从 1230℃到 1405℃不等，$-120℃<\varphi<46℃$，这些现象说明Ⅱ类煤的加入对Ⅳ类煤灰熔点的影响更多的是降低作用，只有部分煤灰熔点略有升高。一部分煤从中等结渣煤变为易结渣煤，另一部分煤仍为中等结渣煤种。Ⅱ＋Ⅴ系列点落在第 4 象限，混煤灰熔点在 1200～1250℃范围内，$-3℃<\varphi<75℃$，说明加入 SiO_2 含量高的石煤对提高神木煤、神华煤等Ⅴ类煤灰熔点的作用主要是积极的，但是并不足以使混煤灰熔点提高到不易结渣的程度。Ⅱ＋Ⅵ系列 $\varphi>0℃$，但是提高作用不明显，尽管混煤的灰熔点高于宁鲁煤，但 ST 仍在 1150℃左右，混煤仍为易结渣煤种。

（3）Ⅲ类煤的混煤效果　如图 4-33 所示，Ⅲ类煤为洗精煤，其原煤一般为中等熔点煤，Ⅲ＋Ⅳ系列点落在第 1、3 象限，灰熔点分布从 1230℃到 1405℃不等，

$-149℃<\varphi<61℃$，这些现象说明Ⅲ类煤的加入对Ⅳ类煤灰熔点的影响也具有不确定性，大部分中等熔点煤仍为中等熔点煤，只有小部分煤灰熔点略有升高，结渣状况改善。Ⅲ＋Ⅴ系列点落在第 3、4 象限，混煤灰熔点在 1200℃左右，$-7℃<\varphi<41℃$，说明加入洗精煤对提高神木煤、神华煤等Ⅴ类煤灰熔点的作用主要是积极的，但是由于Ⅴ类煤的杂质种类多、含量高，而Ⅲ类煤中当以 1∶1 的比例混合时，Ⅲ类煤并不足以使混煤灰熔点提高到不易结渣的程度。Ⅲ＋Ⅵ系列点紧靠 T 轴上 1150℃附近位置，尽管 $\varphi>0℃$，但 ST 变化很小，混煤仍为易结渣煤种。

4.4.2.3 中等熔点煤、低熔点煤混配的熔融效果

(1) 中等熔点煤之间配煤的混煤效果　Ⅳ类煤为中等熔点煤，一般 ST 在 1300～1400℃之间。图 4-34 显示了 5 种中等熔点煤之间相互混合的效果。图中各个点几乎都落在第 3 象限，$-115℃<\varphi<5℃$，混煤的 ST 分布从 1230℃到 1405℃不等，仅有 1 种混煤比低熔点的单煤 ST 高了 5℃，其余 9 种煤都呈降低趋势。这一现象非常明显地表示出中等熔点煤之间的相互混合会使混煤灰熔点降低。此类煤之间不适合互相掺配。

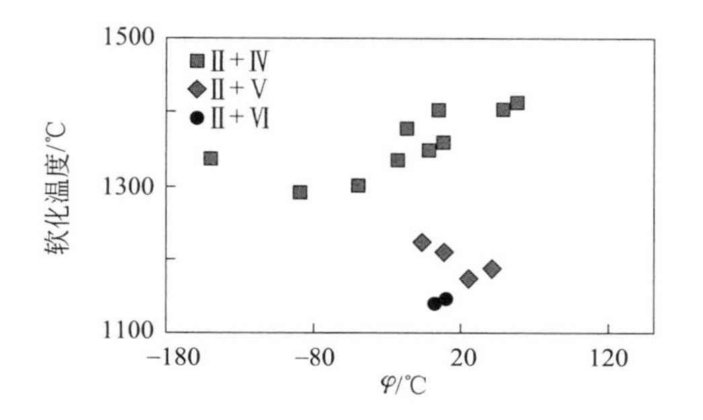

图 4-33　Ⅲ类煤的混煤 T-φ 图

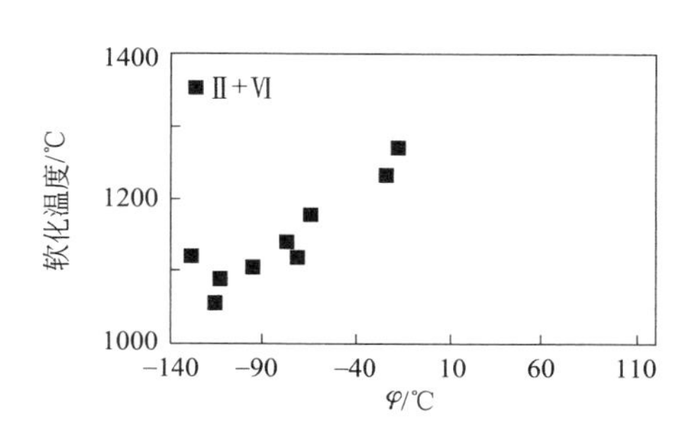

图 4-34　中等熔点煤之间的混煤 T-φ 图

(2) 中等熔点煤与低熔点煤配煤的混煤效果　Ⅴ、Ⅵ类煤为低熔点煤，本身熔点在 1100～1200℃范围内，将其与灰熔点在 300～1400℃的中等熔点的Ⅳ类煤混合得到了图 4-35 所示的混煤效果。从图 4-35 中可以看到，Ⅵ和Ⅴ类煤相互混合的结果为 $-41℃<\varphi<2℃$，配煤仅仅使 8 种混煤中的 1 种升高了 2℃，其余 7 种煤灰熔点都比Ⅴ类低熔点煤更低；Ⅳ和Ⅵ类煤的每种混煤都落在第 3 象限的 1100～1150℃之间，混煤灰熔点都比低熔点煤更低。

4.4.3 混煤灰熔点变化的相图分析

(1) 高熔点煤参与配煤的灰熔点变化原因分析　熔点相似的煤种，参与配煤后得到的混煤灰熔点完全不同。同为高熔点煤，只有灰中富含勃姆石的高熔点的Ⅰ类煤种参与配煤，才能确保使混煤灰熔点一定高于低熔点煤。对于石煤、次煤等，矿物质成分几乎都为 SiO_2，含铝矿物很少的高熔点煤，混煤大体呈灰熔点降低趋势。对于高岭石含量较高、杂质含量不多的高熔点洗精煤，参与配煤后形成的混煤灰熔

融性各异。

大部分煤灰熔点高（>1500℃）都与灰渣中莫来石（$3Al_2O_3 \cdot 2SiO_2$）的含量高有关，莫来石（1810℃）耐高温，使灰渣不易熔融。根据图4-36可知，莫来石为Si-Al二相化合物，当灰渣中杂质含量少、铝硅比非常高时，才能大量生成。Ⅰ类煤的XRD分析结果证明，其勃姆石（γ-$Al_2O_3 \cdot H_2O$）和高岭石（$Al_2O_3 \cdot 2SiO_2 \cdot 2H_2O$）含量非常丰富。由于石英含量很低，高岭石转化为莫来石后析出的SiO_2以无定形状态与γ-Al_2O_3（勃姆石分解）结合生成二次莫来石，且γ-Al_2O_3仍有剩余，因此高温产物主要为莫来石和刚玉（由γ-Al_2O_3高温转化）。

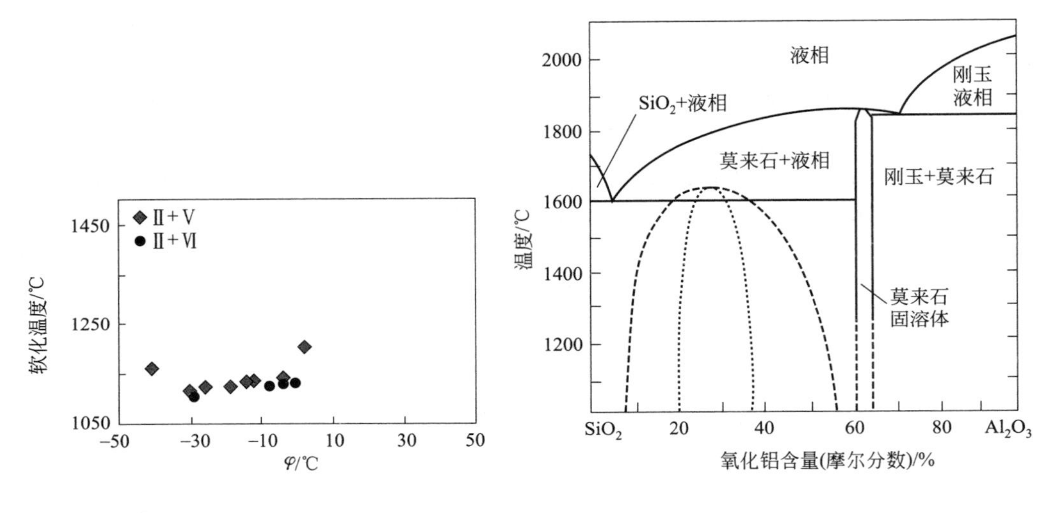

图4-35　Ⅳ和Ⅴ、Ⅵ类煤的混煤 T-φ 图

图4-36　莫来石相图

当Ⅳ、Ⅴ、Ⅵ类煤与Ⅰ类煤配煤时，杂质种类增加，且SiO_2含量提高。以图4-37为例，当以FeO为代表的杂质混入Ⅰ类煤后，由于γ-Al_2O_3的存在，将矿物质比例由原本在相图中心的低温共熔区移向靠近Al_2O_3的一侧（远离液相区进入高温区域），使熔点提高。消耗完有限的杂质后，若有γ-Al_2O_3剩余，则继续参与莫来石生成，继续提高熔点。这就是Ⅰ类煤与中、低熔点煤混合均能使灰熔点有不同程度提高的原因。

Ⅱ类煤本身Al元素含量很低，SiO_2含量很高，以图4-37为例，当Ⅱ类煤加入Ⅳ、Ⅴ、Ⅵ类低熔点煤时，使在相图中的矿物质分布更远离Al_2O_3而接近于SiO_2一侧。依据所混入的煤种所含的助熔矿物和含量不同，这一移动有可能远离也有可能更靠近低温共熔区。因此加入Ⅱ类煤对于混煤灰熔点的变化具有不确定性。Ⅲ类洗精煤，由于适量的高岭石和较少的杂质而灰熔点较高，当加入杂质较多的低熔点煤时，相对于Ⅲ类煤，矿物质分布向低温区移动，混煤灰熔点下降。依据下降的幅度不同，Ⅲ类煤对混煤灰熔点的贡献表现出不确定性，有可能高于低熔点煤，也有可能低于低熔点煤。

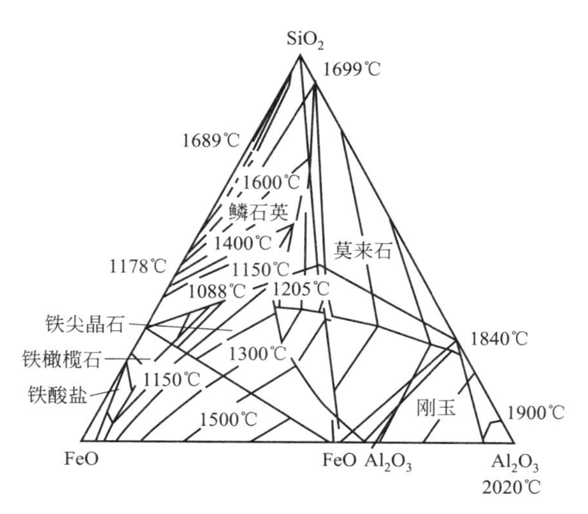

图 4-37　$FeO-Al_2O_3-SiO_2$三元系相图

（2）*中低熔点煤之间混煤的灰熔点变化分析*　中等熔点煤之间的配煤一致呈现出混煤熔点低于两种单煤的规律，对Ⅳ、Ⅴ、Ⅵ类煤的 XRD 的分析结果可知，这些煤中含有比例较高的多种杂质，且普遍 Al 元素含量较低。当灰中有含 Ca 杂质存在时，钙长石（$CaO \cdot Al_2O_3 \cdot 2SiO_2$）是 $CaO-Al_2O_3-SiO_2$三元系最主要的产物。以 $CaO-FeO-Al_2O_3-SiO_2$四元相图为例（图 4-38），含 Al 矿物以钙长石为代表，与 FeO 结合，形成相图中心的低温熔融区。从图中可以看到，钙长石（1553℃）、FeO（1300℃）、硅钙石（$CaO \cdot SiO_2$，1544℃）、SiO_2（1713℃）本身熔点都不低，而混合物熔点迅速降低到 1100℃左右，相图周边液相线温度高，越

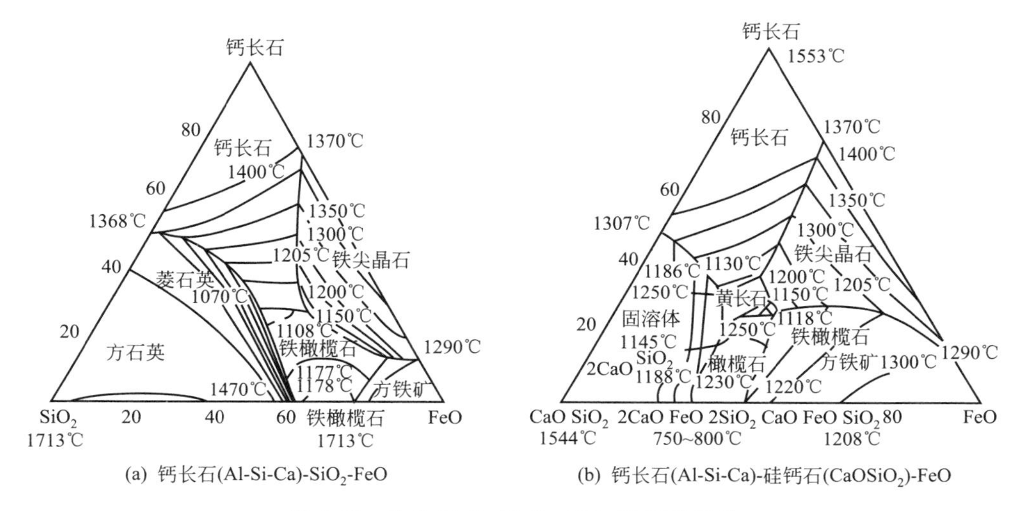

(a) 钙长石(Al-Si-Ca)-SiO_2-FeO　　(b) 钙长石(Al-Si-Ca)-硅钙石($CaOSiO_2$)-FeO

图 4-38　$CaO-FeO-Al_2O_3-SiO_2$四元系相图

靠近中心温度越低，说明不同组分混合，比例越悬殊，熔点越高；比例越接近，熔点越低。任何一种矿物质，任何一种化学成分的含量，在混煤的过程中均趋于两种单煤之间，并且随着混煤的过程矿物种类增加。配煤过程就是增加矿物种类，使各组分比例接近中心区域的过程。这就是中、低熔点混煤比任何一种单煤熔点都低的原因。

虽然混煤的灰熔点与单煤之间并不表现为线性关系，但是对煤种进行系统分类，能总结配煤对灰熔点的影响。煤灰中的矿物质成分和化学成分在混煤的过程中是存在线性加权关系的，并且矿物种类增加。实验结果和矿物学相图原理分析证明，矿物质成分越单一，物质含量越偏离中心，液相线出现的温度越高；矿物种类越多，含量越趋于相图中心，则越接近低温共熔区域。

配煤总体上是一个降低灰熔点的过程，不会出现配煤熔点高于单煤的理想现象。熔点相似的煤种，参与配煤后得到的混煤灰熔点完全不同。只有灰中富含勃姆石的高熔点的煤种参与配煤才能确保使混煤灰熔点一定高于低熔点煤；对于石煤、次煤、洗精煤等高熔点煤，参与配煤后形成的混煤灰熔融性各异，采用配煤的方式提高易结渣煤的熔点，这类煤并不能保证配煤效果。中低熔点煤之间的配煤大体呈现出混煤熔点低于两种单煤的规律。低熔点煤，只有通过掺配勃姆石含量高的煤种才能使其灰熔点提高，由易结渣煤种变为中等结渣煤种；掺配其他种类的高熔点煤对提高低熔点煤的灰熔点不起作用。T-φ 法能直观判断配煤改变灰熔点的效果。

本 章 小 结

配煤是当前调控煤灰熔融特性的一种重要的经济可行的方法，本章主要讨论了配煤对煤灰熔融特性的影响。

本章从配煤调控煤灰熔融特性角度出发，首先讨论了不同气化技术对煤种的要求，并且分析了配煤对水煤浆特性的影响。在此基础上分析了二元配煤和三元配煤对煤灰熔融特性的影响，配煤可以有效地改善煤灰的熔融特性，调控了灰熔点过高或者过低的熔融特性，在改变煤灰熔融温度的过程中，也改变了煤灰的黏温特性，实现了气流床气化对煤灰流动特性的要求。将不同灰熔融温度的煤进行分类，对不同灰熔融温度的煤之间的混配灰熔点变化规律进行了综合讨论，并且从不同的角度对灰熔点变化规律进行了解释，对指导工业气化用煤提供基础理论支持。

第5章

生物质对煤灰熔融特性的调控

生物质能被认为是21世纪最有前景的绿色可再生能源之一。开发利用生物质能源，对于改善能源结构、降低环境污染、促进经济发展意义重大。生物质能的开发利用成为国内外当前研究的热点之一。但由于生物质能量密度小、分布较零散、受季节影响、运输储存成本高的特点限制了生物质能的大规模利用。生物质与煤共气化技术使生物质能的利用具有了广阔前景。生物质灰中碱金属含量高可以在共气化过程中起催化作用，提高气化效率，弥补了煤和生物质单独气化的不足。加强对生物质调控煤灰熔融特性和黏温特性的研究具有重要的理论和实践意义。

5.1 生物质的种类与特性

5.1.1 生物质的种类

生物质种类多种多样，生物质资源可分为林业资源、农业资源、生活污水和工业有机废水、城市固体废物、禽畜粪便等，不同类生物质间的理化特性存在一定差异。

(1) 林业资源　林业生物质资源是指森林生长和林业生产过程提供的生物质能源。包括：薪炭林、在森林抚育和间伐作业中的零散木材、残留树枝、树叶和木屑等；木材采运和加工过程中的枝丫、锯末、木屑、梢头、板皮和截头等；林业副产品的废弃物，如果壳和果核等。

(2) 农业资源　农业生物质资源主要包括：农业作物（包括能源植物）；农业生产过程中的废弃物，如农作物收获时残留在农田内的农作物秸秆（玉米秸、高粱秸、麦秸、稻草、豆秸和棉秆等）；农业加工业的废弃物，如农业生产过程中剩余的稻壳、玉米芯、花生壳、甘蔗渣、棉籽壳、棉饼、菜饼、糠饼等；能源植物泛指各种用以提供能源的植物，通常包括草本能源作物、油料作物、制取碳氢化合物植物和水生植物等，如甜高粱、甘蔗、马铃薯、甘薯、木薯、油藻、油菜、向日葵、大豆、棕榈树、麻风树、光皮树、文冠树、黄连木等。

(3) 生活污水和工业有机废水　生活污水主要由城镇居民生活、商业、服务业的各种排水组成，如冷却水、洗浴排水、盥洗排水、洗衣排水、厨房排水、粪便污水等。工业有机废水主要是酒精、酿酒、制糖、食品、制药、造纸及屠宰等行业生产过程中排出的废水等，其中都富含有机物。

(4) 城市固体废物　城市固体废物主要是由城镇居民生活垃圾、商业和服务业垃圾、少量建筑业垃圾等固体废物构成。如纸、布、塑料、橡胶、厨余、草木、砖瓦、木渣、竹片、沙土、金属、玻璃等。其组成成分比较复杂，受当地居民的平均生活水平、能源消费结构、城镇建设、自然条件、传统习惯以及季节变化等因素影响。

(5) 畜禽粪便　畜禽粪便是畜禽排泄物的总称。它是其他形态生物质（主要是粮食、农作物秸秆和牧草等）的转化形式，包括畜禽排出的粪便、尿及其与垫草的混合物。我国主要的畜禽包括鸡、鸭、猪、牛、马、羊等，其资源量与畜牧业生产有关。

5.1.2 国内外生物质能发展现状

5.1.2.1 国外生物质能发展现状

世界各国政府已将发展生物质能源作为一项重大的国家战略来推进。2009 年，欧盟生物质能源的消费量超过 1.43 亿吨标准煤，约占欧盟能源消费总量的 6%；美国的生物质能源消费量达到 1.36 亿吨标准煤，占全国能源消费总量的 4%；一些国家的生物质能源利用已达到较高比例，如瑞典为 32%，沼气、固体成型燃料、粮食乙醇等产业技术比较成熟，已经形成了较大的产业规模。

美国 2000 年国会通过了《生物质研发法案》，2002 年提出了《发展和推进生物质产品和生物能源报告》与《生物质技术路线图》，能源研究经费已增加到 6.82 亿美元，并且提出未来 10 年减免税收 21 亿美元的政策，同时还制定了实施计划，即 2020 年全国生物质能源和生物质能产品较 2000 年增加 10 倍，达到能源总消费量的 25%（2050 年达到 50%），增加农民收入 200 亿美元。欧盟委员会提出 2020 年运输燃料的 20%将由燃料乙醇替代。德国 CHOREA 公司成功开发了生物质间接液化技术生产合成柴油，2003 年建起了年产量达 10 万吨的示范工程。英国拿出 150 万英亩土地种植芒草类植物，作为生物质能研发原料。奥地利成功推行了建立燃烧木材剩余物的区域供电计划，拥有装机容量为 1 万～2 万千瓦的区域供电站 80～90座。巴西实施了大规模的甘蔗制乙醇计划，用作汽车燃料，减少了石油进口。日本制定了“阳光计划”，印度制定了“绿色能源工程计划”。泰国、菲律宾、马来西亚及非洲的一些发展中国家也开始了生物质能的研发工作。2010 年欧盟用于供热和发电的沼气产量为1308万吨标准煤，其中德国拥有约5300家规模不等的沼气生产厂，沼气发电约占全国发电总量的2.5%。2009年欧盟生物质固体成型燃料产量达452.85万吨，颗粒燃料生产厂达847家，生产能力约714.2万吨，相当于357.1万吨标准煤。

2009年全球燃料乙醇产量达5859万吨，相当于8378.4万吨标准煤，其中巴西甘蔗超过一半用于燃料乙醇的生产，乙醇的产量约为2367万吨，替代了全国56%的汽油。美国乙醇产量为2059.29万吨，欧盟共有约67家乙醇生产厂，乙醇生产能力为535.5万吨，乙醇产量为274.57万吨。部分生物质能源，如生物柴油等，已经实现了一定的突破，进入产业化初期，产业得到了快速发展。而比较新型的技术，如纤维素乙醇等，则处在关键技术突破或中试阶段，是近期发展的重点和热点。

5.1.2.2　国内生物质能发展现状

我国政府高度重视生物质能源产业的发展，2006年出台了《可再生能源法》，针对燃料乙醇、生物柴油、生物质发电等具体产业制定了各类规范及实施细则，并且运用经济手段和财政补贴来保障生物质能产业的健康发展。制定了《可再生能源中长期发展规划纲要》，提出了生物质能源开发利用目标：到2015年生物质发电装机容量达到1300万千瓦，集中供气达到5000万户，成型燃料年利用量达到1000万吨，生物燃料乙醇年利用量达到400万吨，生物柴油年利用量达到100万吨。预计到2020年，我国生物燃料消费量将占到全部交通燃料的15 %左右，建立起具有国际竞争力的生物燃料产业。

国家有关部委、各级地方政府制定了约50余项规划、政策及条例，部署了约500项科技计划项目，有力地推动了生物质能源产业发展。“十二五”期间，科技部制定了《生物质能源科技发展十二五专项规划》，共资助项目课题300余项。在国家各级政府部门推动下，我国生物质能源产业也取得了较快发展。户用沼气发展较快，应用较广，大中型沼气技术近年发展迅速，已建成大中型沼气厂4700多家，形成了产业雏形；燃料乙醇产量已接近172万吨，折合246万吨标准煤；生物柴油产能为140万吨，产量为40万吨；我国生物质成型燃料生产厂约200家，总产量达到200万吨，产品主要用于环保要求较高的城镇锅炉的替代燃料。

此外，还有许多新兴生物质能技术正处于技术研发与示范阶段，主要是以木质纤维素生物质为原料的生物液体燃料，如纤维素燃料乙醇、生物质合成燃料和裂解油，还有能源藻类技术等。由于可以借鉴煤、天然气工业中的醇醚合成工艺、费托合成工艺的已有研究成果和产业化经验，生物质气化合成技术比较成熟，不存在技术障碍，预期比纤维素乙醇更容易实现产业化。但生物质合成燃料的产业化还需要经历一个漫长的发展道路。

5.1.2.3　生物质能的主要利用方式

根据原料湿度不同将生物质分为干生物质和湿生物质两大类，一般而言，干生物质适宜采用直接燃烧、热化学法和物理化学法进行转换，湿生物质适宜采用生物技术和化学方法进行转换，见图 5-1。可转化为二次能源，分别为热量或电力、固体燃料（木炭或成型燃料）、液体燃料（生物柴油、生物原油、甲醇、二甲醚、乙醇及植物油等）和气体燃料（一氧化碳、氢气、甲烷和沼气）等。转化技术方案如下。

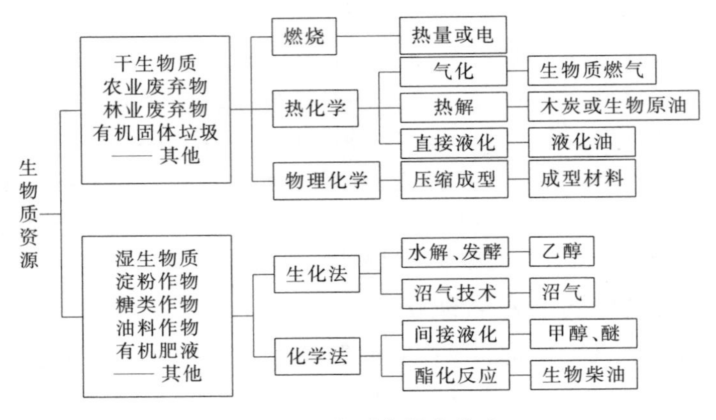

图 5-1 生物质能转化技术

（1）直接燃烧方式 直接燃烧方式可分为炉灶燃烧、锅炉燃烧、垃圾燃烧和固体成型燃烧四种方式。其中，固体成型燃烧是新推广的技术，它把生物质固体化成型或将生物质、煤炭及固硫剂混合成型后使用。丹麦新建设的热电联产项目都是以生物质为燃料。使生物质能在转换为高品位电能的同时满足供热的需求，以大大提高其转换效率。其优点是充分利用生物质能源替代煤炭，可以减少大气中二氧化碳和二氧化硫排放量。生物质固体成型燃料制备工艺流程如图 5-2 所示。生物质型煤制备工艺流程如图 5-3 所示。

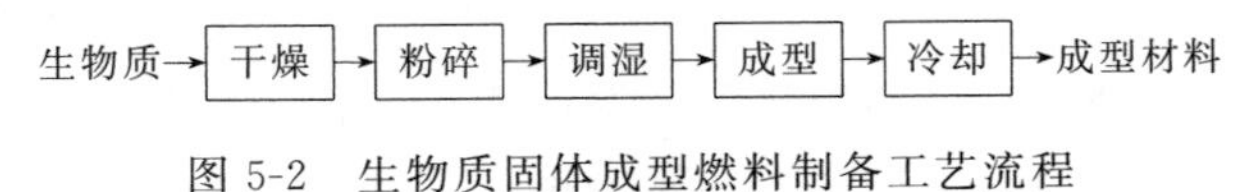

图 5-2 生物质固体成型燃料制备工艺流程

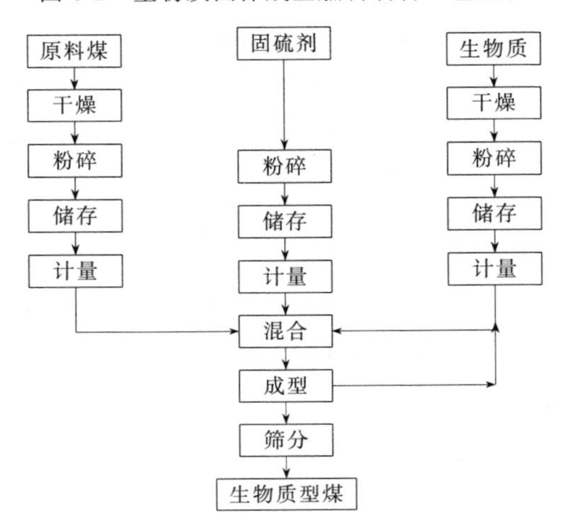

图 5-3 生物质型煤制备工艺流程

(2) 物化转换方式 物化转换方式主要有三个方面：一是液化技术；二是气化制取生物质可燃性气体；三是热解制取生物质油。

① 液化是指通过化学方式将生物质转换成液体产品的过程，主要有间接液化和直接液化两类。间接液化是把生物质气化成气体后，再进一步合成为液体产品；直接液化是将生物质与一定量溶剂混合放在高压釜中，抽真空或通入保护气体，在适当温度和压力下将生物质转化为燃料或化学品的技术。直接液化是一个在高温高压条件下进行的热化学过程，其目的在于将生物质转化成高热值的液体产物。生物质液化的实质是将固态的大分子有机聚合物转化为液态的小分子有机物质，其过程主要由三个阶段构成：首先，破坏生物质的宏观结构，使其分解为大分子化合物；然后，将大分子链状有机物解聚，使之能被反应介质溶解；最后，在高温高压作用下经水解或溶剂溶解以获得液态小分子有机物。生物质直接液化工艺流程见图5-4。

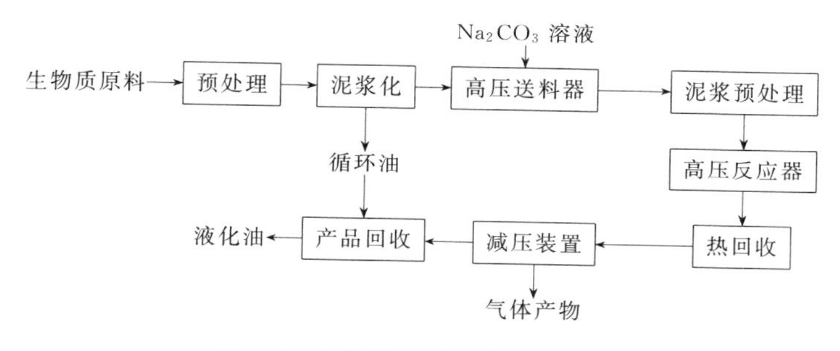

图5-4 生物质直接液化工艺流程

② 生物质气化是生物质热化学转换的一种技术，基本原理是在不完全燃烧条件下，将生物质原料加热，使较高分子量的有机碳氢化合物链裂解，变成较低分子量的CO、H_2、CH_4等可燃性气体，在转换过程中要加气化剂（空气、氧气或水蒸气），其产品主要指可燃性气体与N_2等的混合气体，称为生物质燃气。生物质气化机理示意图见图5-5。

③ 生物质热解液化技术的一般工艺流程由物料的干燥、粉碎、热解、产物炭和灰的分离、气态生物油的冷却和生物油的收集等几个部分组成。生物质快速热解工艺流程见图5-6。

生物质热解产物主要由生物油、不凝结气体和焦炭组成。生物油是由分子量大且氧含量高的复杂有机化合物的混合物所组成的，几乎包括所有种类的含氧有机物，如醚、酯、酮、酚、醇及有机酸等。生物油是一种用途极为广泛的新型可再生液体清洁能源产品，在一定程度上可替代石油直接用作燃料油燃料，也可对其进一步催化、提纯，制成高质量的汽油和柴油产品，供各种运载工具使用；生物油中含有大量的化学品，从生物油中提取化学产品具有明显的经济效益。

(3) 生化转化技术 生化转化方式主要有两种：一种是厌氧消化制取沼气；另一种是通过酶技术制取乙醇或甲醇液体燃料。

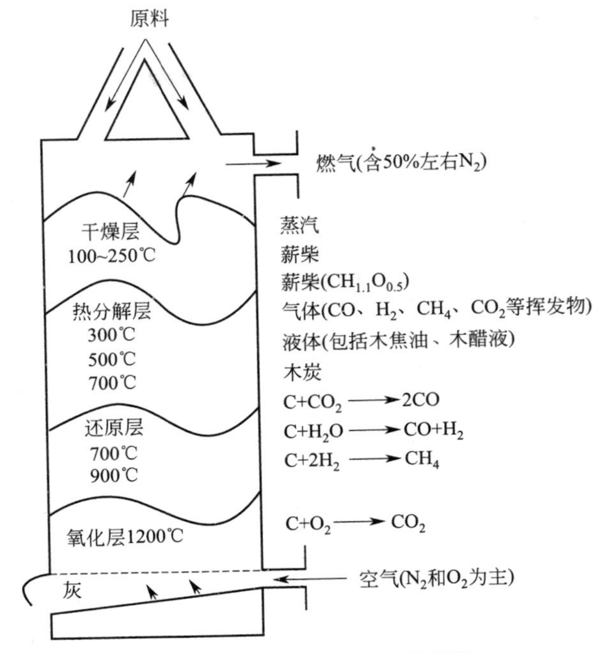

图 5-5 生物质气化机理示意图

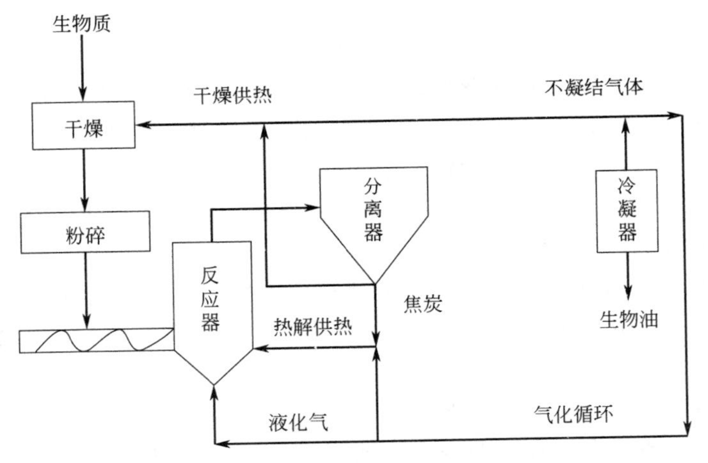

图 5-6 生物质快速热解工艺流程

① 厌氧消化制取沼气 沼气发酵是一个微生物学的过程。各种有机质，包括农作物秸秆、人畜粪便以及工农业排放废水中所含的有机物等，在厌氧及其他适宜的条件下，通过微生物的作用，最终转化为沼气，完成这个复杂的过程，即为沼气发酵。沼气发酵主要分为液化、产酸和产甲烷三个阶段进行。沼气发酵的基本过程示意图见图 5-7。

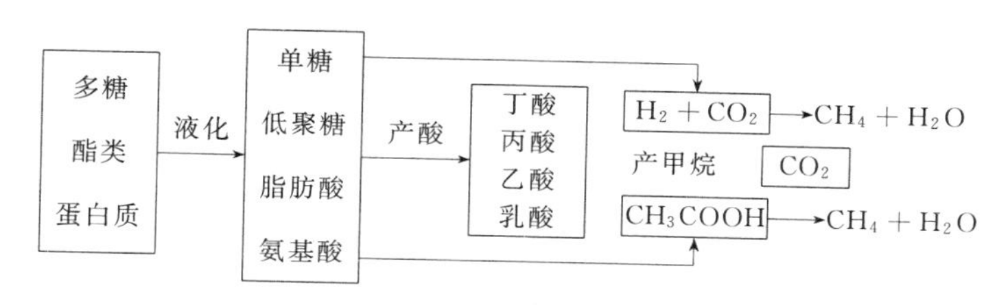

图 5-7　沼气发酵的基本过程示意图

② 酶技术制取乙醇或甲醇　醇能是由纤维束通过各种转换而形成的优质液体燃料，其中最重要的是甲醇和乙醇。人们常将用作燃料的乙醇称为“绿色石油”，这是因为各种绿色植物（如玉米芯、水果、甜菜、甘蔗、甜高粱、木薯、秸秆、稻草、木片、锯屑及其他含纤维素的原料）都可以用作提取乙醇的原料。生产乙醇的方法主要有：利用含糖的原料（如甘蔗）直接发酵；间接利用碳水化合物或淀粉（如木薯）发酵；将木材等纤维素原料酸水解或酶水解。随着现代生物技术的发展，发达国家已普遍采用淀粉酶代替麸曲和液体曲。发酵法生产乙醇流程见图 5-8。

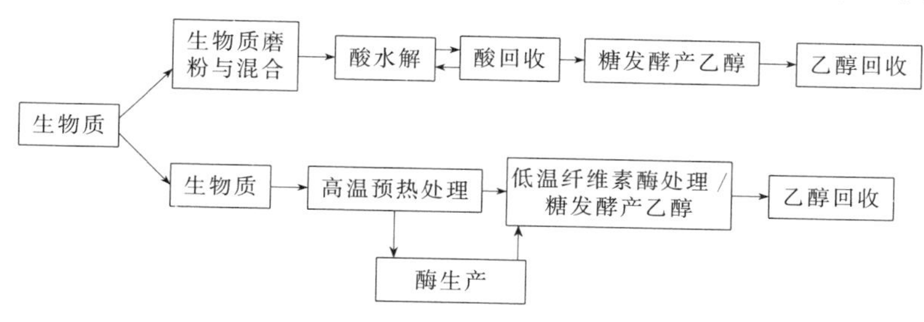

图 5-8　发酵法生产乙醇流程

（4）化学转化方式　能源植物油脂、动物油脂及餐饮地沟油脂等，均可通过酯化反应得到生物柴油。生物柴油的生产方法可以分为三大类：物理法、化学法和生物法。物理法包括直接混合法与微乳液法；化学法包括裂解法、酯交换法和酯化法；生物法主要是指生物酶催化剂合成生物柴油技术。生物柴油制备工艺流程见图 5-9。

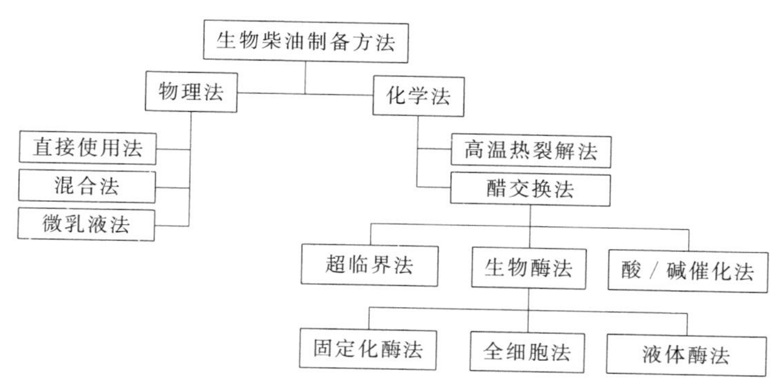

图 5-9　生物柴油制备工艺流程

5.1.3 生物质能源发展趋势与重点技术发展趋势

5.1.3.1 技术发展趋势

以高效利用生物质资源、提升科技创新能力、促进低碳经济发展、突破新兴产业的技术和产业发展瓶颈为总体目标。在世界范围内，形成了从资源开发、关键核心技术突破到建立重大产品开发的产业化模式的全链条整体性、协调性发展的趋势。资源上，多元化、多渠道的原料供给是产业技术发展的重要保障；技术领域的原始创新技术发明、多技术耦合与目标产品调控与高值化是未来技术发展的核心；产业链上生物质全组分利用与低值原料高值利用是实现产品经济性的有效手段。

（1）生物质资源开发利用技术　利用分子育种等手段选育非农耕边际土地及水生新型生物质资源，突破新型生物质资源的配套种植与收运储关键技术；全面利用传统废弃资源，研究各类废弃物的理化特性与能源利用特性，发展纤维素农业生物质高效综合利用技术，突破农业秸秆等生物质资源利用效率低的现状。

（2）生物质能转化利用技术

① 高效、经济、环保的原料预处理技术　原料多元化与产品多样化的预处理技术。

② 转化技术　高效厌氧消化新工艺，生物燃气高效生产与净化、提纯技术，纤维素乙醇、丁醇发酵新菌种、代谢调控新工艺，木质纤维素资源能源化联产关键技术，生物柴油绿色生产与调质新技术，生物质高效水相重整制高品位液体燃料技术，生物质全组分转化利用技术等。

③ 提质与终端产品高值利用技术与装备　沼气生产车用燃气、低成本罐装燃气技术与装备，先进的裂解液化及生物油提质技术与装备，成型燃料标准化生产等。

④ 应用技术与关键装备　生物燃料对常规燃料的替代适配技术与工艺，对应用生物替代燃料的设备和系统升级改造，沼气工业化高效生产和利用的关键装备和集成系统。

5.1.3.2 技术发展重点

（1）生物炼制及全组分综合利用　目前生物质利用基本是单一产品的模式，然而生物质原料中通常含有大量可形成许多高附加值产品的成分。由于产品单一，没有形成生物质联产食品、化学品和能源产品的生物炼制思路，导致原料利用率低，生产成本高，并且出现了原料浪费。国外近年来出现的生物炼制是一个重要的发展方向，即将生物质综合及其分级利用，在生产能源产品的同时，联产化学品、材料、肥料等，以达到原料利用最大化、“三废”最小化及产出最大化。如美国ADM通过玉米生物炼制工艺，产品有30多种，将玉米油、胚芽蛋白、淀粉和膳食纤维等完全利用。

生物炼制就是以生物质为基础的化学工业，充分利用原料中的每一种组分，将其分别转化为不同的产品，研究内容主要包括生物材料、生物基化学品、生物能源、生物基原料、生物炼制平台技术等。全球关于非食用油脂及生物炼制的研究始于 20 世纪 50 年代初，2003 年后该领域发展较为快速，尤其是在 2007 年后，该领域的研究显著增长。目前，非食用油脂及生物炼制已经成为世界各国研究的热点，有 80 多个国家或地区从事非食用油脂及生物炼制的研究，主要涉及 870 多家机构，研究较多的国家有中国、印度、美国等，较著名的机构有印度理工学院和马来西亚理科大学等，中国的中国科学院、华南理工大学、清华大学、天津大学和华中科技大学等在此领域的研究成果也排在世界前列。

(2) *生物燃料应用技术及装备紧跟商业化步伐*　先进的技术装备是产业发展的重要支撑。20 世纪 70 年代初，美国研究开发了内压滚筒式颗粒成型机，并且在国内大量生产和推广应用，年生产颗粒成型燃料能力达 80 万吨以上，生产成型燃料达 200 万吨以上。20 世纪 70 年代后期，西欧许多国家如芬兰、比利时、法国、德国、意大利等也开始重视生物质压缩成型燃料技术的研究，由多种林业废弃物所生产的压缩成型燃料已达到了实用阶段，并且已建立了成型燃料的技术标准体系。目前用于生物质气化、液化制备燃气和油品的装备还未形成技术标准体系。

5.2 生物质灰化学特性

生物质中含有较高的钾、钠、氯和磷等元素，使生物质气化炉内容易出现严重的积灰、结渣和腐蚀等现象，严重阻碍了生物质发电技术的发展。生物质灰熔融性是影响锅炉结渣的重要因素，灰熔融性主要取决于灰成分。虽然众多科研工作者研究了煤灰成分对煤灰熔融性的影响，并且得出了煤灰熔融温度与煤灰成分之间的变化规律。但是，生物质灰成分和煤灰有着较大差异，导致生物质灰与煤灰化学特性存在较大的差异。煤灰的熔融温度预测方法不一定适用于研究生物质灰熔融性。研究生物质的灰渣特性对解决生物质气化炉或燃烧锅炉的结渣具有重要意义。

灰熔融特征温度包括变形温度 DT、软化温度 ST、半球温度 HT 和流动温度 FT，实际工程中应用最多的是软化温度和流动温度。在总结实测数据的基础上分析化学组成对生物质灰熔融特性的影响，并且分析软化温度、流动温度与灰成分之间的关系对实际的工业生产具有重要价值。

5.2.1 生物质灰的组成特性

生物质灰成分主要包括 SiO_2、CaO、MgO、Na_2O、K_2O、P_2O_5 和 SO_3，还含有少量其他成分。在大量生物质灰样成分和熔融温度实测数据的基础上，采用统计和分析方法研究了灰成分对生物质灰熔融性的影响。数据样本中的生物质包括来自中国不同地方的麦秆、稻秆、玉米秆、梧桐木、白杨木、木屑、花生壳、瓜子壳、稻壳以及酒糟等 18 种常见生物质，具有较好的代表性。为了进一步分析数据样本的代表性，将数据样本有关指数（实际值）汇总于表 5-1。表 5-2 给出了生物质灰中各主要成分的质量分数范围。通过对表 5-1 和表 5-2 的比较发现，数据样本中各成分的取值范围和生物质灰成分的实际含量范围相吻合，表明数据样本具有很好的可靠性，数据样本中生物质灰渣特性能够代表大部分生物质的灰渣特性。

表 5-1 数据样本有关指数实际值的汇总

指数	$w(SiO_2)/\%$	$w(CaO)/\%$	$w(MgO)/\%$	$w(Na_2O)/\%$	$w(K_2O)/\%$	$w(P_2O_5)/\%$	$w(SO_3)/\%$
最小值	2.10	0.80	0	0	0.30	0.14	0.09
最大值	90.09	48.87	38.00	9.90	51.90	29.01	39.76
均值	36.39	15.03	7.39	2.20	15.81	5.48	6.58
中值	29.64	11.09	5.89	1.35	11.44	3.27	4.47
众数	90.09	1.04	0	0	9.76	1.05	3.80
偏度	0.59	0.94	2.34	1.96	1.06	2.11	2.93
峰度	−0.65	0.09	7.00	3.27	0.41	4.79	9.75

表 5-2 生物质灰中各主要成分的质量分数范围

参数	数值	参数	数值
$w(SiO_2)/\%$	2.35～91.02	$w(CaO)/\%$	1.34～49.92
$w(MgO)/\%$	0～34.39	$w(Na_2O)/\%$	0.13～9.94
$w(K_2O)/\%$	0.15～50.22	$w(SO_3)/\%$	0～12.69
$w(P_2O_5)/\%$	0.43～29.01		

5.2.2 生物质灰组成对熔融温度的影响

在数据样本中，部分生物质灰样的流动温度和软化温度高于 1500℃，目前测试条件允许的最高温度为 1500℃。为了便于分析灰熔融温度的整体变化趋势，在数据样本中用 1500℃代表高于 1500℃的温度。

为了更加清晰地描述熔融温度与某成分含量之间的关系，按照生物质灰中某成分含量从高到低的顺序对灰熔融温度进行排序，然后分析灰熔融温度的整体变化趋势，最后再以某成分含量为分组参数，根据灰成分含量将数据样本中的灰样分为若干组，并且在求得每组灰样熔融温度的均值后，分析灰熔融温度的均值变化规律。

5.2.2.1 熔融温度与 SiO_2 质量分数的关系

在数据样本中，对于 SiO_2 质量分数小于 20%的生物质灰，其流动温度均高于 1100℃；对于 SiO_2 质量分数小于 4%而大于 86%的生物质灰，其流动温度和软化温度均高于 1500℃。图 5-10 给出了灰熔融特征温度均值与 SiO_2 质量分数的关系。在 SiO_2 质量分数小于 30%的范围内，流动温度和软化温度的均值都逐渐降低，而在 SiO_2 质量分数大于30%的范围内则呈升高趋势，说明 SiO_2 对生物质灰熔融性的影响在低含量下起着助熔作用，而在高含量下则起着提高灰熔融温度的作用。

5.2.2.2　熔融温度与CaO质量分数的关系

在数据样本中，灰样熔融温度随着CaO质量分数的增大呈现先降低后升高的变化趋势。对于CaO质量分数小于2.0%的生物质灰，其流动温度和软化温度均高于1500℃。图5-11给出了灰熔融特征温度均值与CaO质量分数的关系。当CaO质量分数小于10%时，生物质灰的流动温度和软化温度的均值均随着CaO质量分数的增大而降低；当CaO质量分数大于10%时，生物质灰的流动温度和软化温度均呈现升高趋势，说明在低CaO含量下，CaO对生物质灰熔融性起着助熔作用，而在高CaO含量下则起着提高灰熔融温度的作用。

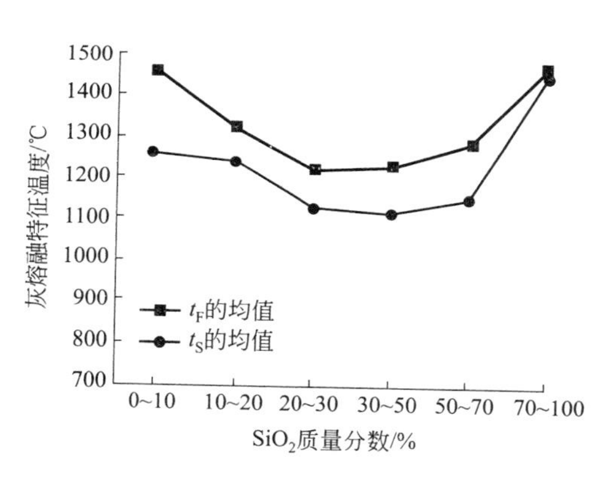

图5-10　灰熔融特征温度均值与 SiO_2 质量分数的关系

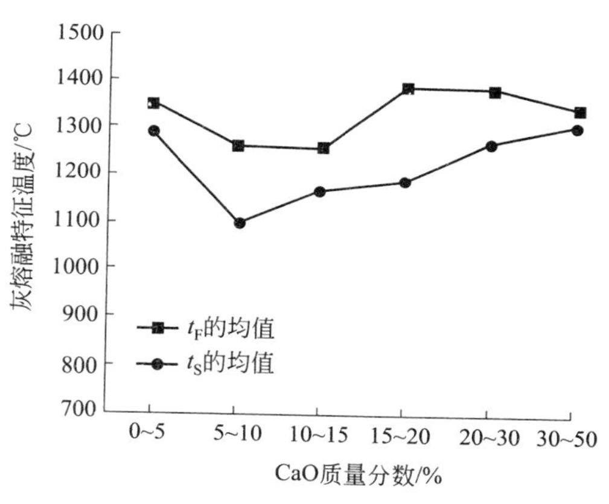

图5-11　灰熔融特征温度均值与CaO质量分数的关系

5.2.2.3　熔融温度与MgO质量分数的关系

在数据样本中，对于MgO质量分数小于25%的生物质灰，其熔融温度随着MgO质量分数的增大呈降低的变化趋势。图5-12给出了灰熔融特征温度均值与MgO质量分数的关系。在MgO质量分数小于25%的范围内，随着MgO质量分数的增大，流动温度和软化温度的均值逐渐降低，说明当MgO质量分数小于25%时，MgO对生物质灰起着助熔作用。

5.2.2.4　熔融温度与 Na_2O 质量分数的关系

在数据样本中，对于 Na_2O 质量分数小于0.1%的生物质灰，其流动温度和软化温度均高于1500℃，对于 Na_2O 质量分数小于6%的生物质灰，其软化温度均高于900℃。图5-13给出了灰熔融特征温度均值与 Na_2O 质量分数的关系。生物质灰流动温度均值随 Na_2O 质量分数增大逐渐降低，但降低的幅度较小，Na_2O 质量分数每增加 1%，流动温度均值平均降低 6.5℃；软化温度均值随 Na_2O 质量分数增大也呈降低趋势，当 Na_2O 质量分数小于 4%时，软化温度均值降低趋势缓慢；当 Na_2O 质量分数大于 4%时，则软化温度均值显著降低，说明 Na_2O 在生物质灰中始终起着助熔作用。

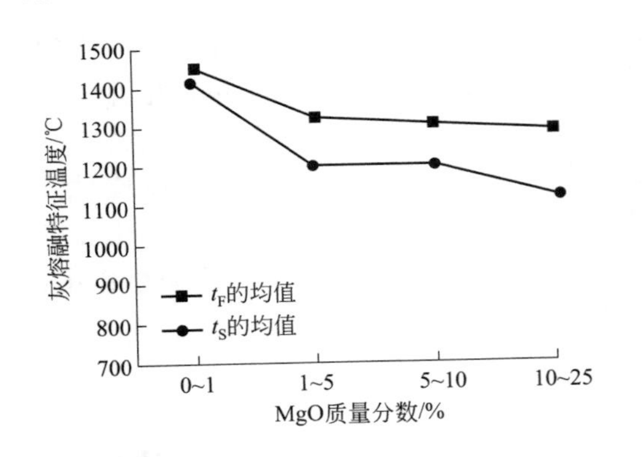

图 5-12 灰熔融特征温度均值与 MgO 质量分数的关系

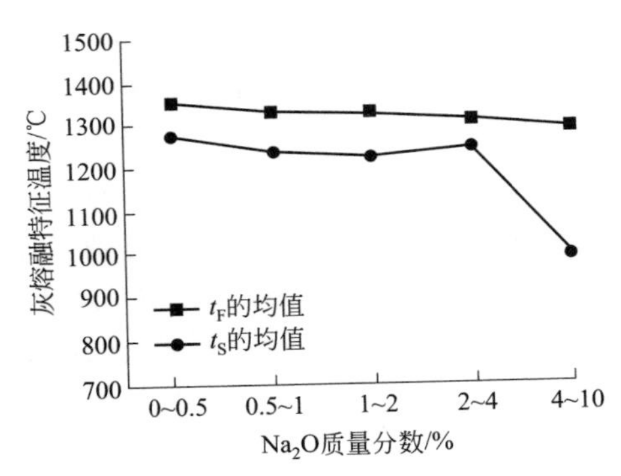

图 5-13 灰熔融特征温度均值与 Na_2O 质量分数的关系

5.2.2.5 熔融温度与 K_2O 质量分数的关系

在数据样本中，对于 K_2O 质量分数小于 10%的生物质灰，其流动温度均高于 1200℃，软化温度均高于 1100℃。图 5-14 给出了灰熔融特征温度与 K_2O 质量分数的关系。当 K_2O 质量分数小于 15%时，生物质灰的流动温度和软化温度的均值都随着 K_2O 质量分数的增大而降低，当 K_2O 质量分数超过 15%时，则生物质灰的流动温度和软化温度的均值都随着 K_2O 质量分数的增大而升高，说明 K_2O 质量分数对生物质灰熔融特性的影响具有双重性。当 K_2O 质量分数小于 15%时，K_2O 对生物质灰起着助熔作用；而当 K_2O 质量分数大于 15%时，则 K_2O 起着提高灰熔融温度的作用。

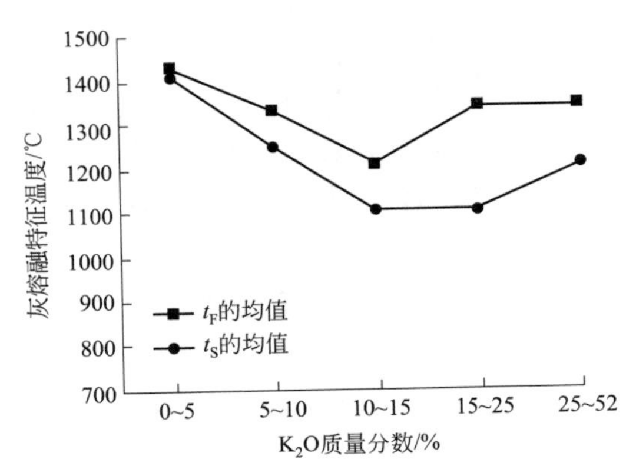

图 5-14 灰熔融特征温度均值与 K_2O 质量分数的关系

5.2.2.6　熔融温度与 P_2O_5 质量分数的关系

在数据样本中，对于 P_2O_5 质量分数小于 1%的生物质灰，其流动温度和软化温度均高于 1500℃。图 5-15 给出了灰熔融特征温度均值与 P_2O_5 质量分数的关系。随着 P_2O_5 质量分数的增大，生物质灰的流动温度和软化温度的均值呈现先降低、后升高、再降低的趋势，说明 P_2O_5 质量分数对生物质灰熔融特性的影响也具有双重性。

5.2.2.7　熔融温度与 SO_3 质量分数的关系

在数据样本中，对于 SO_3 质量分数大于 12.5%的生物质灰，其流动温度和软化温度均高于 1200℃。图 5-16 给出了灰熔融特征温度均值与 SO_3 质量分数的关系。当 SO_3 质量分数小于 10%时，生物质灰的流动温度和软化温度的均值随着 SO_3 质量分数的增大而降低；当 SO_3 质量分数大于 10%时，生物质灰的流动温度和软化温度的均值随着 SO_3 质量分数的增大呈现升高趋势，但升高幅度较小。说明当 SO_3 质量分数小于 10%时，SO_3 对生物质灰起着助熔作用；但当 SO_3 质量分数大于 10%时，则 SO_3 对生物质灰起着提高灰熔融温度的作用。

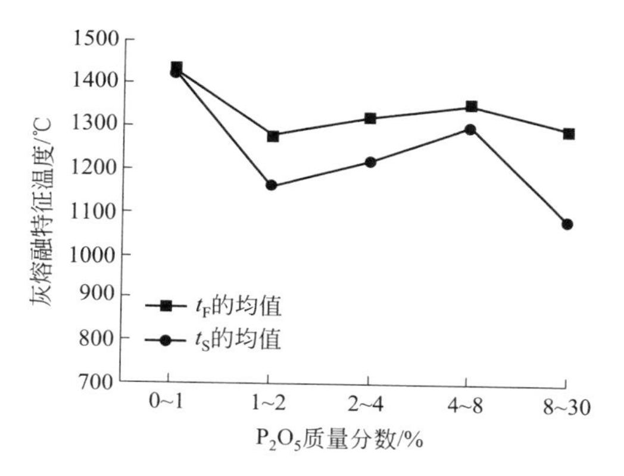

图 5-15　灰熔融特征温度均值与 P_2O_5 质量分数的关系

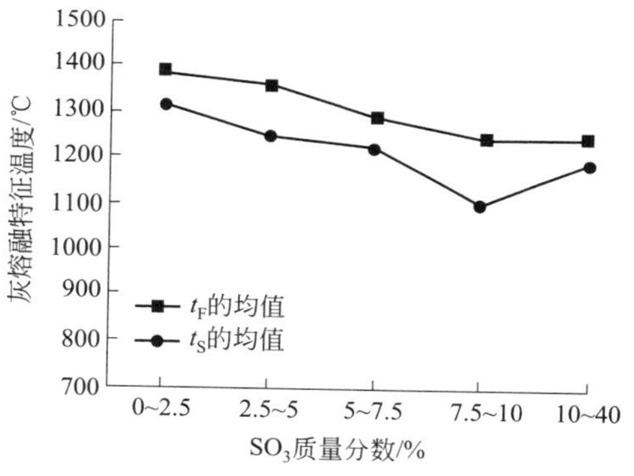

图 5-16　灰熔融特征温度均值与 SO_3 质量分数的关系

5.2.3　生物质灰熔融温度预测模型

回归分析方法是利用两个或多个变量值预测另外一个或多个变量值的方法，其具体方法为：根据因变量与自变量之间对应的数值关系，求得一种最能反映它们之间函数关系的数学模型，即回归方程，然后利用回归方程预测其他需要的值。分析表明，生物质灰熔融特征温度与灰成分之间存在一定的数值关系，借助于 SPSS 软件采用回归分析方法可以建立生物质灰熔融特征温度预测模型。

5.2.3.1　多元线性回归模型的原理

多元线性回归模型可以用来建立因变量与多自变量之间的线性关系，其具体数学模型可表示为：

$$\hat{y}=\beta_0+\beta_1 X_1+\beta_2 X_2+\cdots+\beta_k X_k \tag{5-1}$$

式中，X_i（$i=1,\cdots,k$）为自变量；β_i（$i=1,\cdots,k$）为回归方程的回归系数；β_0为回归常数；$\hat{y}$ 为因变量 y 的估计值，又称为理论值。实际观测值 y 与理论值 $\hat{y}$ 的关系为 $y=\hat{y}+\varepsilon$，ε 称为离差。

5.2.3.2 灰熔融温度逐步回归方程的建立

对于熔融温度高于 1500℃的生物质灰样，在数据样本中并没有给出具体数值，因此无法对其建立回归方程。为了保证顺利建立回归方程，将样本中熔融温度高于 1500℃的生物质灰样剔除，并且将剩下的 36 组灰样用于回归分析。以上述 7 种灰成分的质量分数为自变量，采用逐步回归方法拟合灰熔融特征温度与灰成分之间的关系式。为了排除偶然因素和随机因素的干扰和减少误差，以及为了提高回归方程的拟合效果，并且使其达到所期望的拟合效果，采用“剔除最大误差点法”对回归方程进行优化，即当采用回归分析得到回归方程后，将原始数据代入回归方程中进行计算，找到残差（观测值－预测值）最大绝对值的数据点，并且将其删除，然后利用剩余的数据点并通过逐步回归分析重新建立回归方程，如此反复多次，直到满足预先设定好的优化条件（以残差的最大绝对值小于 80，估计标准误差小于 50）为止。

表 5-3 和表 5-4 分别给出了 FT 与 ST 逐步回归模型在逐步优化过程中各参数的变化。随着最大误差点的剔除，估计标准误差和残差最大绝对值均逐渐减小，逐步回归方程的复相关系数 R、决定系数 R_2、调整决定系数 r_2 均逐渐增大，说明逐步回归方程的准确性逐渐提高，FT 和 ST 的逐步回归方程达到优化条件，如式（5-2）和式（5-3）所示。

$$\begin{aligned}\mathrm{FT}=&1398.625-6.524w(\mathrm{K_2O})-14.56w(\mathrm{Na_2O})\\&-3.309w(\mathrm{P_2O_5})-1.832w(\mathrm{SO_3})\end{aligned} \tag{5-2}$$

$$\mathrm{ST}=1322.107-12.523w(\mathrm{K_2O})-26.588w(\mathrm{Na_2O})+5.129w(\mathrm{MgO}) \tag{5-3}$$

表 5-3 流动温度 FT 逐步回归模型优化过程中各参数的变化

序号	R	R^2	r^2	估计标准误差	残差最大绝对值
1	0.579	0.335	0.302	81.749	167.904
2	0.630	0.397	0.366	77.534	157.852
3	0.682	0.465	0.437	73.679	153.323
4	0.707	0.500	0.473	70.055	128.468
5	0.771	0.595	0.560	64.496	153.600
6	0.771	0.595	0.560	64.496	133.930
7	0.793	0.629	0.597	60.878	135.291
8	0.824	0.679	0.650	56.548	114.403

续表

序号	R	R^2	r^2	估计标准误差	残差最大绝对值
9	0.854	0.729	0.694	50.768	86.334
10	0.862	0.743	0.709	48.479	89.195
11	0.875	0.765	0.733	46.262	84.406
12	0.890	0.793	0.763	44.131	78.271

表 5-4　变形温度 ST 逐步回归模型优化过程中各参数的变化

序号	R	R^2	r^2	估计标准误差	残差最大绝对值
1	0.697	0.485	0.460	97.690	243.218
2	0.808	0.653	0.626	81.956	186.964
3	0.868	0.753	0.926	68.870	206.785
4	0.903	0.816	0.795	59.486	176.505
5	0.903	0.816	0.795	59.486	146.914
6	0.919	0.844	0.830	53.722	116.927
7	0.926	0.857	0.844	50.309	108.352
8	0.934	0.873	0.862	47.338	107.566
9	0.944	0.892	0.882	42.316	83.654
10	0.951	0.905	0.896	40.155	78.959

5.2.3.3　灰熔融温度逐步回归方程显著性及准确性分析

对 FT 和 ST 的逐步回归方程进行方差齐性检验发现，显著性概率值均等于 0，小于显著水平值 0.05，说明逐步回归方程具有显著性。FT 和 ST 的逐步回归方程的复相关系数分别等于 0.890 和 0.951，都很高，说明逐步回归模型具有较强的线性相关。FT 和 ST 的逐步回归方程的决定系数分别为 0.793 和 0.905，均十分接近 1，说明逐步回归方程具有较高的准确性。图 5-17 给出了 FT 和 ST 回归方程预测值与样本值的对比。从图 5-17 可以看出，逐步回归方程预测值的折线和样本值的折线变化趋势非常相似，且有多处重合，说明逐步回归方程的拟合效果较好。因此，FT 和 ST 的逐步回归方程可以代表生物质灰熔融温度与灰成分之间的关系。

5.2.3.4　灰熔融温度逐步回归方程显著性及准确性分析

对 FT 和 ST 的逐步回归方程进行方差齐性检验发现，显著性概率值均等于 0，小于显著水平值 0.05，说明逐步回归方程具有显著性。FT 和 ST 的逐步回归方程的复相关系数分别等于 0.890 和 0.951，都很高，说明逐步回归模型具有较强的线性相关。FT 和 ST 的逐步回归方程的决定系数分别为 0.793 和 0.905，均十分接近 1，说明逐步回归方程具有较高的准确性。图 5-17 给出了 FT 和 ST 回归方程预测值与样本值的对比。从图 5-17 可以看出，逐步回归方程预测值的折线和样本值的折线变化趋势非常相似，且有多处重合，说明逐步回归方程的拟合效果较好。因此，FT 和 ST 的逐步回归方程可以代表生物质灰熔融温度与灰成分之间的关系。

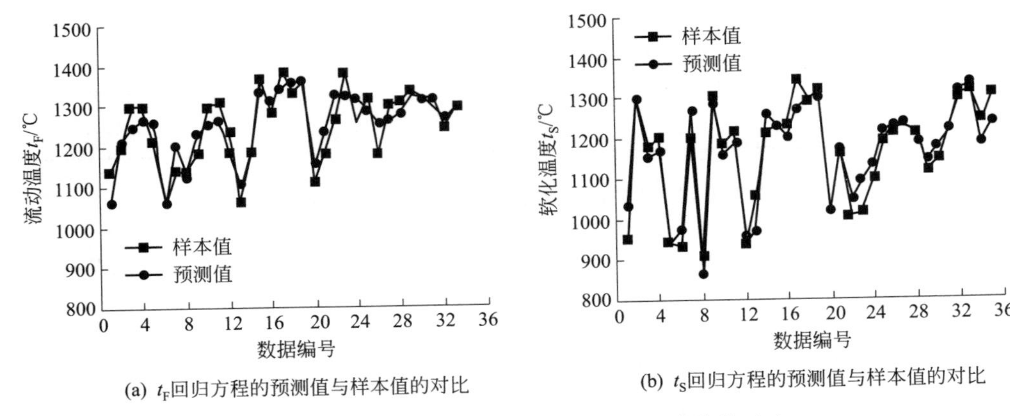

(a) t_F回归方程的预测值与样本值的对比　　(b) t_S回归方程的预测值与样本值的对比

图 5-17　FT 和 ST 回归方程预测值与样本值的对比

5.2.3.5 灰熔融特征温度逐步回归方程的适用性检验

为了进一步检验回归方程预测生物质灰熔融特征温度的准确性，利用逐步回归方程对数据样本之外的 5 组生物质灰样的流动温度和软化温度进行预测，并且与实测值进行对比，结果见表 5-5。从表 5-5 可以看出，虽然 FT 和 ST 的预测值与实测值存在一定误差，但误差均小于国家标准规定的 5%。因此，最优逐步回归模型的预测准确性较高，适用于预测生物质灰的熔融特征温度，具有工程应用价值。

表 5-5　逐步回归方程的预测值与实测值的比较

参数	木屑灰	花生壳 1	玉米秆	花生壳 2	松木灰
$w(SiO_2)$/%	22.28	43.31	32.15	39.94	36.27
$w(CaO)$/%	11.41	9383	18.79	13.35	20.05
$w(K_2O)$/%	9.76	9.36	10.68	8.90	5.61
$w(SO_3)$/%	6.65	5.59	5.19	0	0
$w(P_2O_5)$/%	5.55	3.33	3.99	0	0
$w(MgO)$/%	38.00	5.84	11.26	6.22	7.34
$w(Na_2O)$/%	3.93	3.35	3.29	2.47	4.50
t_F实测值/℃	1300	1300	1212	1353	1265
t_F预测值/℃	1247	1268	1258	1305	1297
t_F的相对误差/%	4.06	2.50	3.82	3.58	2.49
t_S实测值/℃	1290	1170	1193	1199	1226
t_S预测值/℃	1290	1146	1159	1177	1170
t_S的相对误差/%	0	2.07	2.88	1.84	4.58

5.3 生物质对煤灰熔融特性的影响规律

5.3.1 不同生物质与不同煤灰特性分析

我国农作物秸秆资源十分丰富，如稻草、小麦秸秆、玉米秸秆、棉秆、花生壳、木屑等，因其量大且易得，所以成为与煤共气化的首选原料。生物质与煤灰组成的巨大差异使煤灰与生物质灰的混合灰熔融温度呈现出不同的变化趋势。以常见的生物质花生壳、玉米秸秆和木屑为生物质原料，分析探讨生物质对内蒙古呼盛褐煤、霍林河褐煤、鹤壁煤和晋城无烟煤灰熔融温度的影响。根据 GB/T 212—2008 利用马弗炉测定各原料的工业分析指标，结果见表 5-6。

表 5-6 各原料的工业分析数据

项目	花生壳	玉米秸秆	松木屑	呼盛褐煤	鹤壁煤	晋城无烟煤	霍林河褐煤
水分/%	9.08	9.21	9.68	11.32	2.04	2.66	6.39
灰分/%	4.15	5.08	1.12	23.33	13.69	25.47	18.15
挥发分/%	73.16	77.49	96.55	56.04	9.08	7.90	33.32
固定碳/%	26.84	22.51	3.45	43.96	90.92	92.10	44.14

由表 5-6 可知，生物质与煤相比，其灰分和固定碳含量较低，而挥发分和水分含量较高，其中松木屑的灰分和固定碳含量最低，挥发分含量最高。所选原料煤涉及不同的煤阶，包括褐煤、烟煤和无烟煤，所以实验具有较高的代表性。采用日本岛津生产的 1800 型 X 射线荧光光谱仪（XRF）测定各原料的灰化学组成，结果见表 5-7。从表 5-7 可知，生物质灰中碱金属氧化物含量明显高于煤，尤其是玉米秸秆灰中 K_2O 含量远远超过其他各原料，花生壳和松木屑灰中 K_2O 和 Na_2O 含量远高于煤灰；生物质灰中酸性氧化物含量（Al_2O_3、SiO_2 和 TiO_2）明显低于煤。这是生物质灰熔融温度一般低于煤灰熔融温度的原因。

表 5-7 各原料的灰化学组成

原料	组成/%									
	Na_2O	MgO	Al_2O_3	SiO_2	P_2O_5	SO_3	K_2O	CaO	TiO_2	Fe_2O_3
花生壳	3.56	5.97	15.27	43.48	3.49	5.75	9.63	9.88	0.11	2.86
玉米秸秆	0.41	2.69	5.81	31.06	0.97	4.53	32.34	18.84	0.28	3.07
松木屑	3.36	11.19	11.37	32.29	4.08	5.27	10.72	18.76	0.67	2.29
呼盛褐煤	0.62	1.30	22.32	56.93	0.36	2.01	1.90	6.81	1.21	6.54
鹤壁煤	0.41	2.25	28.61	52.54	0.39	4.32	0.14	4.60	2.28	4.46
晋城无烟煤	0.46	1.60	33.55	47.00	0.01	2.92	0.38	5.16	0.85	7.99
霍林河褐煤	1.04	1.79	21.85	49.19	0.28	2.20	1.23	8.04	1.43	11.73

5.3.1.1 混合灰样的制备

(1) 按照花生壳、玉米秸秆和松木屑各占10%、20%、30%、40%、50%、60%、70%的质量分数（空气干燥基）分别配制3种生物质与内蒙古呼盛褐煤的混合样，依据GB/T 1574—2007，将样品放入马弗炉中，在30min内缓慢升温至500℃，并且保温30min，然后升温至815℃，保温2h。取出后密封在样品袋内，即得生物质与内蒙古呼盛褐煤混合灰样。

(2) 按照花生壳和玉米秸秆各占10%、20%、30%、40%、50%的质量分数（空气干燥基）分别配制2种生物质与鹤壁煤的混合样，按（1）中方法制备混合灰样。

(3) 按照花生壳和玉米秸秆各占10%、20%、30%、40%、50%的质量分数（空气干燥基）分别配制2种生物质与晋城无烟煤的混合样，按（1）中方法制备混合灰样。

5.3.1.2 高温渣样的制备

将质量比为7：4的活性炭和石墨粉的混合物加入ALHR-2型智能灰熔点测定仪的刚玉舟中，营造气化时的弱还原性气氛。然后将灰样放入长瓷舟内，将长瓷舟放入刚玉舟内，并且推至测定仪的恒温区域。当温度升到预设值时，停止加热，并且迅速取出长瓷舟，放入冰水混合物中冷却，以保证矿物质晶型结构不发生改变。将冷却后的灰样放入真空干燥箱内，在105℃下干燥36h，将干燥后的样品密封在样品袋内，即得高温渣样。

5.3.2 生物质对低阶煤灰熔融温度的影响规律

5.3.2.1 生物质对呼盛褐煤灰熔融特性的影响规律

三种生物质（花生壳、玉米秸秆和松木屑）与内蒙古呼盛褐煤混合样灰熔融温度随生物质掺混比例增大的变化规律如图5-18所示。从图5-18中可以看出，混合灰熔融温度（以ST为例）均低于呼盛褐煤灰ST，并且不随生物质掺混比例线性变化。对于花生壳，当掺混比例为10%～40%时ST变化趋势明显，超过40%后掺混比例对混合灰ST的影响不明显。掺入花生壳比例为10%时，混合灰ST降低幅度较大，但超过10%后ST升高，在掺混比例为20%时出现较高值，掺混比例在20%～70%之间时ST又逐渐降低。对于玉米秸秆，掺混比例为0～60%时，混合灰ST整体呈下降趋势，变化幅度约100℃，但掺混比例大于60%后ST转为上升趋势。对于松木屑，随着掺混比例增大，ST整体呈下降趋势，但降低幅度较小，这可能与松木屑的灰分含量较低有关（1.12%），灰分含量低不足以较大幅度改变混合灰ST。生物质能够在一定程度上降低呼盛褐煤灰熔融温度，但降低的幅度不大。这可能是因为生物质中K_2O和Na_2O含量很高，随着温度升高，它们大多与SiO_2反应生成硅酸盐及硅铝酸盐被固定下来，这些盐类具有较低的熔点，可使混合灰熔融温度降低；并且生物质灰中 SiO_2 含量与煤相比通常较低，K_2O 和 Na_2O 除与 SiO_2 反应生成盐类外，剩余部分还会随着温度的升高以气相形式挥发出去，使得生物质的添加对呼盛褐煤灰熔融温度降低的幅度较小。

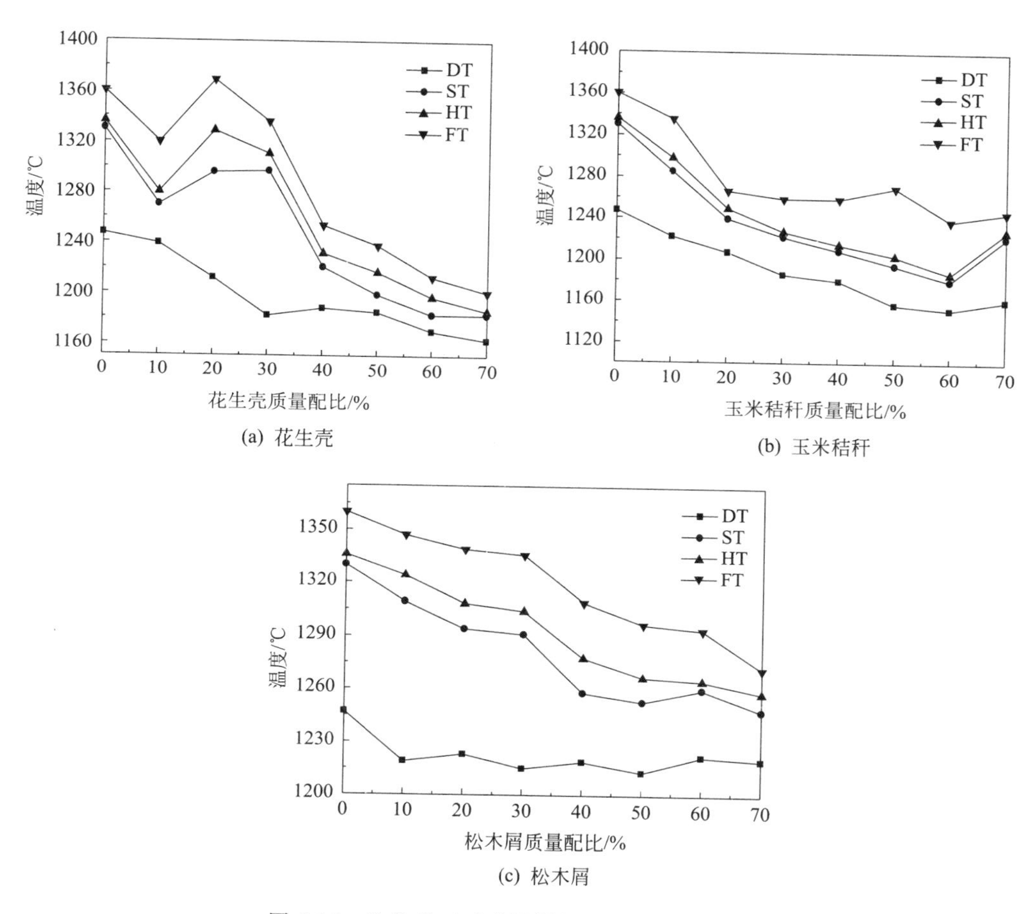

(a) 花生壳

(b) 玉米秸秆

(c) 松木屑

图 5-18 生物质对呼盛褐煤灰熔融温度的影响

5.3.2.2 生物质对霍林河褐煤灰熔融温度的影响

图 5-19 为霍林河褐煤灰熔融温度随着三种生物质添加量的变化而变化的趋势。与呼盛褐煤相比，霍林河褐煤灰熔融温度在生物质添加量为 10%时呈现出下降的趋势，这种变化趋势主要是由混合灰的组成不同所致。霍林河褐煤灰中 CaO 和 FeO 的含量比呼盛褐煤灰的高，低熔点的硫化物、硫酸盐、氧化物以及它们的低熔点共熔物可以解释灰熔融温度不同的变化趋势。玉米秸秆混合灰熔融温度降低幅度较大，松木屑混合灰熔融温度降低的幅度较小，这与呼盛褐煤的混合灰熔融温度变化几乎相同。

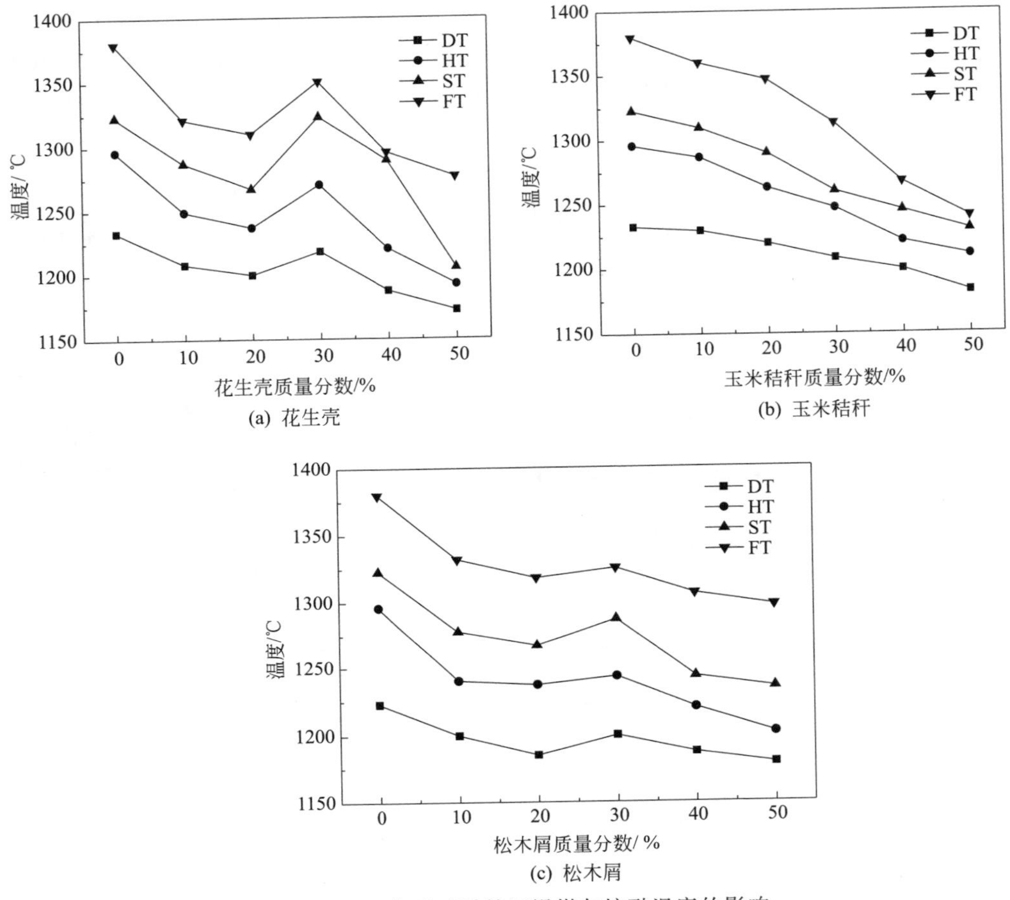

(a) 花生壳

(b) 玉米秸秆

(c) 松木屑

图 5-19 生物质对霍林河褐煤灰熔融温度的影响

5.3.3 生物质对高阶煤灰熔融温度的影响

5.3.3.1 生物质对鹤壁煤灰熔融特性的影响规律

花生壳和玉米秸秆对鹤壁煤灰熔融温度的影响见图 5-20。由图 5-20 可知，随花生壳与鹤壁煤掺混比例（小于 40%）增大，可有效降低鹤壁煤灰熔融温度，当掺混比例大于 22.08%时 FT 降至 1380℃以下，满足气流床气化炉液态排渣要求。当花生壳掺混比例为 40%～50%时温度又有所上升。可能由于花生壳灰中含有碱性氧化物较多，而酸性氧化物较少，随着花生壳掺混比例的增大，混合灰的碱酸比持续增大，导致灰熔融温度降低；但花生壳掺混比例大于 40%后，灰熔融温度又呈现升高趋势，这可能与碱金属氧化物随温度的升高以气态形式挥发出去，并且高温下有新的高温矿物质生成有关。玉米秸秆与鹤壁煤掺混比例小于 50%时，随掺混比例增大，混合灰熔融特征温度（ST、HT、FT）呈现降低趋势，且当掺混比例大于 24.12%时，FT 可降低到 1380℃左右，满足液态排渣要求。由表 5-7 可以推断出，随玉米秸秆掺混比例增大，混合灰成分中 Al_2O_3、SiO_2 酸性氧化物含量逐渐降低，而 MgO、CaO、Na_2O 及 K_2O 碱性氧化物含量增加，混合灰的碱酸比 B/A 和硅铝比 SiO_2/Al_2O_3 逐渐增大，硅比 G 逐渐减小。因此从灰成分的角度分析，混合灰熔融温度降低主要是酸性氧化物含量的降低、碱性氧化物含量的增高造成的。

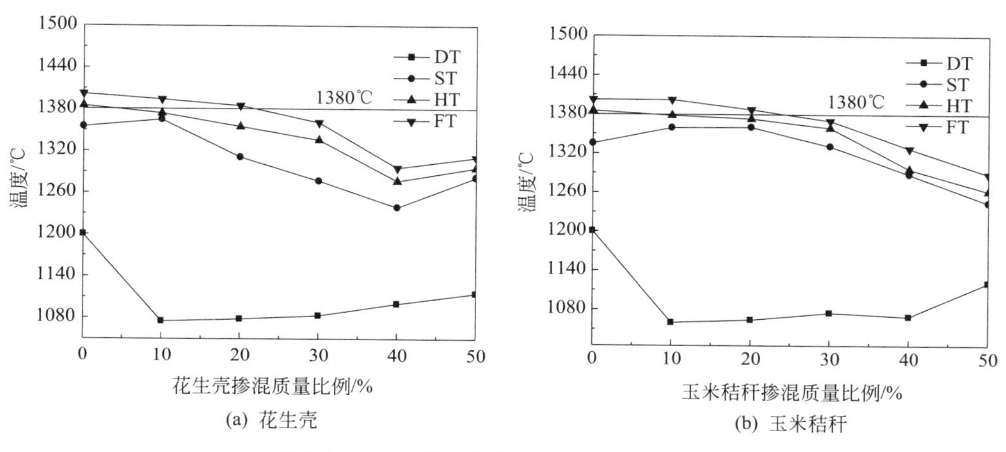

图 5-20　生物质对鹤壁煤灰熔融温度的影响

5.3.3.2　生物质对晋城无烟煤灰熔融特性的影响规律

花生壳和玉米秸秆对晋城无烟煤灰熔融温度的影响见图 5-21。从图 5-21 可知，1200℃时晋城无烟煤高温灰样的矿物组成以莫来石和方石英为主。随着花生壳掺混比例增大，莫来石和方石英的含量逐渐降低，当掺混比例为 10%时，晋城无烟煤灰中的莫来石与花生壳灰中的 CaO 反应生成了一定量的钙长石，而当掺混比例为 50%，出现了大量的钙长石。莫来石和方石英含量的减少及钙长石含量的增大是晋

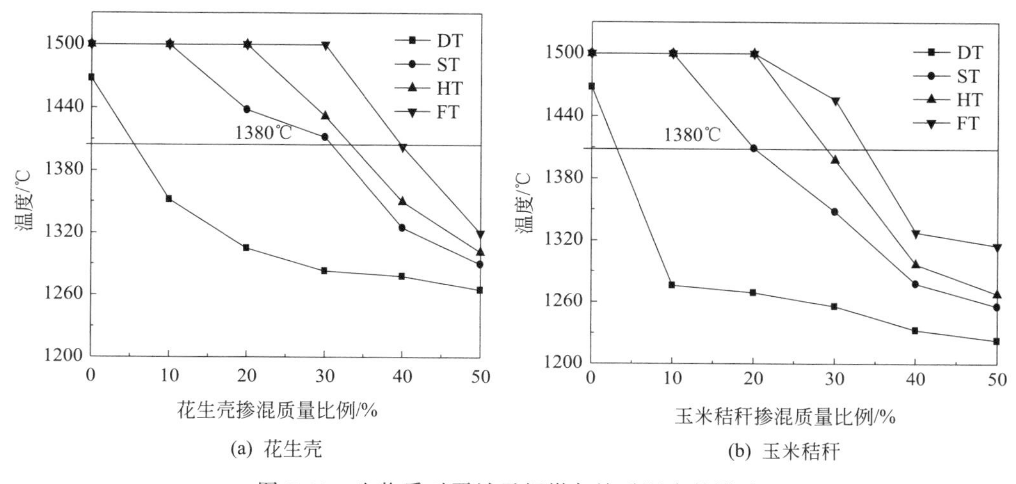

图 5-21　生物质对晋城无烟煤灰熔融温度的影响

城无烟煤灰熔融温度随花生壳掺混比例增大逐渐降低的根本原因。随玉米秸秆掺混比例增大，高温混合灰样中高熔点莫来石和方石英的含量逐渐降低，而低熔点矿物质钙长石、镁铝尖晶石（熔点 2135℃）和微斜长石（熔点 1350℃）的含量逐渐增大。当掺混比例为 40%时以钙长石为主，存在少量的尖晶石，而掺混比例为 50%时则主要含有钙长石、尖晶石和微斜长石。莫来石随着掺混比例增大与其他矿物反应，生成了钙长石、尖晶石、微斜长石等，它们之间有低温共熔现象，从而导致灰熔融温度降低。

5.4 生物质对煤灰熔融特性的调控机理

5.4.1 生物质调控褐煤灰熔融温度机理分析

5.4.1.1 生物质改变呼盛褐煤灰熔融特性的机理

当高温灰样的制备温度低于 100℃左右时，高温灰样才能顺利从长瓷舟中取出。以生物质掺混比例为 10%、30%、50%、70%的高温灰样为分析对象，根据最小 FT 确定花生壳与呼盛褐煤高温混合灰样和玉米秸秆与呼盛褐煤高温混合灰样的制备温度为 1100℃，松木屑与呼盛褐煤高温混合灰样为 1200℃。对高温混合灰样进行 XRD 分析，结果如图 5-22 所示。从图 5-22(a) 可知，当花生壳掺混比例为 10%时，有少量莫来石（熔点约 1850℃）生成，当掺混比例为 30%时莫来石的含量大于掺混比例为 10%时的含量，使得 ST 变化趋势在掺混比例为 0～40%之间时出现波动。随花生壳掺混比例继续增大，莫来石的含量降低，掺混比例为 50%时莫来石特征峰消失，出现了一定量的白榴石（熔点约 1100℃），而当掺混比例为 70%时混合灰中矿物质以斜辉石（熔点 930～1428℃）和白榴石为主，二者熔点均较低，这是导致灰熔融温度降低的原因。从图 5-22(b) 可知，无论在什么掺混比例下，玉米秸秆与呼盛褐煤混合灰矿物组成均以钙长石（熔点 1550℃）为主，随掺混比例增加，钙长石的变化趋势不明显；当玉米秸秆掺混比例为 10%时，有一定量的莫来石和硅线石出现，莫来石和硅线石能够显著提高混合灰熔融温度，从而导致混合灰熔融温度随掺混比例增大的变化量较小。但随掺混比例增大，莫来石衍射峰消失，灰熔融温度逐渐降低；而当掺混比例为 70%时，出现了少量硅线石衍射峰，灰熔融温度又有所提高。整体上随玉米秸秆掺混比例增大，混合灰熔融温度呈现波动性变化。从图 5-22(c) 可知，随松木屑掺混比例增大，莫来石和硅线石的含量逐渐降低；钙长石的含量逐渐增大；当掺混比例为 70%时，出现了大量白榴石和斜辉石的衍射峰。莫来石和硅线石含量的降低、钙长石含量的增加和大量白榴石、斜辉石的生成是引起混合灰熔融温度降低的根本原因。

根据表 5-7 数据计算生物质与呼盛褐煤混合灰的碱酸比（B/A）、硅铝比（SiO_2/Al_2O_3）和硅比（G）随掺混比例增大的变化情况，结果见表 5-8。灰熔融温度的高低取决于灰中元素组成及含量，酸性氧化物含量越高，灰熔融温度越高；

反之，灰熔融温度越低，B/A、SiO_2/Al_2O_3越大，G越小，灰熔融温度越低。从表5-8可知，随掺混比例增大，B/A、SiO_2/Al_2O_3逐渐增大，G逐渐减小，故混合灰熔融温度逐渐降低，这可解释玉米秸秆和松木屑与呼盛褐煤混合灰熔融温度的变化规律，但无法解释花生壳与呼盛褐煤混合灰熔融温度出现的波动性。掺混比例为10%～40%的花生壳与呼盛褐煤混合灰的XRD谱图见图5-23。

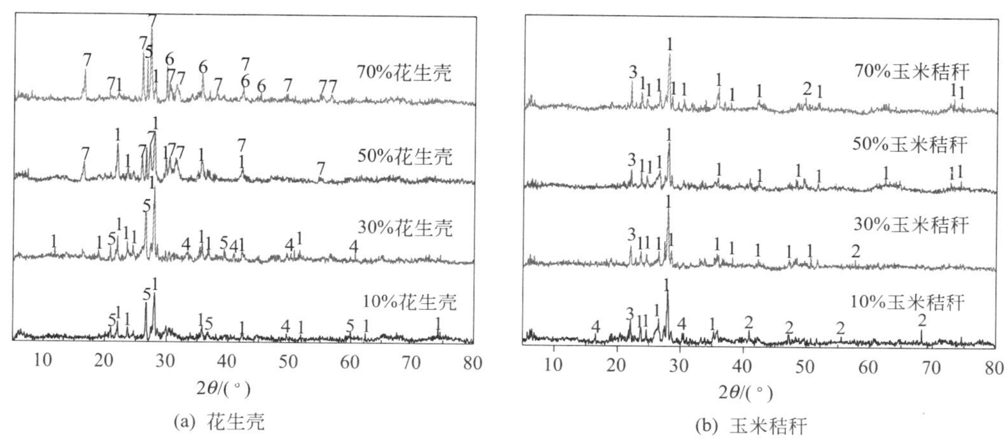

(a) 花生壳 (b) 玉米秸秆

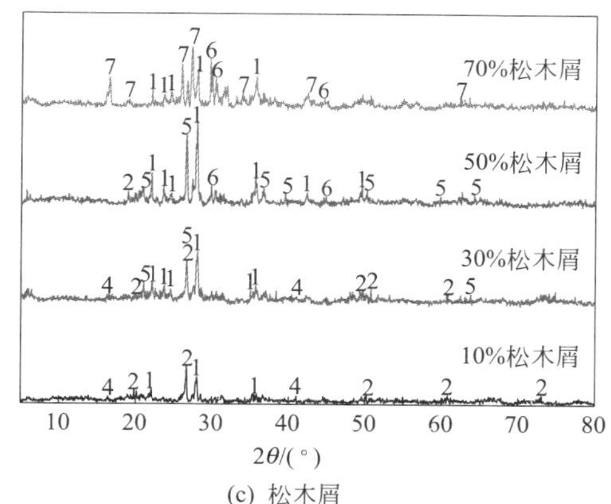

(c) 松木屑

图5-22 生物质与呼盛褐煤混合灰的XRD谱图

1—钙长石（$CaAl_2Si_2O_8$）；2—硅线石（Al_2SiO_5）；3—方石英（SiO_2）；4—莫来石（$3Al_2O_3\cdot 2SiO_2$）；5—石英（SiO_2）；6—斜辉石［Ca（Mg，Fe）Si_2O_6］；7—白榴石（$KAlSi_2O_6$）

表5-8 不同掺混比例下生物质与呼盛褐煤混合灰的碱酸比（B/A）、硅铝比（SiO_2/Al_2O_3）和硅比（G）

项目		10%	20%	30%	40%	50%	60%	70%
B/A	花生壳	0.24	0.26	0.29	0.32	0.35	0.39	0.42
	玉米秸秆	0.28	0.35	0.43	0.53	0.63	0.74	0.90
	松木屑	0.26	0.31	0.37	0.44	0.51	0.59	0.68

续表

项目		10%	20%	30%	40%	50%	60%	70%
SiO_2/Al_2O_3	花生壳	2.57	2.59	2.62	2.64	2.67	2.70	2.73
	玉米秸秆	2.63	2.72	2.83	2.96	3.13	3.34	3.61
	松木屑	2.57	2.58	2.60	2.62	2.65	2.68	2.71
G	花生壳	78.69	77.82	76.92	76.01	75.06	74.09	73.09
	玉米秸秆	77.65	75.67	73.60	71.43	69.15	66.76	64.23
	松木屑	76.85	74.11	71.31	68.46	65.55	62.58	59.54

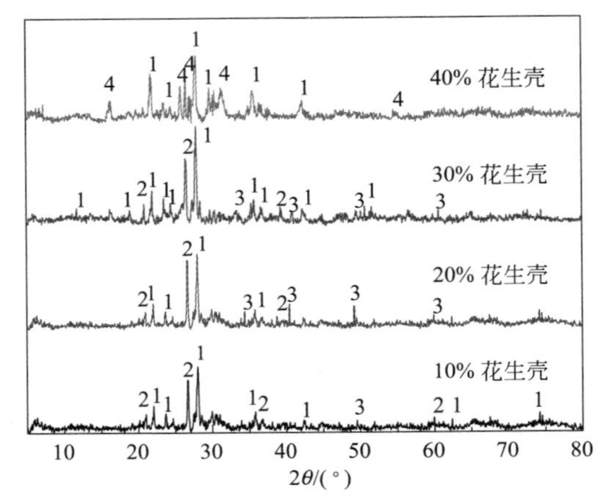

图 5-23 掺混比例为 10%～40%的花生壳与呼盛褐煤混合灰的 XRD 谱图

1—钙长石（$CaAl_2Si_2O_8$）；2—石英（SiO_2）；3—莫来石（$3Al_2O_3 \cdot 2SiO_2$）；4—白榴石（$KAlSi_2O_6$）

由图 5-23 可知，高熔点莫来石在花生壳掺混比例为 20%时含量最高，30%次之，40%时衍射峰消失。掺混比例不同导致莫来石量的变化是导致 ST 出现波动的原因。推测发生的反应历程如下：

$$CaSO_4(\text{硬石膏}) \longrightarrow CaO + SO_2$$

$$Al_2O_3 \cdot 2SiO_2 \cdot 2H_2O(\text{高岭石}) \longrightarrow Al_2O_3 \cdot 2SiO_2(\text{偏高岭石})$$

$$Al_2O_3 \cdot 2SiO_2(\text{偏高岭石}) \longrightarrow 3Al_2O_3 \cdot 2SiO_2(\text{莫来石}) + SiO_2(\text{无定形})$$

$$3Al_2O_3 \cdot 2SiO_2(\text{莫来石}) + CaO \longrightarrow CaAl_2Si_2O_8(\text{钙长石})$$

$$KAl_2[(OH)_2AlSi_3O_{10}](\text{伊利石}) + FeO \longrightarrow FeO \cdot Al_2O_3(\text{铁尖晶石}) + 3FeO \cdot Al_2O_3 \cdot 3SiO_2(\text{铁铝榴石}) + KAlSi_2O_6(\text{白榴石})$$

$$Fe_2O_3(\text{赤铁矿}) + H_2(CO) \longrightarrow FeO(\text{方铁矿})$$

$$3\ Al_2O_3 \cdot 2SiO_2(\text{莫来石}) + FeO \longrightarrow 2FeO \cdot SiO_2(\text{铁橄榄石}) + FeO \cdot Al_2O_3(\text{铁尖晶石})$$

$$2FeO \cdot SiO_2(\text{铁橄榄石}) + CaO + SiO_2 \longrightarrow CaO \cdot FeO \cdot 2SiO_2(\text{铁钙辉石})$$

$$CaAl_2Si_2O_8(\text{钙长石}) + FeO \longrightarrow 2FeO \cdot SiO_2(\text{铁橄榄石}) + FeO \cdot Al_2O_3(\text{铁尖晶石}) + 3FeO \cdot Al_2O_3 \cdot 3SiO_2(\text{铁铝榴石})$$

$$FeO + SiO_2 \longrightarrow FeO \cdot SiO_2 (\text{斜铁辉石})$$

$$FeO \cdot SiO_2 (\text{斜铁辉石}) \longrightarrow 2FeO \cdot SiO_2 (\text{铁橄榄石})$$

石英在平缓加热至火焰温度过程中，发生晶型转化：β-石英→α-石英→α-磷石英→方石英。

5.4.1.2　生物质对霍林河褐煤灰熔融温度的影响机理分析

在 1100℃下分析不同生物质不同配比下的矿物组成以及对霍林河褐煤灰熔融温度的影响。如图 5-24 所示，在 815℃下两种褐煤灰中的主要矿物质为石英、赤铁矿、顽火辉石和硬石膏。钙铁辉石在四种混合灰中都存在，配比从 10%到 20%时，高熔点矿物石英的含量减少，低熔点矿物铁尖晶石的含量增加，因此降低了灰熔融温度。当花生壳配比为 30%的时候，高熔点矿物莫来石又重新出现导致灰熔融温度升高，随着配比的增加、石英含量的减少和铁尖晶石的增加以及白榴石

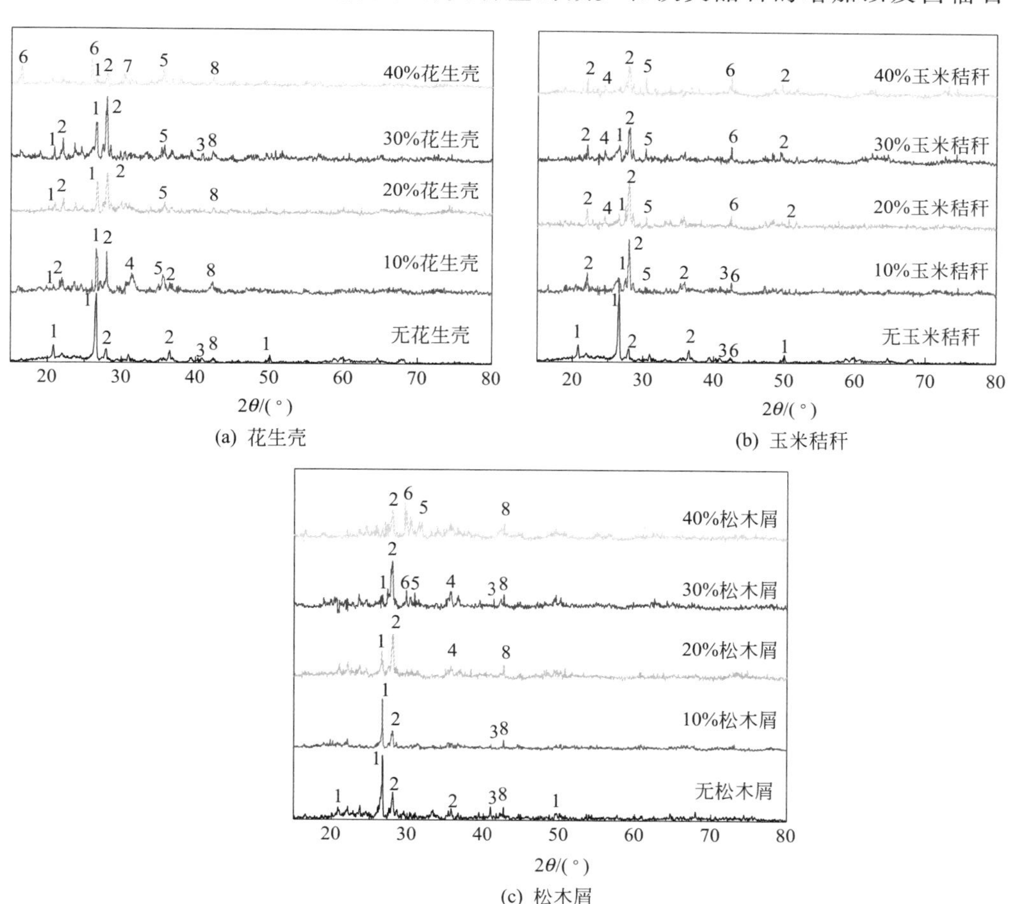

图 5-24　生物质与霍林河褐煤混合灰的 XRD 谱图

1—石英；2—钙长石；3—莫来石；4—铁尖晶石；5—钙铝黄长石；6—钙镁橄榄石；7—白榴石；8—钙铁辉石

的出现，使灰熔融温度降低。当玉米秸秆配比为10%时，霍林河褐煤混合灰中出现钙黄长石，在配比为20%时，低熔点矿物铁尖晶石出现。随着玉米秸秆配比的增加，低熔点矿物铁尖晶石、钙长石、钙铝黄长石和钙铁辉石含量增加，高熔点矿物石英和莫来石含量降低，引起灰熔融温度降低。与呼盛褐煤混合灰熔融温度相比，霍林河褐煤与松木屑在配比为30%时由于莫来石的重现使灰熔融温度升高。

图 5-25 不同花生壳添加量下混合灰的SEM图

为进一步研究随着花生壳加入两种褐煤灰熔融温度出现波动的原因，对混合灰的主要矿物质含量与表面形态变化进行分析。高温下煤灰的表面形态可以反映出灰熔融特性。图 5-25 为两种褐煤在 1100℃与不同花生壳配比下的混合灰的 SEM 图。由图 5-25 可以看出，两种褐煤灰是由不规则的粒子组成的，有些粒子已经熔融。随着配比的增大，大颗粒增多，熔融颗粒增多。但是在花生壳添加量为对呼盛褐煤、霍林河褐煤分别为 20%和 30%时，褐煤灰表面出较大块的熔聚体。当添加量为 40%时，两种灰都形成了大的团聚体，并且表面都已熔融。

5.4.2 生物质调控高阶煤灰熔融特性机理分析

5.4.2.1 生物质改变鹤壁煤灰熔融特性的机理

制备 1100℃弱还原性气氛下鹤壁煤高温灰样、花生壳与鹤壁煤混合高温灰样、玉米秸秆与鹤壁煤混合高温灰样，并且进行 XRD 分析，其谱图见图 5-26。

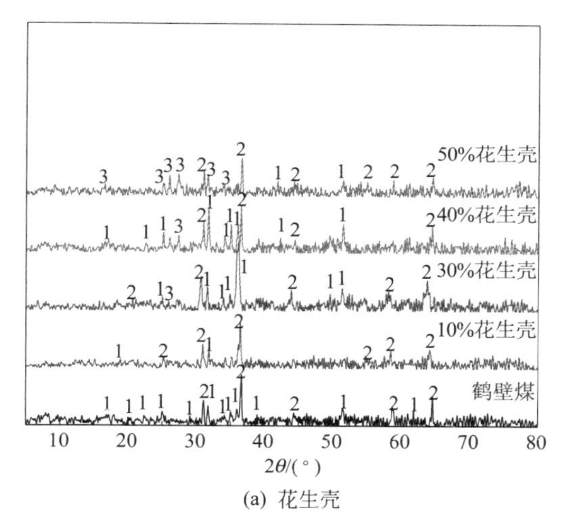

(a) 花生壳

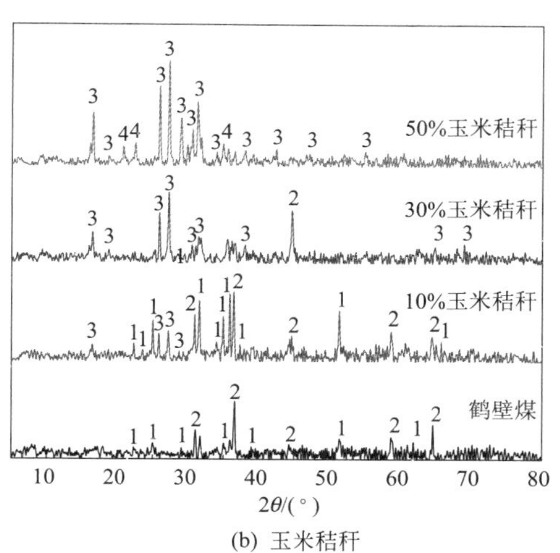

(b) 玉米秸秆

图 5-26　生物质与鹤壁煤混合灰的 XRD 谱图

1—铁橄榄石（Fe_2SiO_4）；2—铁尖晶石（$FeAl_2O_4$）；

3—白榴石（$KAlSiO_6$）；4—钾钠霞石［$(K,Na)AlSiO_4$］

从图 5-26 可知，1100℃下鹤壁煤灰中的矿物质以铁橄榄石（熔点 1205℃）和铁尖晶石（熔点 1780℃）为主，随花生壳掺混比例增大，逐渐生成了部分白榴石（熔点 1100℃），且白榴石的含量逐渐增大，当掺混比例为 50%时，白榴石的含量最大，而铁橄榄石和铁尖晶石的衍射峰很小。铁橄榄石和铁尖晶石的低温共熔以及低熔点白榴石的生成是花生壳与鹤壁煤混合样灰熔融温度降低的原因。铁橄榄石和铁尖晶石可能与白榴石形成了低温共熔物，导致灰熔融温度继续降低。随玉米秸秆掺混比例增大，鹤壁煤中的铁橄榄石和铁尖晶石衍射峰强度逐渐减弱。当掺混比例为 10%时，混合灰矿物质以低熔点白榴石为主，且白榴石的含量很大，并且出现了少量的钾钠霞石，这是灰熔点降低的原因。当掺混比例为 30%和 50%时，高温混合灰样中未检测到钾钠霞石，这可能与碱金属元素随温度升高而挥发性增大及碱金属氧化物与其他矿物发生反应被固定下来有关。推测生物质与鹤壁煤高温混合灰样中可能发生的反应如下：

$$Al_2O_3 \cdot 2SiO_2 \cdot 2H_2O(\text{高岭石}) \longrightarrow Al_2O_3 \cdot 2SiO_2(\text{偏高岭石})$$

$$Al_2O_3 \cdot 2SiO_2(\text{偏高岭石}) \longrightarrow 3Al_2O_3 \cdot 2SiO_2(\text{莫来石}) + SiO_2(\text{无定形})$$

$$KAl_2[(OH)_2AlSi_3O_{10}](\text{伊利石}) + FeO \longrightarrow FeO \cdot Al_2O_3(\text{铁尖晶石}) + 3FeO \cdot Al_2O_3 \cdot 3SiO_2(\text{铁铝榴石}) + KAlSi_2O_6(\text{白榴石})$$

$$Fe_2O_3(\text{赤铁矿}) + H_2(CO) \longrightarrow FeO(\text{方铁矿})$$

$$3Al_2O_3 \cdot 2SiO_2(\text{莫来石}) + FeO \longrightarrow 2FeO \cdot SiO_2(\text{铁橄榄石}) + FeO \cdot Al_2O_3(\text{铁尖晶石})$$

$$FeO + SiO_2 \longrightarrow FeO \cdot SiO_2(\text{斜铁辉石})$$

$$FeO \cdot SiO_2(\text{斜铁辉石}) + FeO \longrightarrow 2FeO \cdot SiO_2(\text{铁橄榄石})$$

5.4.2.2 生物质改变晋城无烟煤灰熔融特性的机理

制备 1200℃弱还原性气氛下的晋城无烟煤高温灰样、花生壳与晋城无烟煤混合高温灰样、玉米秸秆与晋城无烟煤混合高温灰样，并且进行了 XRD 分析，结果见图 5-27。

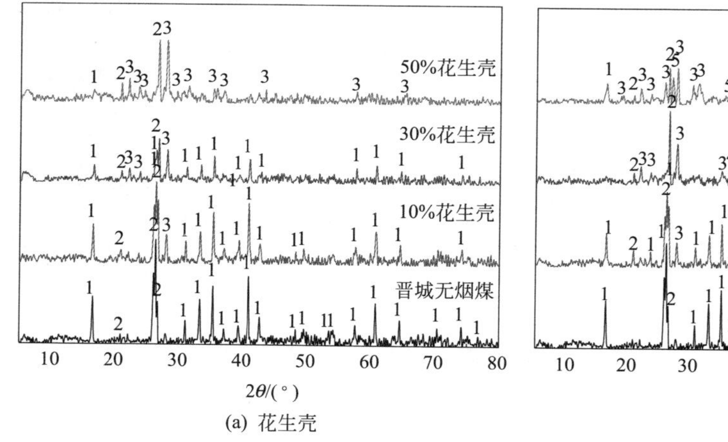

(a) 花生壳

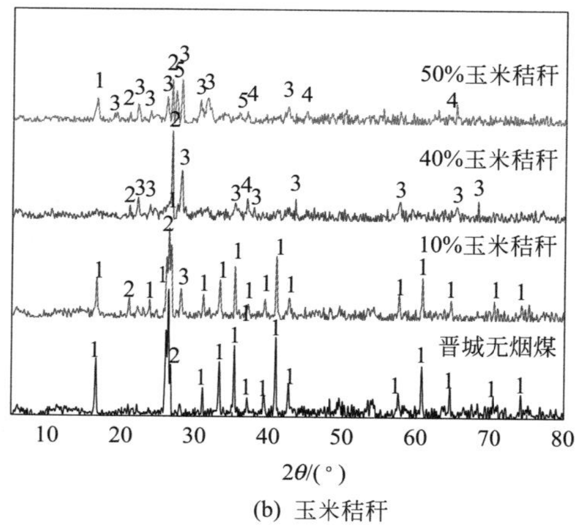

(b) 玉米秸秆

图 5-27 生物质与晋城无烟煤灰的 XRD 谱图

1—莫来石（$Al_6Si_2O_{13}$）；2—方石英（SiO_2）；3—钙长石（$CaAl_2Si_2O_8$）；4—镁铝尖晶石（$MgAl_2O_4$）；5—微斜长石（$KAlSi_3O_8$）

从图 5-27 可知，1200℃时晋城无烟煤高温灰样的矿物组成以莫来石和方石英为主；随着花生壳掺混比例增大，莫来石和方石英的含量逐渐降低。当掺混比例为 10%时，晋城无烟煤灰中的莫来石与花生壳灰中的 CaO 反应生成了一定量的钙长石，而当掺混比例为 50%时，出现了大量的钙长石。莫来石和方石英含量的减少及钙长石含量的增大是晋城无烟煤灰熔融温度随花生壳掺混比例增大逐渐降低的根本原因。随玉米秸秆掺混比例增大，高温混合灰样中高熔点莫来石和方石英的含量逐渐降低，而低熔点矿物质钙长石、镁铝尖晶石（熔点2135℃）和微斜长石（熔点1350℃）的含量逐渐增大。当掺混比例为40%时，以钙长石为主，存在少量的尖晶石，而掺混比例为50%时，则主要含有钙长石、尖晶石和微斜长石。莫来石随着掺混比例增大与其他矿物反应，生成了钙长石、尖晶石、微斜长石等，它们之间有低温共熔现象，从而导致灰熔融温度降低。推测生物质与晋城无烟煤高温混合灰样中可能发生如下化学反应：

$$Al_2O_3 \cdot 2SiO_2 \cdot 2H_2O(\text{高岭石}) \longrightarrow Al_2O_3 \cdot 2SiO_2(\text{偏高岭石})$$

$$Al_2O_3 \cdot 2SiO_2(\text{偏高岭石}) \longrightarrow 3Al_2O_3 \cdot 2SiO_2(\text{莫来石}) + SiO_2(\text{无定形})$$

$$SiO_2(\text{无定形}) \longrightarrow SiO_2(\text{方石英})$$

$$CaSO_4(\text{硬石膏}) \longrightarrow CaO + SO_2$$

$$CaCO_3(\text{方解石}) \longrightarrow CaO + CO_2$$

$$3Al_2O_3 \cdot 2SiO_2(\text{莫来石}) + CaO \longrightarrow CaAl_2Si_2O_8(\text{钙长石})$$

5.5 生物质对煤灰黏温特性的影响

在气流床气化炉里生物质、煤等原料中的有机物转化成合成气，矿物质会转化成灰。在高温下灰就会熔融变成渣。渣的流动行为直接关系到气化炉能否稳定运行。为了气流床气化炉能够顺利排渣以及保证耐火材料的使用寿命，渣的黏度必须要维持在一定的范围内，一般要求在1300～1500℃范围内，渣的黏度位于15～25 Pa·s之间。Kondratiev和Jak研究了灰中氧化物对渣的黏度的影响，并且用热力学计算软件FactSage对渣的流动特性进行了预测。Buhre等采用热机械分析法研究了渣在高温下的流动特性。Folkedahl和Schobert等讨论了不同气氛下渣的流动行为。

临界黏度温度是影响渣流动行为的另一重要因素。临界黏度温度是指由于固相在液相渣中结晶，并且从液相中分离出来，引起的黏温曲线的突然变化时所对应的温度，也是渣的黏度变化是否受晶体颗粒影响的分界线。根据黏度的变化，渣可以分为玻璃渣、塑性渣、结晶渣。随着温度的降低，渣的黏度会连续地增加，这样的渣称为玻璃渣。当渣的温度低于临界温度时，渣的黏度会迅速地增加，这样的渣称为结晶渣或者塑性渣。由于对生物质灰和生物质与煤混合灰的流动行为以及共气化过程中的矿物质变化的研究较少，为了充分地利用生物质能，深入对生物质与煤在不同配比下的许多特性如物理特性、黏温特性、矿物质变化、临界黏度温度、升温与降温过程中黏度滞后现象的研究是非常有必要的。

以秸秆和贵州煤为分析对象，分析生物质与煤混合灰的流动特性。对不同配比下煤和生物质混合灰的黏度和临界黏度温度的变化进行了研究。为了改善原料的黏度对合理的配比进行了分析，可以更清洁高效地利用煤和生物质。对不同配比下的XRD、最低操作温度和滞后现象进行了系统的讨论。此外，通过热力学计算软件

FactSage计算得到热力学曲线来说明高温下矿物质的转化。

5.5.1 原料特性分析

秸秆是具有代表性的生物质，并且被广泛地使用，因此秸秆被选为生物质原料，煤选用贵州煤。将秸秆和贵州煤粉碎到0.180～0.250mm，并且在105℃下干燥后作为实验原料。在不同配比下将煤和秸秆进行混合。以干燥基为标准配成秸秆质量分别占0、20%、40%、60%、80%和100%的混合样。以GB/T 212—2008为标准在815℃下进行灰化制备灰样。贵州煤和秸秆的工业分析和元素分析见表5-9。

表5-9 贵州煤和秸秆的工业分析和元素分析

样本	工业分析/%				元素分析/%				
	水分	灰分	挥发分	固定碳	碳	氢	氧	氮	硫
贵州煤	0.89	16.80	10.46	71.85	74.63	2.87	1.41	0.98	3.16
秸秆	7.81	8.85	69.19	14.15	44.08	6.24	38.57	1.13	0.38

将灰样品研磨到0.06mm以下，进行X射线衍射，衍射条件如下：管电压为40KV，管电流为40mm，扫描范围（2θ）为10°～80°，步长为0.01°。通过Advant' X Intellipower™ 3600X射线荧光分析法测定秸秆灰和贵州煤灰的化学组成。样品的灰化学组成见表5-10，生物质灰中碱金属含量明显高于煤灰。

按GB/T 219—2008在5E-MACⅢ智能灰熔点测定仪中对灰熔融温度进行测定。表5-10为秸秆和煤灰的灰熔融温度。可以发现秸秆的流动温度超过1350℃。秸秆的灰流动温度较高，不适合气流床直接气化。所以煤和生物质共气化对提高生物质利用效率是非常有用的。

表5-10 原料灰的化学组成和灰熔融温度

样本	灰的化学组成/%											灰熔融温度/℃			
	SiO_2	Al_2O_3	Fe_2O_3	CaO	MgO	Na_2O	K_2O	SO_3	P_2O_5	TiO_2	其他	DT	ST	HT	FT
贵州煤	49.07	32.37	7.83	1.94	1.32	0.95	1.46	2.16	0.31	2.38	0.21	1210	1311	1342	1379
秸秆	67.40	0.73	0.61	5.47	5.02	2.46	11.52	1.81	3.32	0.04	1.62	1198	1257	1290	1380

用于测量的高温旋转黏度计示意图见图5-28。将样品在垂直加热炉里加热到所需的温度，沉浸在熔融样品中的主轴是由在流变计中的弹簧驱动的。弹簧的变形通过旋转传感器转换成电信号，黏度通过浸入被测渣液中转子持续旋转形成的扭矩测得。

(1) 测量过程　在高温炉里对样品进行熔融除去杂质，如水分和可燃物，然后得到渣样品。通入摩尔比为6∶4的CO/CO_2混合气体制造还原性气氛。将样品加热到高于流动温度200℃，此外样品在最高温度下保持1h，确保样品达到一个热力学平衡状态。样品的黏度在冷却过程中进行测定，并且记录实验数据进行下一步的深入分析。然后加热，探索样品在加热过程中的黏度行为。

（2）热力学计算 FactSage 被广泛地用来预测渣的黏度和矿物质的转化。在此实验中，在 1atm❶、还原性气氛（体积分数为 60%的 CO 和 40%的 CO_2）和所给的温度下进行计算。

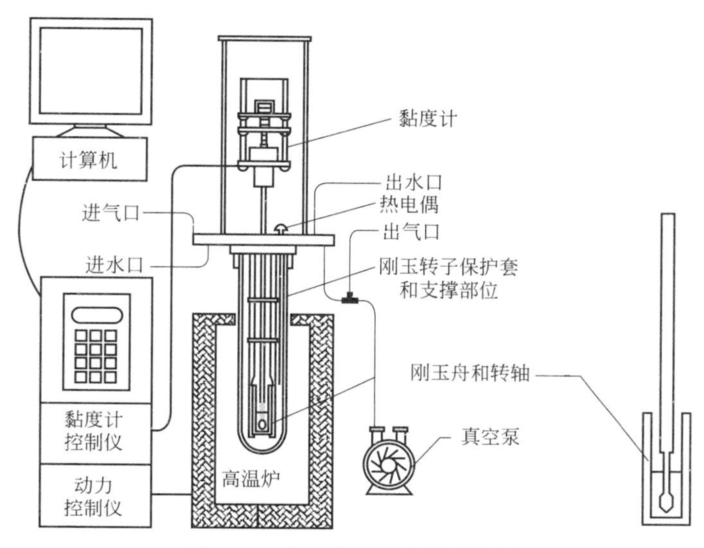

图 5-28 高温旋转黏度计示意图

5.5.2 不同生物质配比下煤灰黏度变化

贵州煤和秸秆的黏温特性曲线见图 5-29。由图可以发现在 1500℃时，贵州煤与秸秆的黏度分别为 120Pa・s 和 31.2Pa・s，因此单独的秸秆和贵州煤在操作温度下不适合气流床的排渣要求。有文献已经报道了将秸秆加入煤中可以使煤灰熔融温度降低。图 5-29 示出了秸秆质量配比为 20%、40%、60%和 80%时的黏温曲线，随着温度的升高，渣的黏度不断减小。虚线为 25Pa・s 代表气化炉正常运行的最大黏度值。秸秆配比不同，黏温特性表现出明显的差异。此外，配比不同，渣型也会发生较大的变化，例如贵州煤灰的渣型为结晶渣型，而混合灰的渣型为玻璃渣型。这表明秸秆配比为 20%时混合灰具有最佳的黏温特性。秸秆配比为 20%、温度为 1500℃时渣的黏度为 11.7Pa・s，但是配比为 60%和 80%时的黏度值分别为 26Pa・s 和 25Pa・s。与贵州煤和秸秆相比，秸秆配比为 40%时的黏度值增大较快，这表明在这个配比下的混合样不适合气流床气化。由此得出秸秆与煤的最佳的配比为 1∶4。秸秆配比在 20%左右时适合气流床的气化，将被进一步地深入分析。

固相和液相的变化对渣的黏度行为有很大影响，一个可能的原因是不同添加量的秸秆固相的生成量会出现变化。图 5-30 为 FactSage 软件计算出的不同配比下的混

❶ 1atm＝101325Pa。

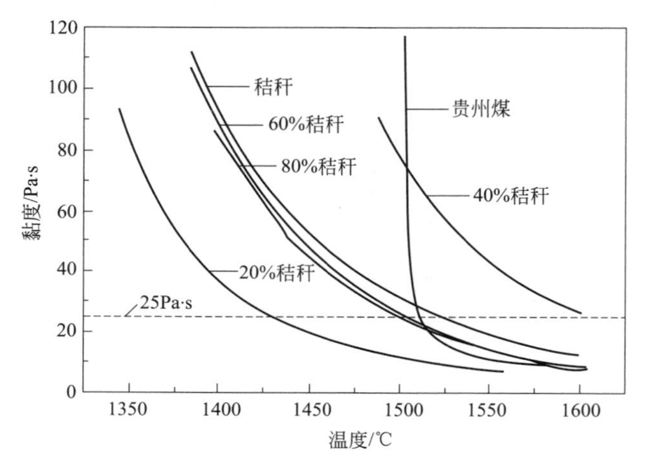

图 5-29 不同灰样的黏温特性曲线

合灰固相含量和液相含量的变化。由图 5-30(a) 可以看出，配比为 20%时，随着温度的降低，固相含量增加，白榴石是最先出现的固相。在 1560℃时出现了固相莫来石。随着温度进一步降低，鳞石英出现，其次是堇青石和赤铁矿固相。当温度降低到 1350℃时，固相含量升高到 38%，固相含量的生成成为影响黏度的主要因素。由图 5-30(b) 可以发现，秸秆配比为 40%时，最先出现的固相为鳞石英，其次是白榴石。在 1350℃时固相含量达到 61%。与秸秆配比为 20%的混合灰相比，在同一温度下固相含量增加，液相含量降低。例如在 1180℃时配比为 40%的混合灰固相含量为 100%，而配比为 20%的混合灰固相含量为 72%。矿物质的变化以及固相含量的增加是黏度突然增加的主要原因。由图 5-30(c) 可以看出，当秸秆配比为 60%时最先出现的固相是白榴石，其次是鳞石英。图 5-30(c) 中固相含量的生成与配比为 20%和 40%不同，此外在温度为 1400℃时固相含量迅速增加。低于 1400℃时固相变化和含量的增加是黏度迅速增加的主要原因。配比为 60%的混合灰样固相的比例低于配比为 40%的混合灰样，所以在相同温度下配比为 60%的混合灰样的黏度低于配比为 40%的混合灰样。图 5-30(d) 中配比为 80%时赤铁矿是最先形成的固相，其次是镁橄榄石。在 1350℃白榴石开始形成固相含量占 43%。秸秆配比为 80%的混合样固相含量与 60%的相似，因此在这两个配比下的混合样的黏度相似。

5.5.3 硅酸盐熔体结构理论和矿物质分析

许多研究者用硅酸盐熔体结构理论来解释黏度的变化。含有 SiO_2 的矿物质的硅酸盐熔体具有较复杂的结构。氧原子与硅原子之间的关系可以通过桥氧键和非桥氧键进行解释。—O—与两个硅原子相连，然而非桥氧只与一个硅原子相连。四面体中硅原子通过氧键连接，造成 SiO_2 网络非常稳定。当碱性氧化物（CaO）进入网络结构后就会使网络结构变松动。因此当在网络结构中有更多的桥氧形成时，渣的黏度就会增大。在混合灰中网络结构中的桥氧和非桥氧发生相互转变，从而引起

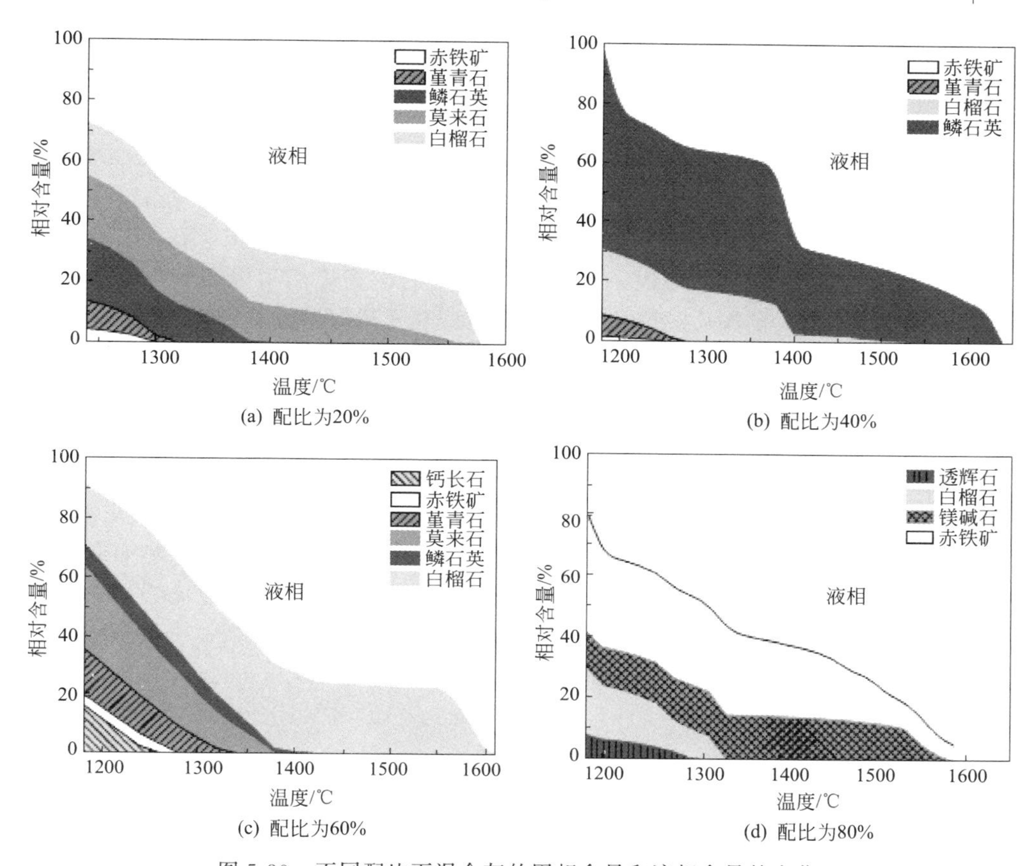

图 5-30　不同配比下混合灰的固相含量和液相含量的变化

灰黏度的变化。进一步说，可以通过研究 NBO/BO 比来解释灰黏度的变化。NBO/BO 比通过以下公式进行计算：

$$\frac{NBO}{BO}=\frac{CaO+MgO+FeO+Na_2O-(Al_2O_3+Fe_2O_3)}{SiO_2+TiO_2+2(Al_2O_3+Fe_2O_3)}$$

在熔融体中各组分的含量通过氧化物的摩尔分数表示。不同秸秆配比下的 NBO/BO 比值见表 5-11。当秸秆配比为 20%时，NBO/BO 比达到最大值，当配比为 40%时，NBO/BO 比达到最小值。这表明当秸秆与煤比例为 1∶4 时，Si—O—Si 键数量减少，O—Si 键数量增加。结果表明，当秸秆含量为 20%时，网络结构被破坏，从而降低了灰的黏度。当秸秆含量为 40%时，Si—O—Si 键数量增加，使网络结构变得更加稳定，使黏度迅速增加。因此可以得出结论，NBO/BO 比的变化与黏度的变化一致。

表 5-11　不同秸秆配比下的 NBO/BO 比值

不同秸秆配比	0	20%	40%	60%	80%	100%
NBO/BO 比	0.102	0.1523	0.005	0.033	0.091	0.020

另外，矿物质的含量和种类对黏度的影响非常重要。贵州煤灰样的 XRD 分析表明，贵州煤灰主要矿物为石英、锐钛矿和赤铁矿，但是生物质秸秆灰中的矿物质主要由石英、透辉石和钾盐组成。秸秆灰中的碱金属和一些其他元素的含量是影响黏度的关键因素。在配比为 20%、40%、60%、80%的混合灰样中，矿物质都是石英、锐钛矿和赤铁矿。石英的衍射峰最明显，含量也是最高的。石英的灰熔点较高为 1750℃，能增加灰的黏度。在所有混合物中配比为 40%时矿物质的衍射峰最强，20%时矿物质的衍射峰最弱。配比为 60%时的矿物质衍射峰与 80%的矿物质衍射峰相似。因此，矿物质的变化验证了从秸秆和贵州煤共混物的黏度变化所得到的结论。

5.5.4 临界黏度温度和最低操作温度

图 5-31 为不同配比下混合物灰样的临界黏度温度和最低操作温度。由图 5-31 可以发现，配比对临界黏度温度和最低操作温度的影响趋势是相似的。临界黏度温度和最低操作温度都高于 1500℃时，不能达到顺利排渣的要求。当秸秆配比为 20%时，临界黏度温度和最低操作温度达到最小值。这说明秸秆配比为 20%时可以改善煤灰的流动特性，降低操作温度。

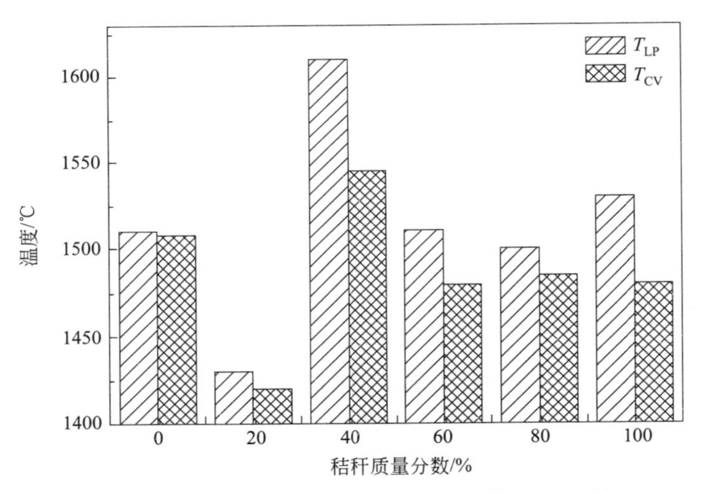

图 5-31　不同配比下的临界黏度温度和最低操作温度

一般情况下，黏度测定过程中的加热和冷却过程中会出现滞后现象。由于在低温下固相的析出以及在加热过程中固相没有充分的时间溶解，在特定的温度下加热过程中的黏度值大于冷却过程中的黏度值。配比为 20%、40%和 80%的混合样的在加热和冷却过程中的黏度值见图 5-32。从图 5-32 可以发现，秸秆配比为 20%时的混合样的滞后比配比 40%和 80%的时候明显。在配比为 20%和 80%时黏度值在冷却过程中都要高于加热过程中的黏度值。但是对于配比为 40%的混合样，在温度低于 1550℃时，在加热和冷却过程中黏度值有微小差异，在更高的温度时加热过程的黏度值大于冷却过程的黏度值。

通过对秸秆和贵州煤灰的流动特性分析与秸秆样品相比，混合样的黏度值有很大的不同。秸秆配比为 20%时可以有效地改善煤灰的流动特性和气化炉的操作温度。导致黏度变化的矿物质以及固相含量的变化通过热力学软件 FactSage 进行计算，可以有效地分析混合灰的黏度值变化。NBO/BO 比和矿物质的变化证实了黏度的变化。配比为 20%的时候临界黏度温度和最低操作温度达到了最低值。配比为 20%的混合灰样滞后现象明显高于配比为 40%和 80%的情况。

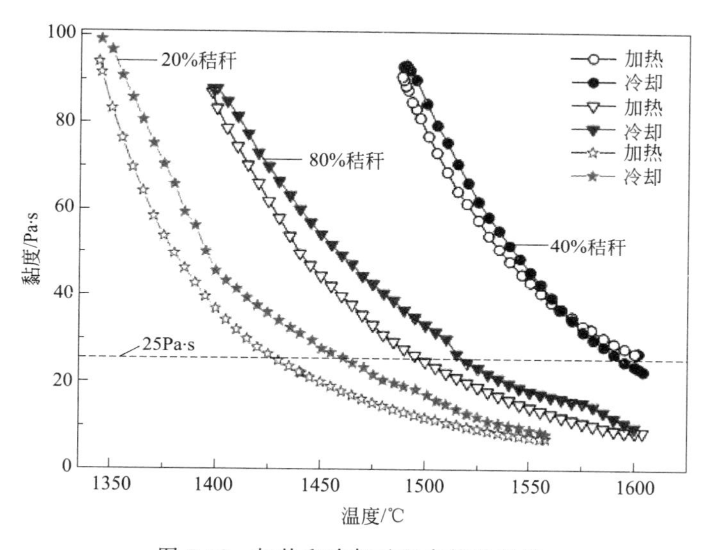

图 5-32　加热和冷却过程中的黏度值

本 章 小 结

本章主要介绍生物质对煤灰熔融特性的调控。我国是农业大国，生物质资源特别是农作物废弃物等储量巨大。煤和生物质共气化的发展为生物质能的清洁利用提供了方向。

对国内外生物质能的发展现状以及未来的发展趋势进行了分析，并且对多种生物质灰的化学组成进行了分析归类，探讨了化学组成对生物质灰熔融温度的影响。在此基础上选用常见的农作物废弃物对不同煤阶的煤灰熔融特性的影响进行分析，并且从不同的角度对其熔融机理进行了解释。生物质可以很好地调控煤灰的熔融特性以实现气流床的液态排渣要求。选用工业上常用的贵州煤为分析对象，分析了生物质对煤灰黏温特性的影响规律，并且对不同配比下的黏温特性变化进行解释。对指导煤和生物质共气化提供了基础理论支持。

第6章

工业残余物对煤灰熔融特性的调控

6.1 工业残余物概述

6.1.1 工业残余物

工业残余物是指工矿企业在生产活动过程中排放出来的各种废渣、粉尘及其他废物等。如化学工业的酸碱污泥、机械工业的废铸砂、食品工业的活性炭渣、纤维工业的动植物的纤维屑、硅酸盐工业的砖瓦碎块等。这种固体废物，数量庞大，成分复杂，种类繁多。有一般工业废物和工业有害固体废物之分。前者如高炉渣、钢渣、赤泥、有色金属渣、粉煤灰、煤渣、硫酸渣、废石膏、盐泥等；后者包括有毒的、易燃的、有腐蚀性的、能传播疾病的及有强化学反应的废弃物。随着工业生产的发展，工业废物数量日益增加。如经过适当的工艺处理，可成为工业原料或能源。工业固体废物较废水、废气容易实现资源化。

工业残余物主要包括以下几类。

(1) *冶金废渣*　指在各种金属冶炼过程中或冶炼后排出的残渣废物。如高炉矿渣、钢渣、各种有色金属渣、铁合金渣、化铁炉渣以及各种粉尘、污泥等。

(2) *采矿废渣*　在各种矿石、煤的开采过程中，产生的矿渣的数量极其庞大，包括的范围很广，有矿山的剥离废石、掘进废石、煤矸石、选矿废石、选洗废渣、各种尾矿等。

(3) *燃料废渣*　燃料燃烧后所产生的废物，主要有煤渣、烟道灰、煤粉渣、页岩灰等。

(4) 化工废渣 化学工业生产中排出的工业废渣，主要包括硫酸矿烧渣、电石渣、碱渣、煤气炉渣、磷渣、汞渣、铬渣、盐泥、污泥、硼渣、废塑料以及橡胶碎屑等。

在工业固体废物中，还包括玻璃废渣、陶瓷废渣、造纸废渣和建筑废材等。

6.1.2 工业残余物的危害及再利用

工业残余物是多种多样的，有金属、非金属，又有无机物和有机物等。经过一定的工艺处理，工业废物可成为工业或能源原料，较废水、废气易于实现再生资源化。目前，各种工业废物已制成多种产品，如水泥、混凝土骨料、砖瓦、纤维、铸石等建筑材料；提取铁、铝、铜、铅、锌等金属和钒、铀、锗、钼、钛等稀有金属；制造肥料、土壤改良剂等，此外，还可以用于处理污水、矿山灭火，以及用作化工填料等。通过合理的工业生产链，可以促进工业废渣的资源化，使一个企业的废渣成为另一个企业的原料。作为整个工业体系，较大地提高资源的利用率和转化率，达到在生产过程中消除污染，这是防治污染的积极办法。

6.1.2.1 大量工业残余物长期堆积的危害

(1) 污染土地 工业残余物产生以后，需要占地堆放。废物堆置，其中的有害组分容易污染土地。当污染的土壤中的病原微生物与其他有害物质随天然降水、径流或渗流进入水体后，就可能进一步危害人的健康。工业固体残渣，特别是有害固体废物，能杀灭土壤中的微生物，使土壤丧失腐解能力，导致草木不生。

(2) 污染水体 工业残余物对水体的污染表现为两个方面：大量工业残余物排放到江河湖海会造成淤积，从而阻塞河道、侵蚀农田、危害水利工程。有毒有害固体废物进入水体，会使一定的水域成为生物死区；与水（雨水、地表水）接触，废物中的有毒有害成分必然被浸滤出来，从而使水体发生酸性、碱性、富营养化、矿化、悬浮物增加甚至毒化等变化，危害生物和人体健康。

(3) 污染大气 工业残余物对大气的污染表现为三个方面：残余物的细粒被风吹起，增加了大气中的粉尘含量，加重了大气的粉尘污染；生产过程中由于除尘效率低，使大量粉尘直接从排气筒排放到大气环境中，污染大气；堆放残余物中的有害成分由于挥发及化学反应等，产生有毒气体，导致大气的污染。

由于固体废物的成分复杂、产生量大、处理难，一般投资很大，作为工业残余物综合整治的重点就是综合利用，发展企业间的横向联系，促进固体废物重新进入生产循环系统。例如煤矸石可以作为生产硅酸盐水泥的原料；在工业上，也可替代部分煤使用。又如粉煤灰也可作为水泥生产的原料，目前已被广泛应用。此外，粉煤灰还可经加工处理制成铸石产品和渣棉等。总之，工业固体废物的综合利用前景是广阔的，作为固体废物综合整治应把重点放在综合利用上，对凡有条件综合利用的，要尽量综合利用；对目前没有条件综合利用的，要先处理、处置、存放，待条件成熟时再作为原料重新利用。此外，应对以废渣为原料进行加工生产的企业给予优惠政策，制定固体废物管理办法。目前国家已颁布了以废渣为原料进行生产的企业的经济优惠政策，在制定固体废物综合整治措施时，可结合国家的政策，根据城市的具体特点制定实施细则，大力提倡综合利用。

6.1.2.2 工业残余物的处理原则

（1）减量化　减量化是指通过适宜的手段减少固体废物的数量和容积。主要有两条途径：一是通过改革工艺、产品设计或改变社会消耗结构和废物发生机制来减少固体废物产生量；二是通过固体废物处理如压缩、焚烧等处理方法来减容。

（2）无害化　无害化是指固体废物通过工程处理，达到不损害人体健康、不污染周围自然环境的目的。

（3）资源化　资源化是指通过各种方法从固体废物中回收有用组分和能源，目的是减少资源消耗，加速资源循环，保护环境。综合利用固体废物，可以收到良好的经济效益和环境效益。

6.1.2.3 工业残余物处理和综合利用对策

（1）加快工业固体废弃物的法制建设，纳入法制管理轨道，尽快完善固体废弃物污染防治的法律、法规和标准。

（2）建立与社会主义市场经济相适应的固体废弃物管理体系。以固体废弃物申报登记为突破口，与总量控制相结合，综合运用各项环境管理制度和措施，广泛开展一般工业固体废弃物的综合利用，实现固体废弃物最大程度的资源化。对于区域性危险废弃物的利用、处理、处置，实施企业化经营、社会化服务。

（3）运用经济手段，按照污染者负担的原则，合理征收工业固体废弃物排污费。

（4）开发适合中国的工业固体废弃物处理、处置技术和装备，推进工业固体废弃物处理产业化。

（5）推行清洁生产，把固体废弃物尽可能消灭在生产过程中。

由于大量的工业废物里含有 CaO、Fe_2O_3、MgO、Na_2O、K_2O 等碱性氧化物，如污泥、赤泥、铁锈等，这种高碱性工业废料长期堆积可能造成土地碱化，地下水体污染，危害人们的生命安全。但是，高碱性的工业废料可以作为助熔剂加入高灰熔点煤中，有效改变煤的灰熔融流动特性。

6.2 污泥对煤灰熔融特性的调控

6.2.1 污泥的来源和分类

污泥（sludge）是水处理过程所产生的固体沉淀物质。在非特指环境下，污泥一般指市政排水污泥。在工业废水和生活污水的处理过程中，会产生大量的固体悬浮物质，即使经过污泥浓缩及消化处理，含水率仍高达 96%，体积很大，难以消纳处置，必须经过脱水处理，提高泥饼的含固率，以减小污泥堆置的占地面积。污泥既可以是废水中早已存在的，也可以是废水处理过程中形成的。前者如各种自然沉淀中截留的悬浮物质，后者如生物处理和化学处理过程中，由原来的溶解性物质和胶体物质转化而成的悬浮物质。由于各类污泥的性质变化较大，分类是非常必要的，不同类型的其处理和处置方法存在一定的差异。

6.2.1.1　污泥的来源

（1）生活污水处理厂二沉池排出的剩余活性污泥。一般为亲水性、维系粒度有机污泥，可压缩性能差，脱水性能差。

（2）自来水厂沉淀池或浓缩池排出的物化污泥。一般为中细粒度有机与无机混合污泥，可压缩性能和脱水性能一般。

（3）工业废水处理产生的经浓缩池排出的物化和生化混合污泥，如造纸厂污泥、印染厂污泥、水洗布厂污泥、石油化工厂污泥、有机化工厂污泥、肉联厂污泥及啤酒厂污泥等。

（4）工业废水处理产生的经浓缩池排出的物理法和化学法产生的物化细粒度污泥，如电镀厂污泥、线路板厂污泥等。

（5）工业废水处理产生的物化沉淀中粒度污泥，如钢铁厂脱硫除尘污泥、制碱厂盐泥、铝厂赤泥、陶瓷厂污泥、彩管厂污泥、石灰中和沉淀污泥等。

6.2.1.2　污泥的分类

（1）根据其来源分类

① 市政污泥（civil sludge，也称排水水泥 sewage sludge）　主要指来自污水处理厂的污泥，这是数量最大的一类污泥。此外，自来水厂的污泥也来自市政设施，可以归入这一类。

② 管网污泥　来自排水收集系统的污泥。

③ 河湖淤泥　来自江河、湖泊的淤泥。

④ 工业污泥　来自各种工业生产所产生的固体与水、油、化学污染、有机质的混合物。

（2）按污水的处理方法或污泥从污水中分离的过程分类

① 初沉污泥　从初沉池排出的沉淀物（来自初沉池）。

② 剩余污泥（剩余活性污泥）　由于微生物的代谢和生物合成作用，使得曝气池中的活性污泥生物量增加，经二沉池沉淀下来的污泥一部分回流到曝气池供再处理污水用，多余的排放到系统之外的部分即剩余污泥（来自活性污泥法后的二沉池）。

③ 腐殖污泥　指生物膜法（如生物滤池、生物转盘、部分生物接触氧化池等）污水处理工艺中二沉池产生的沉淀物（来自生物膜法后的二沉池）。

④ 化学污泥　用混凝、化学沉淀等化学法处理废水所产生的污泥。

（3）按污泥的不同产生阶段分类

① 生污泥（新鲜污泥）　指从沉淀池（初沉池和二沉池）分离出来的沉淀物或悬浮物的总称，是未经任何处理的污泥。

② 消化污泥（熟污泥） 初沉污泥、腐殖污泥、剩余活性污泥经厌氧或好氧消化处理后得到的污泥均称消化污泥。

③ 浓缩污泥 指生污泥经浓缩处理后得到的污泥。

④ 脱水干化污泥 指经脱水干化处理后得到的污泥。

⑤ 干燥污泥 指经干燥处理后得到的污泥。

6.2.2 污泥的利用

污泥的主要成分包括病原体微生物，N、P、K 及其他微量元素，Ca、Mn、Mo 等矿物质元素，以及有机物重金属盐类。污泥的资源化利用途径主要包括以下几个。

(1) 土地利用 剩余活性污泥有机质含量达 65%，由微生物细胞群体和其解体产物组成，其中含丰富的蛋白质、核酸、氨基酸和植物生长所必需的 N、P、K 等营养元素和微量元素，其肥效高于一般农家肥，因此剩余活性污泥是一种很好的缓效肥料。其缺点在于污泥中含大量的病原菌、寄生虫卵以及多氯联苯、二噁英等难降解的有机物，其中重金属是决定污泥能否农用的最主要因素，一般采用化学浸提法和微生物淋滤法降低其含量，或者加石灰等改良剂降低重金属的迁移及生物有效性。

(2) 制备 SO_2 吸附剂 利用剩余活性污泥制备 SO_2 吸附剂的方法主要有物理活化法，此法主要是：将含水率较高的污泥放入烘箱，在 105℃下烘 24h 后，得到含水率低于 10%的干污泥。在不锈钢加热管中装填干污泥约 30g，置于高温管式电阻炉中进行热解，热解时利用氮气隔绝空气，加热速度控制在 5℃/min 左右。热解温度为 550℃，时间为 1h，之后进行研磨，回收粒径为 0.6～0.8mm 的产物，即得到污泥吸附剂。或取干污泥（烘 24h 后）于 550℃炭化 2h，通入水蒸气（流量约为 200mL/min），温度保持在 550°C 左右，活化 2h，产物烘 24h 得到的污泥吸附剂孔径分布比较宽，微孔所占比例较小，以过渡孔结构为主，比表面积较小。在一定的 SO_2 浓度、气流速度、温度、氧气和水含量、活化剂浓度、活化时间的影响下脱硫效果不同。

(3) 制备活性炭 利用污泥制取活性炭是一项污泥资源化利用的处置途径。活性污泥中含有大量的碳，约占总量的 40.9%。利用城市污水处理厂污泥制备活性炭的方法包括如下步骤：将加入 0.5%～3%添加剂的城市污水处理厂污泥进行干燥，使污泥含水率降至 10%左右；用浓度为 20%～60%的氯化锌作为活化剂溶液，取污泥与活化剂溶液质量比为 1∶1，浸渍 12～48h 后，在 105℃条件下干燥 20～50min；加入 5%～30%锯末、果壳、果核作为增碳剂；混合均匀后放入高温炉中升温至活化温度 500～800℃进行炭化活化，炭化活化时间为 15～50min；经冷却、洗涤、干燥得到活性炭。

(4) 制备蛋白质泡沫灭火剂 活性污泥含有高达 60%～70%的蛋白质，加酸或碱调节 pH 值后水解、浓缩，再添加稳定剂、防腐剂等即可配制成为蛋白质泡沫灭火剂。剩余污泥的灭火成分主要是蛋白质，其灭火机理实际上与动、植物蛋白质泡沫灭火剂相同。

(5) 低温热解　污泥低温热解是一种发展中的能量回收型污泥热化学处理技术，借助污泥中所含的硅酸铝和重金属（尤其是铜）的催化作用将污泥中的脂类和蛋白质转变成碳氢化合物，最终产物为燃料油、气和炭。

李明等通过对神府煤、污泥、改性污泥以及煤-污泥混合物的灰熔融特性的研究，发现在煤中掺入污泥后生成的氯磷灰石以及大量的金属钠离子是煤灰熔点降低的主要原因。刘刚等通过对电镀污泥在管式炉内进行了不同焚烧温度和焚烧时间的实验，得到了电镀污泥焚烧后的灰渣成分与焚烧温度和焚烧时间的关系。Cheeseman 等通过对污泥灰渣的 X 射线衍射分析（XRD）和扫描电镜分析（SEM）表明，污泥灰渣中的主要晶相是石英和钙镁磷酸盐。Lin 等研究了煅烧温度对污泥灰渣特性的影响，得出污泥灰渣的吸水率随着煅烧温度的升高而降低的结论。污泥灰渣的孔隙率也随着烧结温度的变化而变化。污泥中灰分含量较高，成分复杂，与煤混烧后，其灰熔融特性难以预测，污泥中有大量 Ca、Fe、Al、Si 等氧化物的无机矿物质，可以作为助剂来调控煤灰熔融特性。不同特性的污泥与煤混烧过程中的灰渣的沉积特性有较大差异。因此，在污泥与煤掺烧时，如果处理不当，即使在较低的掺混比例下也会造成锅炉结渣，影响燃烧效果及锅炉寿命。研究针对煤粉锅炉掺烧污泥后污泥对混合燃料灰熔融特性的影响行为，利用矿物三元相图、XRD 等分析手段，研究了不同特性污泥与煤掺混燃烧过程中不同矿物组分的相互作用机制以及灰渣灰熔融特性变化特征。

6.2.3　污泥对煤灰熔融特性的影响

6.2.3.1　工业污泥和生活污泥对煤灰熔融特性的影响

实验选取一种烟煤（coal）、两种工业污泥（IS1、IS2）和一种生活污泥（DS）。烟煤来自某燃煤电厂的主力煤种，IS1 属于印染工业污泥，IS2 属于牛仔漂洗工业污泥。生活污泥 DS 取自某生活污水处理厂。

(1) 原料的特性　煤和污泥样品经干燥、缩分、研磨后过 200 目筛进行筛分，得到粒径小于 0.075mm 的样品，在 105℃烘箱中恒温 2h 制得干燥基样品备用。对各种原料按照国家标准 GB/T 212—2008 和 GB/T 476—2001 进行工业分析和元素分析。结果见表 6-1。

表 6-1　煤和污泥的工业分析、元素分析

样本	工业分析/%				元素分析/%					$Q_{d,net}$/(MJ/kg)
	水分	灰分	挥发分	固定碳	碳	氢	氧	氮	硫	
煤	14.86	16.21	32.59	51.20	64.85	3.72	13.38	1.04	0.79	24.79
IS1	65.53	45.59	46.54	7.89	22.09	3.36	15.36	2.78	10.81	8.01
IS2	22.74	53.04	46.74	0.22	21.88	2.57	18.45	2.00	2.06	6.28
DS	79.30	56.76	40.62	2.63	21.64	3.38	14.34	3.31	0.58	8.08

由表 6-1 可知，煤的干燥基热值是污泥的 3 倍左右，污泥的固定碳含量极低，其热值主要来源于挥发分。同时，污泥中灰分明显较高，在实际的燃煤掺烧中污泥和煤的比例一般在 1∶10 左右。3 种污泥的特性各不相同，工业污泥中的硫含量相对较高，生活污泥的氮含量相对较高。

煤和污泥的灰化学成分及灰熔点见表 6-2。由表 6-2 可以看出，煤的酸性氧化物 SiO_2 和 Al_2O_3 的含量较高，酸性氧化物具有提高煤灰熔融温度的作用，其含量越多，熔融温度就越高。不同特性污泥的灰成分差异较大，印染污泥灰中含铁组分为主要成分，牛仔漂洗污泥中灰成分中以 Ca、Mg 及 S 组分为主。生活污泥 DS 中 Si 和 Al 的含量比工业污泥高，另外，含磷组分和煤及工业污泥相比明显较高。污泥的灰熔点分析结果显示其变形温度 DT 较低，而软化温度 ST 工业污泥与煤较为接近，生活污泥和煤相比偏低约 100℃。

表 6-2 煤和污泥的灰化学成分及灰熔点

样本	灰化学成分/%											灰熔点/℃		
	SiO_2	Al_2O_3	Fe_2O_3	MgO	CaO	Na_2O	K_2O	TiO_2	MgO	P_2O_5	SO_3	DT	DS	FT
煤	49.46	29.17	4.76	0.82	7.27	0.58	0.63	1.15	0.01	0.43	5.36	1230	1394	1460
IS1	6.02	14.6	67.25	0.84	3.15	1.53	0.19	0.26	0.27	3.51	1.29	940	1396	>1500
IS2	19.29	8.04	6.83	10.39	35.71	1.05	0.46	0.55	0.46	2.17	14.48	1025	1388	1446
DS	47.96	25.9	6.81	1.62	3.05	0.36	2.62	0.96	0.01	9.40	0.96	1026	1294	1498

（2）*污泥对煤灰熔点的影响及相图分析* 泥煤混合样品的制取是将煤和 3 种干燥后的污泥分别按 10%、20%、40%、60%和 80%污泥质量分数进行均匀混合后制取。对不同混合比例的泥煤样品的煤灰流动温度进行测试，结果如图 6-1 所示。由图 6-1 可知，在掺混工业污泥条件下，泥煤混合物的灰熔点均明显低于污泥和单煤的灰熔点，在污泥掺混比例为 0～20%时，混合物灰熔点下降显著；随着污泥掺混比例升高，泥煤混合物灰熔点又呈现上升趋势。在掺混生活污泥条件下，泥煤混合物的灰熔点介于煤与污泥单体灰熔点之间波动，在污泥掺混比例为 20%和 40%

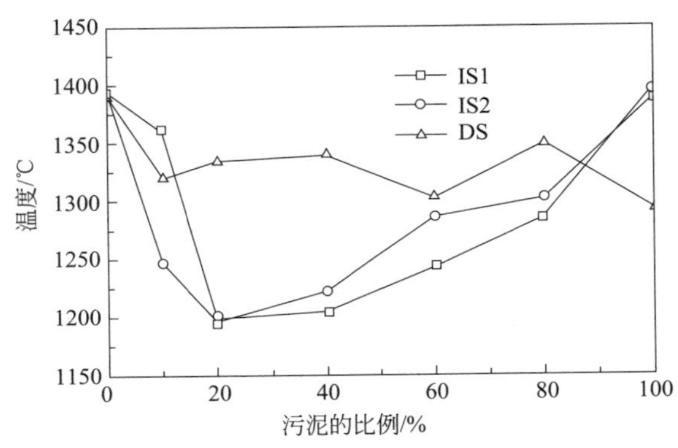

图 6-1 煤与污泥不同混合比例下灰熔点的变化

时较低。由图 6-1 可知，工业污泥和生活污泥在与煤掺混时表现出截然不同的灰熔融特性，这主要是由于不同特性污泥中的矿物组分在污泥与煤混合燃烧时与煤中矿物之间的不同相互作用机制。因此，实验引入了三元相图分析掺混污泥后灰中的晶相变化。

根据表 6-2 中的灰成分数据结果，针对样品中主要的氧化物组成，分别选取了 CaO-Al_2O_3-SiO_2 和 FeO_n-Al_2O_3-SiO_2 三元相图，基于此对泥煤混合物的灰熔融特性进行预测，具体见图 6-2。

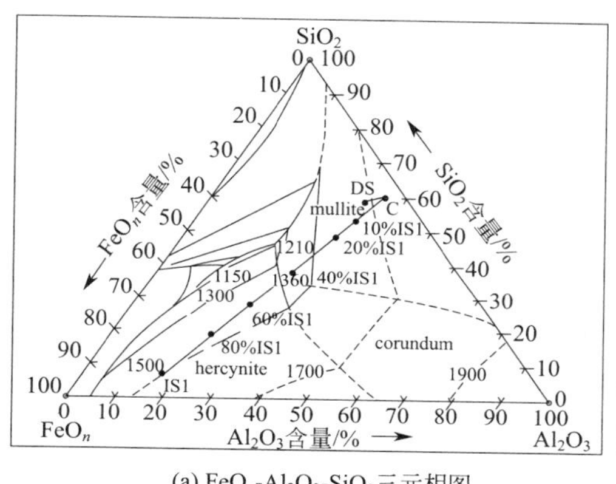

(a) FeO_n-Al_2O_3-SiO_2 三元相图

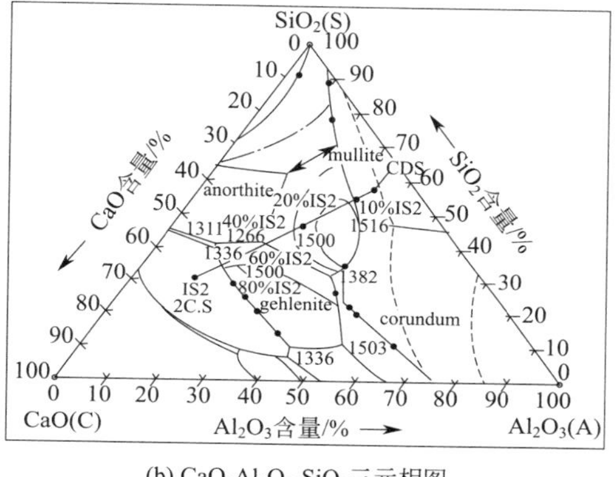

(b) CaO-Al_2O_3-SiO_2 三元相图

图 6-2　泥煤混合物三元相图分析

根据煤和污泥中主要矿物质的组成成分，在三元相图中标注了煤和污泥所在的区域。CaO-Al_2O_3-SiO_2 和 FeO_n-Al_2O_3-SiO_2 均可视为 C 和 DS 的主要成分体系，而 FeO_n-Al_2O_3-SiO_2 则视为 IS1 的主要成分体系，CaO-Al_2O_3-SiO_2 视为 IS2 的主要成分体系。从三元相图可以看出，C 和 DS 落在莫来石区域，IS2 落在铁尖晶石区域，IS2 落在硅酸二钙（$2CaO \cdot SiO_2$）区域。根据三元相图的杠杆原则，混合试样随着污泥含量的变化，沿着煤和污泥在三元相图上的连线而变化。当 C 中掺入 IS2 时，由于 Fe 含量的急剧升高，混合物先后经过了莫来石区域和铁尖晶石区域，混合物的熔融温度表现为先降低后升高，图上表现出在污泥含量占 40%左右时灰熔融温度达到最低。当 C 中掺入 IS2 时，由于 CaO 含量的增加，混合物先后经过了莫来石、钙长石、钙黄长石以及 $2CaO \cdot SiO_2$ 区域，混合物的熔融温度在图上也表现出先降低后升高的趋势，且在 IS2 含量占 60%左右时灰熔融温度达到最低。当 C 中掺入 DS 时，由图 6-2 可以看出，其区域位置变化不大，灰熔融温度变化较平缓。由此可见，通过三元相图对泥煤混合物的灰熔融特性的预测与图 6-1 中实际灰熔点的测定数据基本一致，说明利用三元相图对泥煤灰组分进行分析，能够很好地预测污泥与煤混烧的灰熔融特性。三元相图对泥煤混合物的灰熔融特性预测结果显示，IS1 掺混后在 40%的掺混比例下灰熔点最低，IS2 掺混后在 60%的掺混比例下灰熔点最低，而实验数据的灰熔点最低的污泥掺混比例为 20%。说明除灰中主要成分外，其他矿物组分对灰熔点也有影响，这是利用主要矿物的三元相图无法实现精确预测的原因。因此，实验进一步对不同特性污泥与煤的混合灰样进行XRD分析，研究不同污泥中的矿物组分和煤中矿物在泥煤混烧过程中的转化规律。

(3) 污泥对煤灰熔融特性的调控机理

① 原料的熔融矿物质演变　为比较煤与污泥中不同矿物组分在高温条件下的转化行为及相互作用机制，采用日本RIGAKU公司生产的D/MAX-RB型转靶X射线衍射仪分别对煤、污泥及其混样的高温灰样和低温灰样进行分析，测定样品在不同灰化温度下灰中矿物组分的变化行为。低温灰样采用英国EMITECH公司K1050X型低温灰化仪在100°C下制取；高温灰样利用马弗炉分别在815°C、110°C温度下将样品灼烧至恒重制取。

图6-3为煤和3种污泥低温灰样的XRD谱图，用来识别煤和污泥中原始矿物组分。结合样品的灰成分分析结果，可以识别烟煤低温灰中主要成分为石英、高岭石和方解石。IS1的XRD低温灰样谱图检测不到明显的矿物衍射峰，表明印染污泥IS1中原始矿物组分主要以含铁的非晶态相组分为主。牛仔漂洗污泥IS2低温灰样的主要成分为方解石和磷酸铝。生活污泥DS低温灰样的主要成分为石英、高岭石、磷酸铝和伊利石。

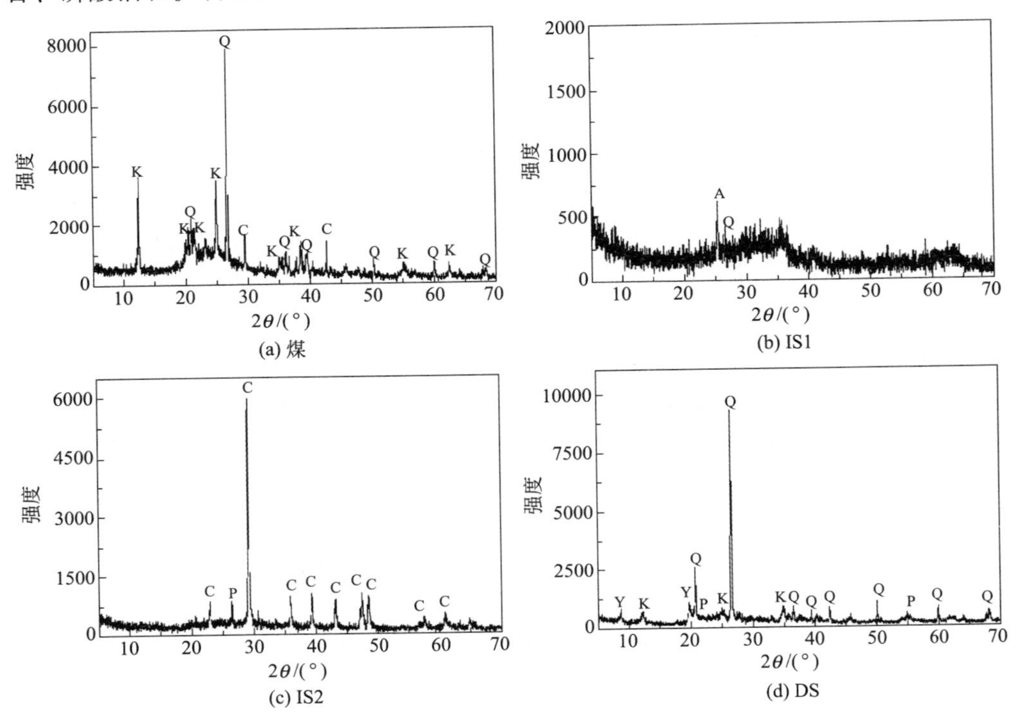

图6-3　煤和污泥低温灰样的XRD谱图

Q—石英（SiO_2）；K—高岭石（$Al_2O_3 \cdot 2SiO_2 \cdot H_2O$）；C—方解石（$CaCO_3$）；P—磷酸铝（$AlPO_4$）；Y—伊利石［$KAl_2(AlSi_3O_{10})(OH)_2$］；A—硬石膏（$CaSO_4$）

图 6-4 为煤和 3 种污泥 815℃高温灰样的 XRD 谱图，通过分析样品高温灰样和低温灰样中矿物组分的变化，可判断煤和污泥中矿物组分在高温灰条件下的演化行为。图 6-4(a) 中，烟煤中高岭石和方解石的衍射峰消失，受热分解生成了氧化钙和无定形相的偏高岭石：

$$Al_2O_3 \cdot 2SiO_2 \cdot 2H_2O \xrightarrow{450°C} Al_2O_3 \cdot 2SiO_2(\text{偏高岭石}) + 2H_2O \qquad (6\text{-}1)$$

$$CaCO_3 \xrightarrow{900°C} CaO + CO_2 \qquad (6\text{-}2)$$

同时，在煤的高温灰样 XRD 谱图中出现赤铁矿和硬石膏的衍射峰，表明煤中含铁矿物质低温时以非晶态存在，温度提高后逐渐形成晶态物质形态。在高温条件下硬石膏的形成则是由于方解石分解得到的氧化钙与硫化物反应形成硫酸钙，主要反应如下：

$$2CaO + 2SO_2 + O_2 \longrightarrow 2CaSO_4 \qquad (6\text{-}3)$$

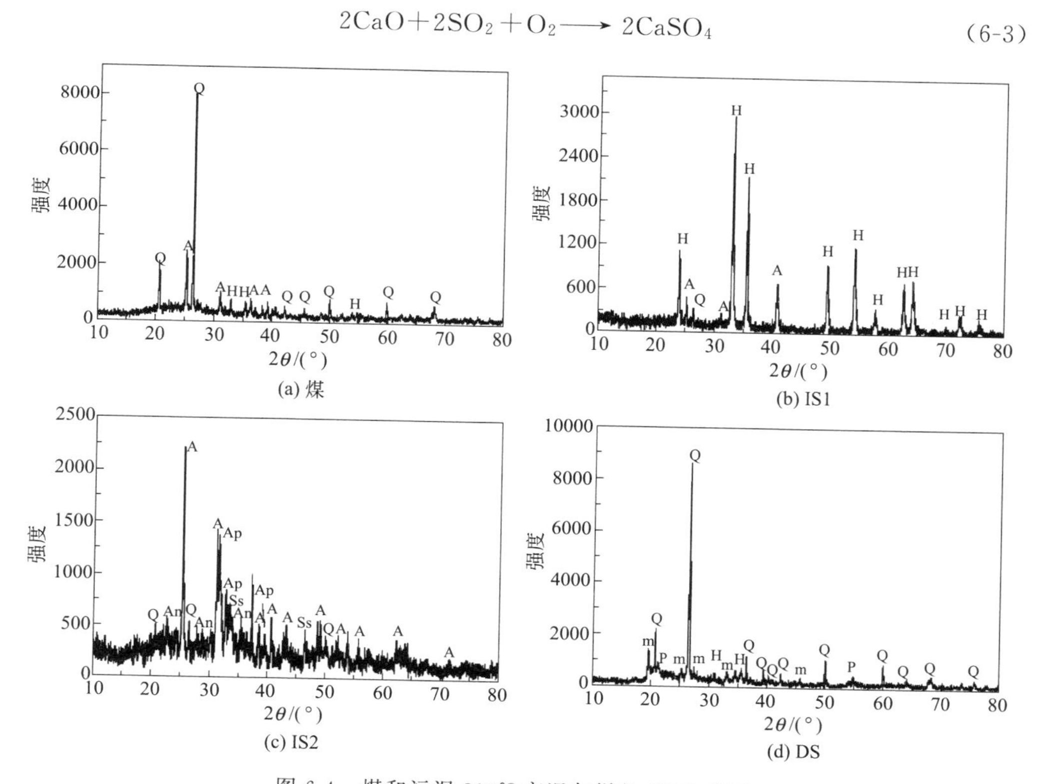

图 6-4　煤和污泥 815℃高温灰样的 XRD 谱图

Q—石英 (SiO_2)；A—硬石膏 ($CaSO_4$)；H—赤铁矿 (Fe_2O_3)；Ss—硫酸钠 (Na_2SO_4)；Ap—磷灰石 [$(Ca_{3.892}Na_{0.087}Mg_{0.021})(Ca_{5.628}Na_{0.126}Mg_{0.029})(PO_4)_{5.6}$]；m—钾长石 ($K_2O \cdot 3Al_2O_3 \cdot 6SiO_2$)；An—歪长石 ($Na_{0.71}K_{0.29}AlSi_3O_8$)；P—磷酸铝 ($AlPO_4$)

图 6-4(b) 中，除检测到硬石膏和石英外，还出现了大量赤铁矿的衍射峰。表明在高温条件下，印染污泥中含铁矿物逐渐转化为单晶态的赤铁矿，样品灰成分分析中 Fe_2O_3 的成分达到了 67.25%，也与此结果一致，Fe_2O_3 的熔融温度为

1565℃，因此，导致了 IS1 熔融温度较高。图 6-4(c) 中，主要成分为硬石膏、石英、硫酸钠、歪长石和磷灰石。硬石膏的形成同样是来源于方解石分解，而硫酸钠则与漂洗污泥来源有关，主要是由于在牛仔漂洗工艺中存在利用硫代硫酸钠（$Na_2S_2O_3$）脱氯的工艺过程，硫代硫酸钠沸点为 100℃，在空气中受热易氧化分解，见式(6-4)，生成的硫酸钠会随着漂洗污水进入污泥中。硫酸钠熔点为 884℃，且会与硫酸钙形成低温共熔体，熔化温度仅 912℃。

$$2Na_2S_2O_3+3O_2 \longrightarrow 2Na_2SO_4+2SO_2 \tag{6-4}$$

另外，低温灰样中检测到的磷酸铝衍射峰消失，出现磷灰石的衍射峰。由于磷既有可能与碱金属反应生成难熔矿物，也有可能以非晶体材料形式存在，这也是某些含磷物质在 XRD 中无法检测出来的原因。由于存在两方面的反应，因此，磷对灰熔点的影响与氧化铝和碱金属的比例有关，IS2 中 Al_2O_3 和 $CaO+Na_2O+K_2O+MgO$ 的物质的量之比小于 1，随着温度的升高，方解石等物质分解后产生了活跃的碱金属化合物，磷偏向与碱金属反应生成磷灰石。图 6-4(d) 中，检测到了石英、偏伊利石、磷酸铝和赤铁矿，伊利石分解生成偏伊利石，分解反应如下：

$$2KAl_2(AlSi_3O_{10})(OH)_2 \xrightarrow{850°C} 2H_2O+K_2O \cdot 3Al_2O_3 \cdot 6SiO_2 \tag{6-5}$$

图 6-5 为煤和 3 种污泥 1150℃高温灰样的 XRD 谱图。通过对煤和污泥高温灰样组成成分的了解，可以为煤和污泥混合后针对灰熔点变化的分析和比较做准备。图 6-5(a) 中，XRD 谱图中检测到莫来石及钙长石的衍射峰，硬石膏的衍射峰消失。分析此过程中矿物组分的转化规律，莫来石的生成主要是由高岭石分解产生的偏高岭石受热进一步转化所致，能够显著提高灰熔点，主要反应式见式(6-6)～式(6-8)；而硬石膏的衍射峰消失是因为当温度升高后，硬石膏受热分解，见式(6-9)。硬石膏分解后产生的氧化钙会影响高岭石的转化流程生成钙长石，钙长石不但熔融温度低，而且熔融范围宽，会导致样品熔点的降低。

$$2(Al_2O_3 \cdot 2SiO_2) \xrightarrow{950°C} 2Al_2O_3 \cdot 3SiO_2(\text{Al-Si 尖晶石})+SiO_2 \tag{6-6}$$

$$2Al_2O_3 \cdot 3SiO_2 \xrightarrow{950°C} 2(Al_2O_3 \cdot SiO_2)+SiO_2 \tag{6-7}$$

$$3(Al_2O_3 \cdot SiO_2) \longrightarrow 3Al_2O_3 \cdot 2SiO_2+SiO_2 \tag{6-8}$$

$$2CaSO_4 \xrightarrow{1200°C} 2CaO+2SO_2+O_2 \tag{6-9}$$

图 6-5(b) 中，氧化铁为印染污泥 IS1 的主要成分，同时检测到钠长石的衍射峰，钠长石的熔点在 1100℃左右，有助熔作用，但由于有大量氧化铁单体的存在，印染污泥 IS1 的灰熔融温度较高。图 6-5(c) 中，随着温度的升高，牛仔漂洗污泥 IS2 中生成了新的物质硅酸钙、镁黄长石、钙镁橄榄石、硅酸镁和硅钙钠石。硅酸钙、钙镁橄榄石、硅酸镁的熔点均超过 1500℃，镁黄长石的熔点也达到了 1450℃。图 6-5(d) 中，检测到了新的物质尖晶石，偏伊利石和磷酸铝的衍射峰消失。磷酸铝的消失是因为在 1050℃左右的温度条件下含磷化合物主要以无定形形式存在，偏伊利石消失是因为其在高温下分解生成尖晶石，尖晶石可进一步生成耐高温的莫来石，使得生活污泥有较高的灰熔融温度。

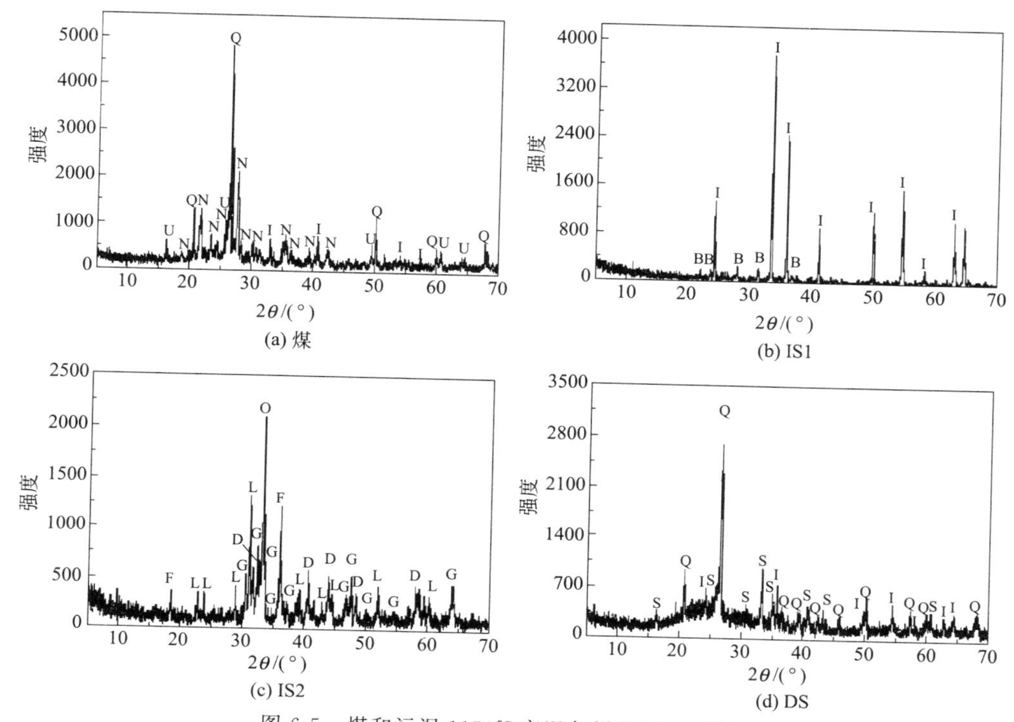

图 6-5　煤和污泥 1150℃高温灰样的 XRD 谱图

Q—石英（SiO_2）；I—氧化铁（Fe_2O_3）；U—莫来石（$3Al_2O_3 \cdot 2SiO_2$）；N—钙长石（$CaO \cdot Al_2O_3 \cdot SiO_2$）；B—钠长石（$NaAlSi_3O_8$）；O—孔贝石［$Na_{4.2}Ca_{2.8}(Si_6O_{18})$］；L—硅酸镁黄长石（$2CaO \cdot MgO \cdot 2SiO_2$）；G—钙镁橄榄石（$CaO \cdot MgO \cdot SiO_2$）；F—硅酸钙［Ca（$Si_2O_5$）］；D—硅酸镁（$MgSiO_3$）；S—硅线石（$Al_2O_3 \cdot SiO_2$）

② 工业印染污泥与煤掺混矿物组分转化　图 6-6 为 IS1 在 10％和 40％掺混比例下 1150℃高温灰样的 XRD 谱图。由图 6-6 可知，当 IS1 占总量的 10％时，铁的含量相对较低，低含量的铁的化合物会与硅铝氧化物形成低温共熔体，使泥煤混合物灰熔点降低。随着污泥 IS1 掺混的比例上升至 40％时，煤和污泥混合灰样的主要成分为氧化铁、石英和钙长石，如图 6-6（b）所示。此时氧化铁已经占据了主要成分，灰中逐渐有大量单体形式的氧化铁形成，氧化铁的熔融温度为 1565℃，导致污泥 IS1 在 40％掺混比例下混样的灰熔点提高。

（4）牛仔漂洗污泥与煤掺混矿物组分转化　图 6-7 为漂洗污泥 IS2 在 10％和 40％掺混比例下 1150℃高温灰样的 XRD 谱图。由图 6-7 可知，当 IS2 占总量的 10％时，检测到新生成的透辉石。透辉石在 1000～1100℃急剧熔解于碱金属的铝硅酸盐熔剂，一方面，可析出新的钙长石晶体；另一方面，促进了样品中游离石英的熔解，使灰熔点降低。当 IS2 的比例上升到 40％以后，XRD 分析则检测到镁黄长石、钙镁橄榄石和硅灰石；钙长石和透辉石的衍射峰消失。造成这一现象的原因是 IS2 中含有大量的碱金属 Ca 和 Mg 的化合物（表 6-2），当 IS2 的比例升高后，

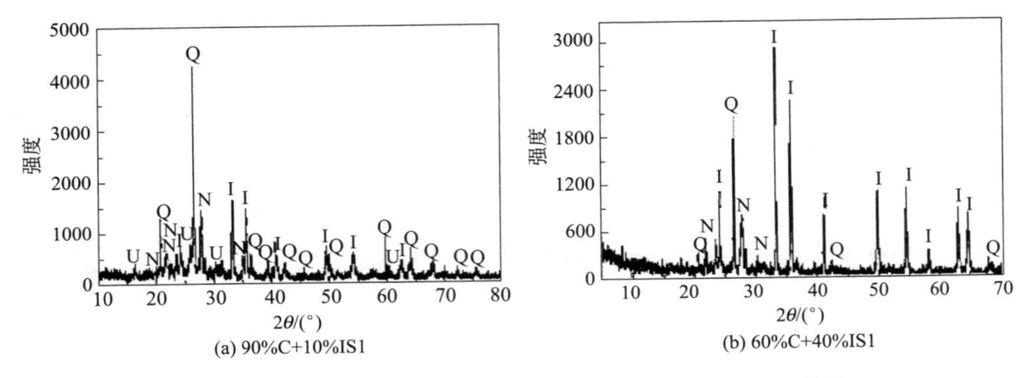

图 6-6 煤中掺入工业污染 IS1 后 1150℃高温灰样的 XRD 谱图

Q—石英（SiO_2）；N—钙长石（$CaO \cdot Al_2O_3 \cdot 2SiO_2$）；

I—氧化铁（Fe_2O_3）；U—莫来石（$3Al_2O_3 \cdot 2SiO_2$）

活跃的碱金属物质与硅铝酸盐发生置换反应，生成 Ca 和 Mg 比例更高的镁黄长石、钙镁橄榄石和硅灰石。钙镁橄榄石能经受 1500℃高温，镁黄长石的熔点也达到了 1450℃。综合来看，由于生成了钙镁橄榄石等难熔物质、透辉石和钙长石消失，混合灰样的灰熔点升高。

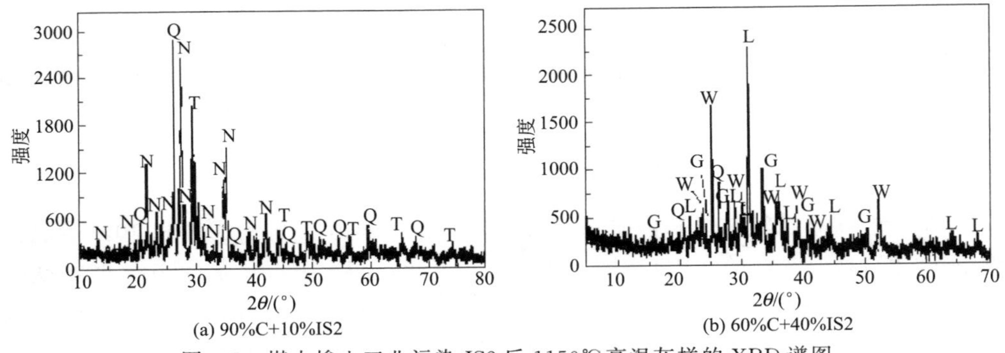

图 6-7 煤中掺入工业污染 IS2 后 1150℃高温灰样的 XRD 谱图

Q—石英（SiO_2）；N—钙长石（$CaO \cdot Al_2O_3 \cdot 2SiO_2$）；

L—镁黄长石（$2CaO \cdot MgO \cdot 2SiO_2$）；G—钙镁橄榄石（$CaO \cdot MgO \cdot SiO_2$）；

W—硅灰石（$CaO \cdot SiO_2$）；T—透辉石（$CaO \cdot MgO \cdot 2SiO_2$）

（5）生活污泥与煤掺混矿物组分转化　当煤中掺入生活污泥时，灰熔点先降低，之后在单煤和单生活污泥的灰熔点之间波动。取生活污泥占样品总量 10%时进行实验，以研究煤中掺入污泥后下降和波动的原因。图 6-8 为 DS 在 10%掺混比例下 1150℃高温灰样的 XRD 谱图。由图 6-8 可知，掺入 DS 后，混样中主要成分为石英、钙长石、莫来石和氧化铁。钙长石和莫来石的生成均与高岭石有关（图 6-4）。由于煤和 DS 中均富含高岭石，虽然 DS 的掺混比例会变化，莫来石和钙长石的含量不会剧烈变化，莫来石会提高灰熔点，而钙长石会降低灰熔点，两者对灰熔点的作用相反。DS含量较小时，煤中富含方解石，高温下会生成CaO，有利于高岭石向生成钙长石的方向反应，谱图中钙长石的峰值较高和衍射峰数目较多也说明了这一点。所以刚开始掺入DS时灰熔点会有小幅度下降。随后随着DS含量的升高，混样中CaO的含量降低，反应逐渐向生成莫来石的方向发展。但由于DS中磷元素含量高（表6-2），随着DS比例的升高，磷对灰熔点的影响逐渐显著。磷既有可能与碱金属反应生成难熔矿物，也有可能以非晶材料形式存在使灰熔点降低，通过表6-2中数据进行煤和DS混合后相关物质的线性加权计算，在煤和DS不同的掺混比例下，Al_2O_3和$CaO+Na_2O+K_2O+MgO$的物质的量之比均大于1，磷的存在会降低灰熔点。由于钙长石、莫来石和磷对灰熔点的综合影响，导致随着DS含量的提高，混样的灰熔点仅在单煤和单污泥的灰熔点之间波动变化。

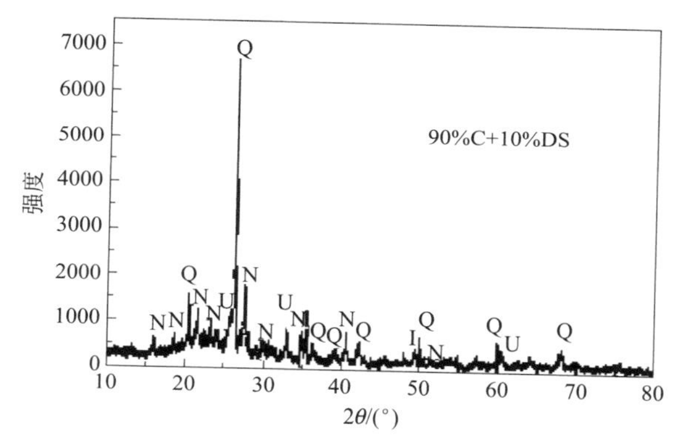

图6-8　煤中掺入生活污泥DS后1150℃高温灰样的XRD谱图

Q—石英（SiO_2）；N—钙长石（$CaO \cdot Al_2O_3 \cdot 2SiO_2$）；

U—莫来石（$3Al_2O_3 \cdot 2SiO_2$）；I—氧化铁（Fe_2O_3）

6.2.3.2　铝厂污泥对煤灰熔融特性的影响

一般认为，酸性氧化物含量越多，煤灰的熔点越高，碱性氧化物含量越多，灰熔点越低。硫在煤灰中起降低灰熔点的作用。目前已有很多通过添加助剂改变煤灰化学成分从而改变其熔融温度的报道，其中降低灰熔点的研究较多，而提高灰熔点的研究较少。张德祥等讨论了Al_2O_3对煤灰熔融特性的影响，结果表明Al_2O_3始终起提高灰熔点的作用，而FeO和CaO等铁基和钙基矿物是灰熔点低的关键因素。王泉清等利用高岭石作为阻熔剂提高神木煤灰熔点，龙永华则用3种黏土作为阻熔剂提高灰熔点。由于高岭石、黏土中不仅含Al_2O_3，还含其他杂质甚至一些不利于灰熔点提高的化合物，所以利用高岭石、黏土提高煤灰熔点时需大量加入，增加了灰分。铝型材厂污泥（WS）是铝型材表面处理得到的固体废渣，其主要成分是γ-Al_2O_3。研究煤灰在高温下的矿物演变主要使用X射线粉末衍射仪对高温结晶矿物进行检测。煤灰熔点低主要是由于形成了低温共熔物，其为无定形相，无法用XRD检测。文献都表明扫描电镜X射线能谱分析（SEM-EDX）能很好地用于考察低温共熔物对烧结过程的影响。

(1) 原料的基本性质

① 灰样 实验用福建低熔点煤样为建兴矿煤(JX)、永安矿煤(YA)和创宏矿煤(CH),将粒度小于0.2mm的粉煤置于马弗炉中,从室温升至(815±10)℃并恒温灰化2h,取出灰样放于干燥器中冷却至室温备用。

② 添加剂 铝厂污泥,主要成分是γ-Al_2O_3,粉碎至粒度小于0.2mm后,在815℃时灼烧1h,取出放于干燥器中冷却至室温备用。

煤灰及铝厂污泥的化学组成见表6-3。

表6-3 煤灰及铝厂污泥的化学组成

样本	煤的化学组成/%									
	SiO_2	Al_2O_3	Fe_2O_3	MgO	CaO	Na_2O	K_2O	TiO_2	P_2O_5	SO_3
JX	46.03	25.45	11.79	4.26	5.78	0.55	2.96	1.61	0.26	1.31
YA	44.03	23.82	13.47	3.87	6.35	0.35	1.77	4.43	0.78	0.61
CH	45.12	26.86	11.12	2.33	5.53	0.36	1.04	1.49	0.79	5.36
WS	6.64	88.79	0.32	1.66	0.70	0.57	0.44	0.88	—	—

(2) 铝厂污泥对煤灰熔点的影响 考察了阻熔剂添加量(占干基原煤灰的量)对煤灰初始形变温度(DT)、软化温度(ST)、半球温度(HT)、流动温度(FT)的影响,结果见图6-9。从图6-9可看出,随铝厂污泥添加量增加,煤样的DT、ST、HT和FT明显提高,添加量达6%时,JX、CH灰软化温度已达1250℃以上(一般认为气化炉固态排渣用煤软化温度不低于1250℃),添加量达9%时,YA灰软化温度也可达1250℃。这可能是永安煤本身灰熔点低、氧化铁含量比其他两种煤高,而Al_2O_3含量比其他两种煤低引起的。

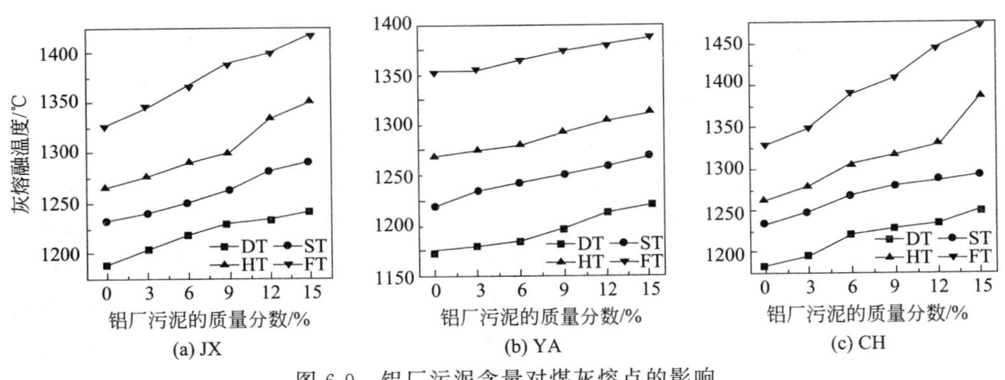

图6-9 铝厂污泥含量对煤灰熔点的影响

图6-10是JX煤灰(未添加助熔剂)在不同热处理温度(900~1200℃)下的XRD谱图。可见900℃前煤灰中主要矿物晶体是石英(SiO_2),其他金属氧化物则以无定形形式存在。温度升至1000℃时,无定形FeO(弱还原性气氛下存在形式)与SiO_2、Al_2O_3结合生成铁橄榄石(Fe_2SiO_4)和铁尖晶石($FeAl_2O_4$)。当温度

升至1200℃后，铁橄榄石和铁尖晶石等晶体形成低温共熔物。由于JX煤灰中含Fe_2O_3为11.79%，而CaO较少，因此，高温下JX煤灰中的矿物以铁橄榄石和铁尖晶石为主。

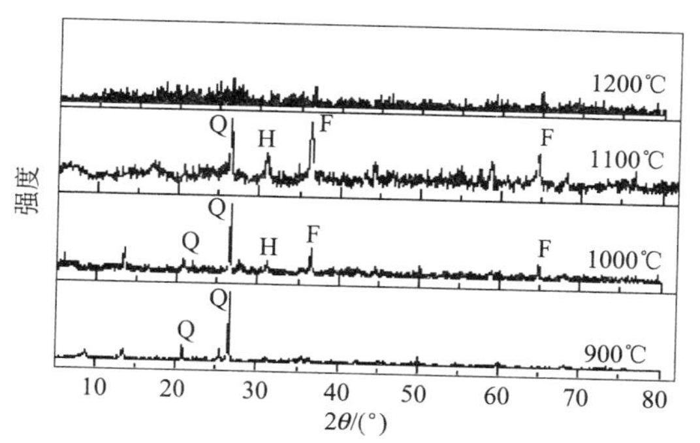

图6-10 JX煤灰在不同热处理温度下的XRD谱图

Q—石英；H—铁尖晶石；F—铁橄榄石

图6-11是添加6%阻熔剂的JX煤灰在不同温度(1000～1300℃)下的XRD谱图。由图可知，铝厂污泥的Al_2O_3与煤灰中的SiO_2在高温（1100℃）下反应生成莫来石（$3Al_2O_3\cdot 2SiO_2$）；温度继续升高，莫来石易与煤灰中的FeO反应生成铁橄榄石和铁尖晶石；1200℃时，莫来石、SiO_2衍射强度变弱；温度升至1300℃时，XRD谱表明灰渣已大量熔融。由图6-11可推断加入铝厂污泥后，JX煤灰随温度升高发生如下反应：

$$SiO_2+Al_2O_3 \longrightarrow 3Al_2O_3\cdot 2SiO_2$$

$$SiO_2+FeO \longrightarrow 2FeO\cdot SiO_2$$

$$Al_2O_3+FeO \longrightarrow Al_2O_3\cdot FeO$$

$$3Al_2O_3\cdot 2SiO_2+FeO \longrightarrow 2FeO\cdot SiO_2+Al_2O_3\cdot FeO$$

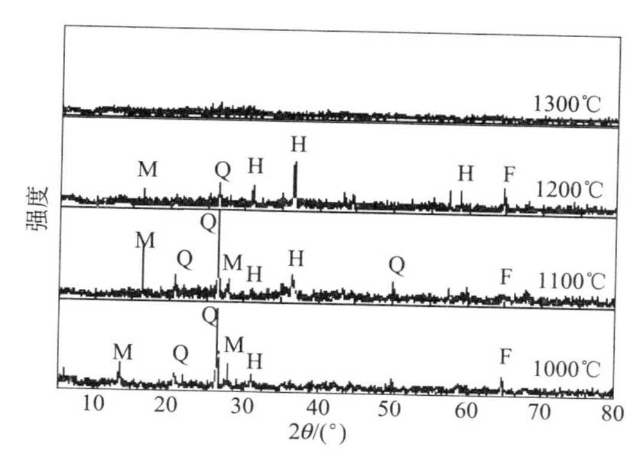

图6-11 添加6%铝厂污泥的JX煤灰的不同热处理温度下的XRD谱图

Q—石英；M—莫来石；H—铁尖晶石；F— 铁橄榄石

综合上述结果可知，JX煤灰熔点低主要是由于煤灰中含较多铁氧化物

(11.79%)，在高温下与煤灰中铝硅酸盐矿物反应生成铁橄榄石和铁尖晶石后，再形成低温共熔化合物。阻熔剂铝厂污泥的成分主要是 Al_2O_3，由于 Al_2O_3 为游离态，易与煤灰中的 SiO_2 反应生成莫来石。莫来石属于耐熔矿物，在灰渣中起骨架作用。同时，莫来石的生成可能消耗了煤灰中的 SiO_2，抑制了铁橄榄石生成。莫来石晶体中存在较弱的 Al—O 键，随温度升高，FeO 等碱金属氧化物进入时，Al—O 键被打破，生成铁橄榄石和铁尖晶石，延缓了铁铝硅酸盐共熔物形成，从而提高了灰熔点。

(3) 添加铝厂污泥前后 JX 煤灰的 SEM-EDX 分析　图 6-12 为 JX 原煤灰在不同热处理温度（900～1200℃）下的表面形貌，各样品在所示位置的元素分析结果见表 6-4。图 6-12(a) 中煤灰中存在一些颗粒状物质，表 6-4 表明其主要为含 Si、O 元素的石英结晶（点 1）及含 Fe、Al 和 Si 元素的铁铝硅酸盐（点 2）。结合 XRD 谱说明，煤灰在 1000℃前主要的晶态矿物为石英和铁铝硅酸盐（铁橄榄石和铁尖晶石）。图 6-12(b) 中存在明显的颗粒状物（点 3）并伴有熔融态的片状物（点 4），这些颗粒状物质主要是石英，而片状区域铁元素含量较高且含 Al、Si 元素（表 6-4），说明是铁橄榄石与铁尖晶石。图 6-12(c) 中出现多孔结构（点 6），内部化学组成为铁质铝硅酸盐（表 6-4），可推断这是铁橄榄石和铁尖晶石形成的低温共熔物。

(a) 1000℃

(b) 1100℃

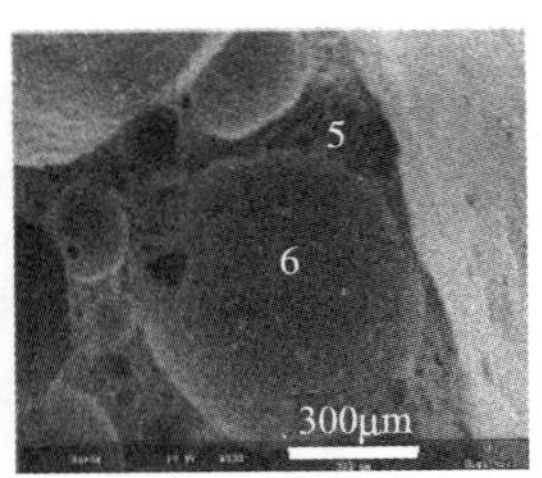

(c) 1200℃

图 6-12　JX 煤灰在不同热处理温度下的 SEM 图

表 6-4　图 6-12 中对应点的能谱分析结果

元素	图 6-12 中的组成/%					
	1	2	3	4	5	6
Fe	5.14	31.69	2.87	36.86	2.11	35.81
Si	26.99	12.38	19.03	12.13	20.88	18.13
Al	7.01	13.53	5.91	18.74	20.24	12.71
Ca	3.00	1.54	0.37	1.58	0.98	2.25
Mg	2.69	1.29	0.21	1.69	1.39	1.59
K	2.55	1.19	1.01	1.30	2.93	0.68
Na	2.03	0.20	1.88	0.95	1.67	0.31
O	49.59	36.18	68.70	27.81	49.80	27.53

由此可见，煤灰中 FeO 与铝硅酸盐结合形成的铁尖晶石和铁橄榄石易在高温下形成低温共熔物，是导致煤灰熔点低的重要原因。图 6-13 为添加 6%铝厂污泥的 JX 煤灰在 900～1200℃温度段内的微观形貌，表 6-5 为图 6-13 中各点的能谱分析结果。图 6-13(a) 中煤灰开始形成颗粒状物（点 3），但仍有一些表面平滑区域（点 1），颗粒状物主要含 Si、O 元素（表 6-5），说明在该温度下主要的结晶物为石英。图 6-13(b) 中平滑区域已消失，取而代之的是高亮颗粒（点 4、5）、低亮颗粒（点 6）和团聚物（点 7）。高亮颗粒中主要含 Al、Si 和 O 元素，低亮颗粒以 Si、O 元素为主，团聚物中包含了 Al、Si、Fe 和 Ca 等元素（表 6-5）。由图 6-11 可知，煤灰在 1000℃时已出现了莫来石。当热处理温度升至 1100℃时［图 6-13(c)］，煤灰表面出现了颗粒（点 8、9）与片状区域（点 10）共存的形貌，点 8、9 主要含 Si、Al 和 Fe 元素，片状区域(点 10)Fe 元素质量分数较高(表 6-5)。结合图 6-11，此时煤灰中无定形的 FeO 已与铝硅酸盐结合形成铁尖晶石、铁橄榄石等铁铝硅酸盐。从图 6-13(d) 可看到，煤灰在 1200℃下已大面积片层状熔融（点 11、12），仅有少量颗粒状物质（点 13、14）附着于片层结构上，颗粒状物质和熔融状物质所含元素基本一致，均存在 Si、Al、Fe 和 O，区别在于熔融状物质其 Fe 含量较颗粒状物质高，并且含少量 Ca、Mg 和 K(表 6-5)。结合图 6-11，此时大量铁铝硅酸盐形成低温共熔物并熔融，但仍有少量石英、铝硅酸盐晶体。

(a) 900℃ (b) 1000℃ (c) 1100℃ (d) 1200℃

图 6-13 添加 6%铝厂污泥的 JX 煤灰在不同热处理温度下的 SEM 图

表 6-5 图 6-13 中对应点的能谱分析结果

元素	图 6-13 中的组成/%													
	1	2	3	4	5	6	7	8	9	10	11	12	13	14
Fe	12.25	5.83	5.64	6.16	2.96	5.76	12.28	15.10	11.62	31.24	33.04	35.19	5.48	6.76
Si	17.70	27.53	24.68	14.76	12.60	27.19	20.43	18.67	19.11	14.71	14.15	7.48	24.47	30.17
Al	15.07	4.09	8.01	25.88	31.41	4.71	12.57	13.75	14.21	9.52	9.16	14.92	13.98	4.89
Ca	1.33	5.37	5.21	2.10	1.88	5.29	2.33	5.88	5.92	2.18	2.09	2.23	1.55	1.91
Mg	2.09	3.84	3.62	1.65	1.31	3.78	3.29	2.25	0.77	1.32	1.27	1.35	2.20	2.71
K	6.92	5.20	5.06	2.11	1.75	5.14	4.70	1.75	5.63	1.76	1.69	1.80	5.04	6.22
Na	3.10	4.14	3.94	2.47	2.17	4.11	1.70	0.37	0.67	2.18	2.10	2.23	1.64	2.02
O	41.55	43.99	43.84	44.87	45.91	44.03	42.71	42.22	42.07	37.08	36.51	34.80	45.64	45.31

综上所述，煤灰中加入铝厂污泥后，由于灰中 Al 含量提高使莫来石晶体析出，随温度升高，莫来石与 FeO 反应生成铁橄榄石和铁尖晶石。高温下铁橄榄石和铁尖晶石形成共熔物使灰熔化。所以莫来石的出现不仅在灰中起骨架作用，还延缓了铁铝硅酸盐共熔物形成。

6.2.3.3 不同类型污泥对褐煤灰熔融温度的影响

表 6-6 原料的工业分析和元素分析

项目	褐煤 L	污泥 A	污泥 V	污泥 F
水分/%	12.50	6.81	3.90	4.32
挥发分/%	46.9	64.9	61.1	51.8
灰分/%	10.7	25.4	33.5	45.4
固定碳/%	42.4	9.7	5.4	2.8
高热值/(MJ/kg)	19.19	17.66	16.23	11.85
碳/%	56.47	38.82	35.20	25.40
氢/%	5.31	6.19	5.35	4.06
氮/%	0.78	5.78	4.90	2.90
硫/%	4.18	1.17	1.14	0.77
氯/%	—	0.3	0.7	1.4

（1）原料的性质分析　选用西班牙褐煤 L 和三种来自不同城市污水处理厂的不同类型的污泥（污泥 A、F 和 V），污泥 A 是通过厌氧处理所得到的，污泥 F 通过 $Ca(OH)_2$ 和 $FeCl_3$ 处理得到，污泥 V 通过 $FeCl_3$ 和有机聚电解质处理。原料的工业分析和元素分析见表 6-6。通过表 6-6 中工业分析的结果可以发现，污泥挥发分的产率高于褐煤。在干燥无灰基中挥发分含量的排序为污泥 F(94.9%) ＞污泥 V(91.9%) ＞污泥 A(80.7%) ＞褐煤(52.5%)，固定碳含量排序为污泥 F＜污泥 V＜污泥 A＜褐煤。污泥的发热量低于褐煤。由元素分析可以看出，褐煤的 C/H 质量比为 10.6∶1，高于污泥的 C/H 质量比（约 6.4∶1）。褐煤的 S 含量明显高于污泥，但是污泥的 N 含量明显高于褐煤。

污泥与褐煤的 C、H 和 N 的含量采用埃尔默珀金 2400 燃烧分析仪进行分析，S 的含量采用艾氏卡法进行测定。通过 $HNO_3+H_2O_2+HF+H_3BO_3$ 消解后，对 Cl 的含量采用电感耦合等离子体质谱法进行测定，发热量根据 ASTM D2015 标准进行测定。对于原材料和混合物，按 ASTM D3714 标准进行灰化，在最后的 800℃的温度下恒温 2 h，灰的化学组成采用电感耦合等离子体原子发射光谱法进行测定，样品通过 $LiBO_2$ 进行熔融，S 的测定采用 LECO SC-32 分析仪进行测定。向褐煤中添加干燥污泥，配成污泥占 10%和 50%的污泥与煤的混合物。对污泥 A 和褐煤 L 的混合物分别表示为 LA1 和 LA2，LA1 表示占 10%，LA2 表示占 50%。同样其他污泥与褐煤的混合物分别表示为 LV1 和 LV2、LF1 和 LF2。

表 6-7 为污泥、褐煤灰及其混合物的主要化学组成（以氧化物的形式表示）和 S 的含量。褐煤灰的 SiO_2、Al_2O_3、TiO_2、Fe_2O_3、K_2O、P_2O_5 和 Cr_2O_3 的含量最低，但是 S、MgO、MnO_2 和 Na_2O 的含量最高。褐煤灰的 CaO 含量高于污泥 A 和 V 灰，但是低于污泥 F 灰。污泥灰中 P_2O_5 的含量高于褐煤，污泥 A 的含量最高。因此向褐煤中添加污泥将会使褐煤灰中 SiO_2、Al_2O_3、TiO_2、Fe_2O_3、K_2O、P_2O_5 和 Cr_2O_3 的含量增加。添加污泥 F 可以使 CaO 含量略微增加，添加污泥 A、V 使 CaO 含量减少。

表 6-7　污泥、褐煤灰及其混合物的主要化学组成

样本		化学组成/%											
		SiO_2	Al_2O_3	Fe_2O_3	MgO	CaO	Na_2O	K_2O	TiO_2	P_2O_5	MnO_2	Cr_2O_3	S
褐煤 L		12.75	3.25	3.18	7.16	27.99	0.53	0.22	0.05	0.02	0.41	0.004	16.5
污泥 A		39.84	14.65	7.01	2.17	12.66	0.44	2.31	0.85	16.54	0.07	0.179	0.9
污泥 V		44.66	11.80	15.32	2.17	7.07	0.24	3.03	0.69	12.30	0.05	0.030	0.6
污泥 F		24.26	8.77	22.1	2.06	32.68	0.2	0.86	0.43	4.86	0.35	0.066	1.2
污泥与褐煤灰	LA1	19.08	5.87	3.97	5.90	24.14	0.50	0.68	0.24	3.88	0.33	0.044	12.6
	LA2	34.76	12.71	6.38	3.75	17.75	0.52	1.92	0.69	12.95	0.17	0.141	5.0
	LV1	21.36	5.60	6.43	5.54	21.44	0.44	0.97	0.23	3.44	0.3	0.011	11.9
	LV2	39.50	10.48	13.28	3.35	12.15	0.32	2.53	0.59	9.88	0.13	0.024	4.1
	LF1	15.08	4.68	9.28	4.9	28.38	0.40	0.47	0.16	1.44	0.34	0.023	14.3
	LF2	20.02	7.09	17.86	2.68	30.10	0.24	0.77	0.33	3.54	0.32	0.048	6.8

通过表 6-7 可以发现以下几点。

① 在灰化过程中约有 20% 的 Na 和 K 从污泥 V 中挥发，污泥 A 没有挥发，污泥 F 和褐煤中 K 约挥发 45%，钠没有挥发。污泥 F 中 Cl 含量较高，碱金属的挥发可能是由于形成了氯化物，挥发的 NaCl 和 KCl 可能会沉积在换热器表面形成积灰。在污泥与煤的混合物中 Na 和 K 的挥发量约等于褐煤与污泥混合按比例添加后所计算出来的量。

② 硫在污泥与褐煤中的挥发量较大，在褐煤中挥发量为 58%，在污泥 V、A 和 F 中的挥发量分别为 82%、80%、29%。在污泥 F 中 S 的挥发量低主要是由于 CaO 含量高，与 CaO 反应生成 $CaSO_4$，在褐煤与污泥 F 的混合物中没有挥发的 S 所占的比例较高，高于通过计算所得到的量，这表明污泥中的 Ca 使褐煤中的硫保存了下来。

③ 在任何样品原料中 P 没有挥发。

表 6-8　原材料与其混合物的变形温度 IT、软化温度 ST、半球温度 HT、流动温度 FT

样本	IT/℃	ST/℃	HT/℃	FT/℃
褐煤 L	1405	1420	1440	1460
污泥 A	1165	1200	1235	1285
污泥 V	1200	1245	1280	1340
污泥 F	1225	1255	1275	1320

续表

样本		IT/℃	ST/℃	HT/℃	FT/℃
L与A、V和F的混合灰	LA1	1305	1310	1315	1320
	LA2	1260	1280	1290	1320
	LV1	1235	1240	1245	1255
	LV2	1240	1260	1285	1305
	LF1	1340	1380	1395	1415
	LF2	1250	1260	1270	1290

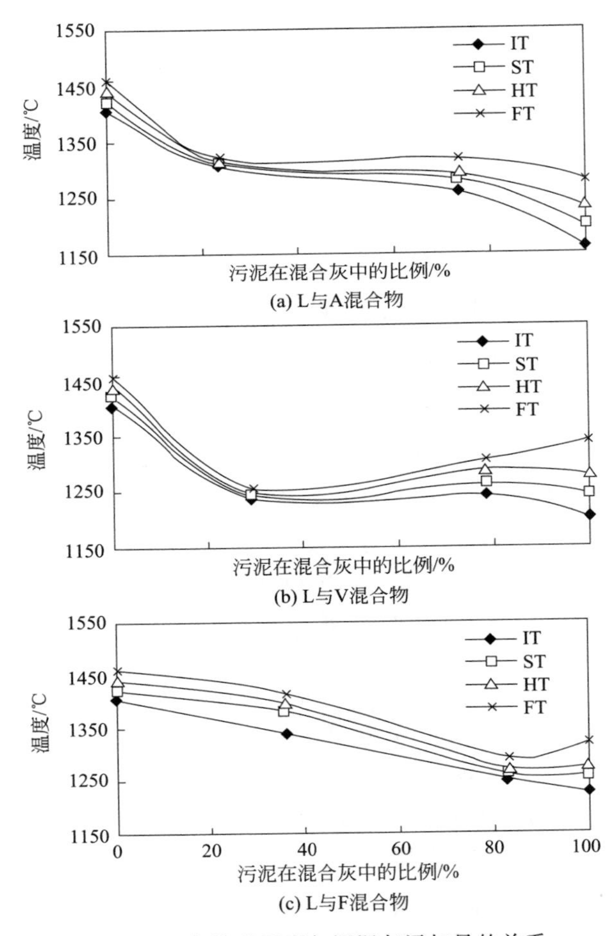

图 6-14 灰熔融温度与污泥灰添加量的关系

(2) 污泥对灰熔点的影响 灰的粒度被破碎到 0.75mm 以下，按 ASTM D1857 标准在氧化性气氛下采用 LECO AF-600 测定仪对灰熔融温度进行测定。每个灰熔融温度都是采用不同实验所获得的平均值，在所有测试中同一样品的灰熔融温度在不同实验中的差值小于30℃。结果见表6-8和图6-14。

通过表6-8和图6-14可以发现，灰熔融温度的变化与污泥灰的增加量不呈线性关系。褐煤灰具有较高的灰熔融温度，但是整个灰熔融过程的温度差较小（变形温度与流动温度之差），污泥灰熔融温度低于褐煤灰熔融温度，具有较大的熔融温度差。污泥A的温度差是120℃，污泥V的温度差是140℃，污泥F的温度差是95℃，因此灰熔融温度范围排序为褐煤＜污泥F＜污泥A＜污泥V。褐煤灰熔融温度的变化主要取决于污泥的类型以及污泥的添加量。向褐煤中添加污泥A和F，每一种污泥褐煤灰的熔融温度都出现降低的相似变化趋势，但是LF1和LF2具有不同的行为。因此LV1具有灰熔融温度的最小值（分别使褐煤的变形温度与流动温度降低170℃和205℃），并且具有较小的熔融温度范围。在LA1中灰熔融温度出现小幅度的降低（变形温度与流动温度分别降低100℃、140℃），变形温度与流动温度的温度差仅为15℃。LV2、LA2都使灰熔融温度降低，但是变形温度与流动温度的温度差稍大（LV2为65℃，LA2为60℃）。同样污泥F可以降低褐煤的灰熔融温度。

（3）添加污泥对煤灰矿物质以及矿物质转化的影响 灰熔融温度不只受煤灰化学组成的影响，也与矿物质有关。难熔矿物莫来石、石英和金红石能提高灰熔融温度，然而助熔矿物硬石膏、硅酸钙和赤铁矿等能降低灰熔融温度。对于煤、污泥和污泥与煤的混合灰的结渣倾向性，还与低温共熔物的形成有关。褐煤、污泥以及它们的混合物的矿物质转化在800～1100℃通过XRD进行了分析，见表6-9。在800℃所有的样品中都检测到了石英（SiO_2）和赤铁矿（Fe_2O_3），除了在F灰中没检测到，其余的灰中都能检测到硬石膏（$CaSO_4$）。在所有样品中都含有不同类型的硅酸盐和硅铝酸盐。虽然在每个样品中都能检测到硅酸盐，但是硅铝酸盐仅在A、LA1、LA2、F、LF1和LF2中检测到。在污泥及其与煤的混合灰中可以检测到磷酸盐，而在褐煤灰中没有检测到。在1100℃时矿物质的种类减少。在800℃时褐煤灰中矿物质主要为硬石膏（$CaSO_4$）、赤铁矿（Fe_2O_3）、少量的石英（SiO_2）、富铁镁橄榄石（$Mg_{1.38}Fe_{0.61}Ca_{0.01}SiO_4$），在1100℃时硬石膏含量减少，并且检测到了斜硅钙石（Ca_2SiO_4）。由于褐煤中磷含量较低，所以未检测到含磷的矿物质。

表6-9 800℃和1100℃通过XRD所测定的煤灰中的矿物质

样本	800℃	1100℃
褐煤L	石英(SiO_2)，硬石膏($CaSO_4$)，赤铁矿(Fe_2O_3)，镁橄榄石($Mg_{1.38}Fe_{0.61}Ca_{0.01}SiO_4$)	硬石膏($CaSO_4$)，斜硅钙石($2CaO \cdot SiO_2$)
污泥A	石英(SiO_2)，硬石膏($CaSO_4$)，赤铁矿(Fe_2O_3)，斜硅钙石($2CaO \cdot SiO_2$)，钙铝黄长石($CaO \cdot Al_2O_3 \cdot 2SiO_2$)，富铁磷酸钙[$Ca_9Fe(PO_4)_7$]，磷酸钙[$Ca_3(PO_4)_2$)]	石英(SiO_2)，钙铝黄长石($CaO \cdot Al_2O_3 \cdot 2SiO_2$)，富铁磷酸钙($Ca_9Fe(PO_4)_7$，白磷钙石[$Ca_{2.71}Mg_{0.29}(PO_4)_2$]
污泥V	石英(SiO_2)，硬石膏($CaSO_4$)，赤铁矿(Fe_2O_3)，硅酸铝铁矿物[$Fe_3Al_2(SiO_4)_3$]，白磷钙石[$Ca_{2.71}Mg_{0.29}(PO_4)_2$]	石英(SiO_2)，赤铁矿(Fe_2O_3)，莫来石($3Al_2O_3 \cdot 2SiO_2$)

续表

样本	800℃	1100℃
污泥 F	石英(SiO_2),赤铁矿(Fe_2O_3),斜硅钙石($2CaO \cdot SiO_2$),钙长石($2CaO \cdot Al_2O_3 \cdot SiO_2$),氯磷灰石[$Ca_{9.97}(PO_4)_6Cl_{1.94}$]	石英(SiO_2),赤铁矿(Fe_2O_3),氯磷灰石[$Ca_{9.97}(PO_4)_6Cl_{1.94}$]
LA1 混合	石英(SiO_2),硬石膏($CaSO_4$),赤铁矿(Fe_2O_3),硅酸二钙($2CaO \cdot SiO_2$),钙长石($2CaO \cdot Al_2O_3 \cdot SiO_2$),二硅酸三钙($Ca_3Si_2O_7$),富铁磷酸钙[$Ca_9Fe(PO_4)_7$]	硬石膏($CaSO_4$),钙镁硅酸盐($CaMgSi_2O_6$)
LV1 混合	石英(SiO_2),硬石膏($CaSO_4$),赤铁矿(Fe_2O_3),镁橄榄石($Mg_{1.38}Fe_{0.61}Ca_{0.01}SiO_4$),白磷钙石[$Ca_{2.71}Mg_{0.29}(PO_4)_2$]	硬石膏($CaSO_4$),石英(SiO_2),钙长石($2CaO \cdot Al_2O_3 \cdot SiO_2$)
LF1 混合	石英(SiO_2),硬石膏($CaSO_4$),赤铁矿(Fe_2O_3),镁橄榄石($Mg_{1.78}Fe_{0.22}SiO_4$),钙长石($2CaO \cdot Al_2O_3 \cdot SiO_2$),氯磷灰石[$Ca_{9.97}(PO_4)_6Cl_{1.94}$],羟基磷灰石[$Ca_5(PO_4)_3(OH)$]	硬石膏($CaSO_4$),赤铁矿(Fe_2O_3),钙镁硅酸盐($CaMgSi_2O_6$),钙铁硅酸盐($CaFeSi_2O_6$)
LA2 混合	石英(SiO_2),硬石膏($CaSO_4$),赤铁矿(Fe_2O_3),镁橄榄石[$Mg_{1.38}Fe_{0.61}Ca_{0.01}SiO_4$],钙长石($CaO \cdot Al_2O_3 \cdot 2SiO_2$),富铁磷酸钙[$Ca_9Fe(PO_4)_7$]	石英(SiO_2),硬石膏($CaSO_4$),赤铁矿(Fe_2O_3),钙铝黄长石($2CaO \cdot Al_2O_3 \cdot SiO_2$),富铁磷酸钙[$Ca_9Fe(PO_4)_7$],白磷钙石[$Ca_{2.71}Mg_{0.29}(PO_4)_2$]
LV2 混合	石英(SiO_2),硬石膏($CaSO_4$),赤铁矿(Fe_2O_3),镁橄榄石($Mg_{1.38}Fe_{0.61}Ca_{0.01}SiO_4$),白磷钙石[$Ca_{2.71}Mg_{0.29}(PO_4)_2$],磷酸钠铁[$NaFe(PO_4)$]	石英(SiO_2),硬石膏($CaSO_4$),赤铁矿(Fe_2O_3),莫来石($3Al_2O_3 \cdot 2SiO_2$),钙长石($2CaO \cdot Al_2O_3 \cdot SiO_2$)
LF2 混合	石英(SiO_2),硬石膏($CaSO_4$),赤铁矿(Fe_2O_3),钙长石($2CaO \cdot Al_2O_3 \cdot SiO_2$),斜硅钙石($2CaO \cdot SiO_2$),镁橄榄石($Mg_{1.38}Fe_{0.61}Ca_{0.01}SiO_4$),氯磷灰石[$Ca_{9.97}(PO_4)_6Al_{1.94}$]	石英(SiO_2),硬石膏($CaSO_4$),赤铁矿(Fe_2O_3),钙长石($2CaO \cdot Al_2O_3 \cdot SiO_2$)

在800℃的污泥灰中矿物质主要为石英(A和V)、赤铁矿(V)、硅酸盐和硅铝酸盐。污泥A、F中和污泥V中的硅酸盐矿物分别为斜硅钙石(Ca_2SiO_4)和硅酸铝铁矿物[$Fe_3Al_2(SiO_4)_3$]。污泥A和F中硅铝酸盐分别为钙长石($CaO \cdot Al_2O_3 \cdot 2SiO_2$)和钙铝黄长石($2CaO \cdot Al_2O_3 \cdot SiO_2$)。污泥A和V中磷酸盐分别为$Ca_9Fe(PO_4)_7$和$Ca_3(PO_4)_2$、$Ca_3(PO_4)_2$,在污泥F灰中存在氯磷灰石[$Ca_{9.97}(PO_4)_6Cl_{1.94}$]。在1100℃时所检测到的矿物质种类较少,无定形的磷酸盐化合物生成导致在V、LA1、LV1、LF1、LV2和LF2中没有检测到磷酸盐。新的硅酸盐和硅铝酸盐随着温度的升高而生成,可以用来解释灰熔融特性的变化,这与SiO_2-Al_2O_3-CaO三元相图一致。污泥V中的Si和Al反应生成的莫来石,与L中的Ca反应生成钙黄长石。污泥V中较高的Fe_2O_3/CaO比促进了铁铝硅酸盐的生成。

在 LF 系列灰中，1100℃下的 LF1 检测到的矿物主要为钙镁硅酸盐（$CaMgSi_2O_6$）和钙铁硅酸盐（$CaFeSi_2O_6$），这主要是由于污泥 F 中含有较高的 CaO、SiO_2 和 Fe_2O_3 以及褐煤灰中较高含量的 MgO。在 LA 系列灰中，LA1 在 1100℃的主要矿物质为钙镁硅酸盐，在 LA2 灰中主要矿物为白磷钙石，主要是由于 LA2 灰中具有最高含量的 P_2O_5。

（4）褐煤污泥混合灰中矿物组成对灰熔融温度的影响相图分析　为了探索灰中的矿物质转化和矿物质对灰熔融温度的影响，采用了 SiO_2-Al_2O_3-CaO 和 SiO_2-Fe_2O_3-CaO 三元相图对其进行分析。然而 SiO_2-Al_2O_3-CaO 三元相图预测灰熔融特性的效果优于 SiO_2-Fe_2O_3-CaO。由图 6-15 可以看出，三个系列的混合灰落在三元相图的低温共熔区，这与它们各自较低的灰熔融温度相对应。

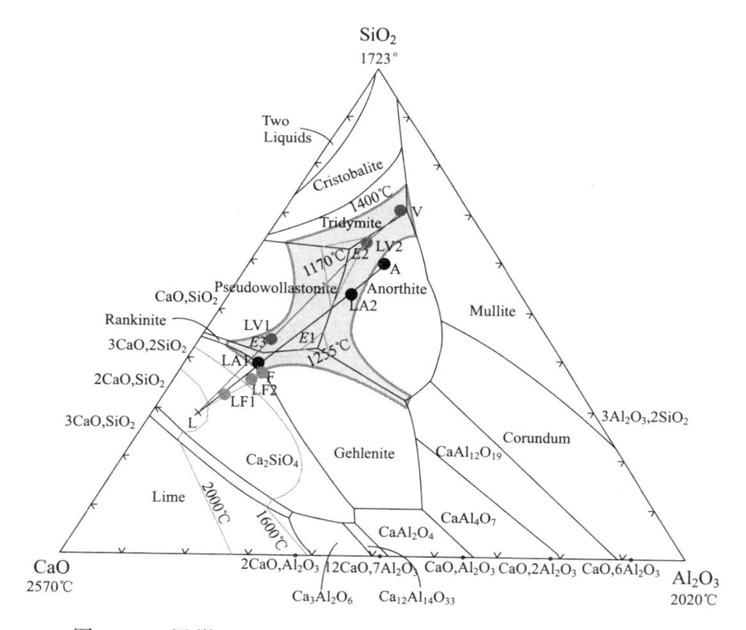

图 6-15　褐煤、污泥及其混合物在三元相图中的对应位置

褐煤灰熔融温度较高，位于 SiO_2-Al_2O_3-CaO 和 SiO_2-Fe_2O_3-CaO 三元相图的斜硅钙石区，1100℃时的褐煤 L 灰中，有少量的斜硅钙石与大量的硬石膏被检测到，但是没有石英：

$$CaSO_4(s) \longrightarrow CaO(s) + SO_2(s) + \frac{1}{2}O_2(g) \tag{6-10}$$

$$2CaO(s) + SiO_2(s) \longrightarrow 2CaO \cdot SiO(s) \tag{6-11}$$

向褐煤中添加 10% 和 50% 的污泥形成煤和污泥混合物，其灰熔融温度降低的幅度主要取决于污水处理时的无机添加剂以及污泥中磷的含量。污泥中的 SiO_2、Fe_2O_3、CaO 和 P_2O_5 所生成的硅酸盐和含磷化合物使得污泥和褐煤的混合灰熔融温度降低，含磷化合物的生成使降低效果更加明显。

(5) *污泥A和褐煤混合灰中的矿物学行为* LA1灰处于三元相图的低温熔融区，并且靠近共晶点 $E3$，这解释了变形温度降低（100℃）以及熔融温度降低（40℃）的现象，使得灰熔融变形温度与流动温度差只有15℃。在1100℃时矿物组成只有硬石膏、钙镁硅酸盐，通过 $CaO-SiO_2-Al_2O_3$ 三元相图可知假硅灰石是不存在的。钙镁硅酸盐与假硅灰石属于同样的类型。另外LA1灰在800℃时有7种矿物质被检测到，如磷酸盐、硬石膏和不同种类的硅酸盐。在1100℃时矿物质的减少主要是由于形成了无定形的化合物，这些化合物不能被XRD检测到，具有降低灰熔融温度的作用。

LA2灰处于 $CaO-SiO_2-Al_2O_3$ 三元相图钙长石低温共熔区，在共晶点 $E1$ 和 $E2$ 之间，这造成混合灰变形温度较低以及熔融温度差较大。同样，较高的磷含量导致了灰熔融温度的降低。在1100℃时混合灰中检测到了钙长石，石英以及硬石膏的含量降低了。

污泥A处于钙长石区，位于低温区的边界线上。A具有最低的变形温度，主要是由于具有最高的磷含量（16.5%），在1100℃时钙长石被检测到，与 $CaO-SiO_2-Al_2O_3$ 三元相图一致。

褐煤、污泥以及褐煤和污泥的混合物灰与 $SiO_2-Al_2O_3-CaO$ 和 $SiO_2-Fe_2O_3-CaO$ 三元相图的三元共晶的数据见表6-10。

表6-10 褐煤、污泥以及褐煤和污泥的混合物灰与 $SiO_2-Al_2O_3-CaO$ 和 $SiO_2-Fe_2O_3-CaO$ 三元相图的三元共晶的数据

样本/共晶		IT/℃	SiO_2/CaO	Al_2O_3/CaO	Fe_2O_3/CaO	P_2O_5/CaO
褐煤L		1405	0.43	0.06	0.04	0.0003
LA1混合		1305	0.74	0.13	0.06	0.06
LA2混合		1260	1.83	0.39	0.13	0.29
污泥A		1165	2.94	0.64	0.19	0.52
LV1混合		1235	0.93	0.14	0.11	0.06
LV2混合		1240	3.03	0.47	0.38	0.32
污泥V		1200	5.90	0.92	0.76	0.69
LF1混合		1340	0.53	0.10	0.12	0.02
LF2混合		1250	0.64	0.13	0.12	0.02
污泥F		1225	0.69	0.15	0.24	0.06
$SiO_2-Al_2O_3-CaO$ 三元相图的三元共晶	共晶1($E1$)	1265	1.0	0.3		
	共晶2($E2$)	1170	2.7	0.4		
	共晶3($E3$)	1310	1.1	0.3		
$SiO_2-Fe_2O_3-CaO$ 三元相图的三元共晶	共晶1($E1$)	1214	0.7		0.4	
	共晶2($E2$)	1204	1.8		0.4	

(6) *污泥V和褐煤混合灰中的矿物学行为* 添加量为10%的混合物灰变形温度降低，最高达到170℃，变形温度与流动温度差仅为20℃，这是由于LV1处于三元相图 $CaO-SiO_2-Al_2O_3$ 低温共熔区，并且靠近共晶点 $E3$ 与 $E1$。在1100℃时少

量的钙铝黄长石和石英被检测到。与 800℃相比，硬石膏出现明显的减少。无定形的化合物的形成使得在 LV1 灰中没有检测到矿物质赤铁矿和磷酸盐。

LV2 处于三元相图的低温区，并且靠近共晶点 $E2$。混合灰的摩尔比与 $E2$ 相接近，具有较低的灰熔融温度、较低的变形温度、较小的熔融温度差。在 1100℃时，LV2 灰中主要矿物为石英、赤铁矿、硬石膏、钙黄长石和莫来石，钙黄长石和莫来石与三元相图分析结果一致，磷酸盐矿物没有被检测到主要是由于在这个温度下形成了无定形的化合物，与 LV1 相比，较高的 P_2O_5 含量使得灰熔融温度降低。

污泥 V 处于鳞石英低温熔融区，与 LV2 相比，离共晶点 $E2$ 较远，这与灰熔融温度范围较大相对应。污泥 V 在 1100℃时的矿物组成主要为石英、赤铁矿和莫来石，V 中含磷的矿物质没有被检测到，主要是由于形成了无定形的化合物。

(7) *污泥 F 和褐煤混合灰中的矿物学行为* 污泥 F 系列主要位于斜硅钙石区，污泥 F 和 LF2 位于低灰熔点区域，并且靠近 $E3$ 共晶点，因此它们的变形温度非常低。然而对于污泥 F 灰，变形温度与流动温度差与污泥 L 和 V 相似。污泥 F 和 LF2 的变形温度分别为 1225℃和 1250℃。$E3$ 共晶点的温度约为 1310℃，在 1100℃时两种灰中都检测到了石英、赤铁矿和钙黄长石，钙黄长石的存在可以通过 $CaO-SiO_2-Al_2O_3$ 三元相图预测到。氯磷钙石在污泥 F 灰中被检测到，硬石膏在 LF2 中被检测到。

LF1 具有较高的灰熔融温度，在 1100℃时磷酸盐没有被检测到，然而硬石膏、赤铁矿和钙硅石被检测到。与污泥 F 和 LF2 灰相比，LF1 灰的变形温度较高，变形温度与流动温度差较大，与其他褐煤污泥混合灰相比，LF1 不靠近共晶点是磷含量较低所致。$CaMgSi_2O_6$ 和 $CaFeSi_2O_6$ 被检测到，这与 $CaO-SiO_2-Al_2O_3$ 三元相图的分析结果不一致。在 1100℃时污泥 F 中含磷矿物质被检测到，但是在 LF1 和 LF2 中没有被检测到，主要是由于 LF1 和 LF2 的磷含量较低，或者形成了无定形的磷酸盐矿物质。

6.3 赤泥对煤灰熔融特性的调控

6.3.1 赤泥的来源、组成和利用

赤泥是氧化铝冶炼工业生产过程中排出的固体废渣，目前全世界每年产生 0.7 亿～1.2 亿吨的赤泥。赤泥组成极其复杂，具有强碱性（氧化铁、氧化铝和氧化钙等碱性氧化物）和放射性（铯、锶、铀），长期大量堆放，不但会污染大气环境，而且将会导致土地碱化和沼泽化，进而污染地下水体，给人们的生命安全造成隐患。近年来，赤泥资源的合理开发利用成为人们关注的焦点。赤泥的成分来自于铝土矿和提炼工艺过程的添加剂，以及反应产生的化合物。赤泥根据生产工艺的不同

可分为拜耳法赤泥、烧结法赤泥和联和法赤泥。赤泥的主要成分受生产工艺及其产地和储存时间的影响，主要成分的质量组成见表 6-11。

表 6-11 赤泥的化学成分

化学成分	Na_2O	MgO	Al_2O_3	SiO_2	Fe_2O_3	K_2O	CaO	TiO_2	灼减
数值/%	0.76～2.1	0.89～1.38	2.56～8.2	20.8～23.56	4.0～9.12	0.5～1.0	40.5～49.5	1.34～2.9	10～13.2

赤泥中的矿物质主要来源于铝土矿高温反应形成的不溶矿物质和溶出过程水化、水解产生的衍生物、水合物以及副反应形成的矿物质。不同生产工艺所产生的赤泥的矿物质存在一定的差异。拜尔法赤泥的主要矿物质有赤铁矿（α-Fe_2O_3）、方解石（$CaCO_3$）、水化石榴石[$Ca_3AlFe(SiO_4)(OH)_8$]、钙霞石[$Na_8(AlSiO_4)_6(CO_3)(H_2O)_2$]、一水硬铝石（AlOOH）、钙钛矿（$CaTiO_3$）、针铁矿（α-FeOOH）、三水铝石[$Al(OH)_3$]等；烧结法赤泥中主要的矿物质为硅酸二钙（$Ca_2SiO_4$）、方解石（$CaCO_3$）、钙钛矿（$CaTiO_3$）、硅钙石（$Ca_3Si_2O_5$）、六氧化二铝三钙（$Ca_3Al_2O_6$）、石英（$SiO_2$）、硅酸钾（$K_2Si_4O_9$）、硅酸钠（$Na_2Si_2O_5$）和碳酸钠（$Na_2CO_3$）等，其中以 Ca_2SiO_4 为主，其次是 $Ca_3Al_2O_6$ 和 SiO_2 等。

赤泥颗粒细小，具有较大的微型密闭气孔结构和较大的比表面积，以及一定的机械强度。此外，赤泥组分中含有大量活性物质（氧化铁、氧化铝、二氧化硅等），这使赤泥在很多领域有所利用。对赤泥的应用主要集中于以下几个方面。

(1) *建筑材料方面* 赤泥的化学组成和活性指数表明其适用于建材行业，目前在赤泥的回收利用上，用拜尔法赤泥生产烧结砖最为普遍。赤泥中碱含量虽较高，但在烧结中形成富钠钙长石（$NaCaAlSi_2O_7$），稳定性高，在雨水中不会溶出造成二次碱污染，因此利用赤泥可以生产建筑用砖。W. C. Liu 等和李大伟等分别对赤泥的性能进行了研究，并且利用赤泥生产环保型清水砖和免烧免蒸砖。将赤泥：陶粒：粉煤灰：水泥按照 18：50：21：11 比例混合，水化后的赤泥具有凝结性，可以有效地加强免烧免蒸砖的强度，使保温性能提高。赤泥中的碱性组分可作为化学固化剂来激发粉煤灰和矿渣的活性，同时赤泥中的β-硅酸二钙组分不但在水泥合成过程中起到晶化作用，而且使水泥具有一定的水硬性。因此，赤泥既可直接生产对碱含量要求低的水泥，也可对其进行脱碱处理提高强度和增强活性，用于生产高质量标准的水泥，而且赤泥可以替代水泥生产水泥基复合材料，它的力学性能和吸湿性满足建筑材料的要求。赤泥中有一定数量的无定形碳铝硅酸盐物质，具有较好的胶凝性，可被应用于水泥和混凝土的生产制备中。研究表明，在生产加气混凝土时添加赤泥不但可以提高产品的强度、密度等结构性能，而且能够提高浆体的碱度，通过改变混凝土的孔隙率来增加比表面积，提高和激发浆体活性和氢气的产生速率，进而降低加气混凝土后续生产中的湿磨阻力和养护工序的能耗。

（2）环境领域　赤泥颗粒小、有孔状的骨架结构、比表面积较大、在水介质中的稳定性好等特点，导致赤泥吸附性能良好，可作为廉价的吸附材料应用在环境治理领域。赤泥吸附剂不仅可吸附废水中的重金属离子，还可以去除废水中的F^-、PO_4^{3-}、有机污染物（染料）及放射性元素（^{137}Cs、^{90}Sr、U等）。国内外学者以赤泥作为吸附主体，并且对其做一定处理，来提高赤泥的吸附性能和拓宽应用领域，见表6-12。

表6-12　不同处理赤泥方法及其应用

序号	污染物	处理方法及吸附效果
1	H_2S	以钢厂赤泥为活性组分，以聚苯乙烯(polystyrene)微球为造孔剂，加入一定量黏土作为黏合剂，经干混法制备氧化铁脱硫剂。结果表明，氢气气氛下氧化铁脱除H_2S的速率较小
2	染料	焙烧酸浸后赤泥吸附亚甲基蓝的最佳吸附条件为pH=8，吸附剂最佳投加量为0.9 mg/mL，吸附时间为40min，吸附率为80.62%；活化赤泥对AB113具有较高的去除效率，在pH= 3时，RB5和AB113的最大吸附量分别为83.33 mg/g和35.58 mg/g
3	F^-、Cu^{2+}	以平果、德保赤泥制备的吸附剂，在焙烧温度500℃、焙烧时间2 h、溶液pH=6的条件下，对氟、铜的吸附率分别在99%、98%以上
4	放射性元素 ^{90}Sr、^{137}Cs	将赤泥经过水洗、酸洗、热处理三个步骤所制得的吸附剂用于吸附水中放射性元素^{90}Sr、^{137}Cs，赤泥吸附剂产生的水合氧化物有助于^{137}Cs的吸附，而经过热处理后的赤泥吸附剂对^{90}Sr不利
5	$PO_4{}^{3-}$	经过盐酸回流2 h后，添加氨水直至回流液沉淀析出，用蒸馏水洗直到没有铵离子后于110℃干燥。在室温下，使用2 g/L的该赤泥吸附剂可用于30～100mg/L浓度范围内$PO_4{}^{3-}$的脱除，脱磷率达80%～90%
6	Zn^{2+}、Cr^{6+}、Cd^{2+}和Pb^{2+}	对赤泥用适量过氧化氢溶液活化后再在500℃的高温下进行煅烧，不但可提高对有机物质的吸附活性，而且可提高Zn^{2+}、Cr^{6+}、Cd^{2+}和Pb^{2+}的吸附能力

（3）催化合成领域　赤泥在催化合成领域中的应用主要有两种：一是利用赤泥中铁含量相对较高，作为抗氧化和碳氢化合物等活化反应的催化剂；二是通过改变赤泥的表面特性，将赤泥作为活化成分和催化剂载体应用于催化反应。Sushil等发现，甲烷经赤泥催化可裂解产生氢气和石墨碳，且赤泥中的铁氧化物在催化裂解过程中被还原成Fe和具有磁性的铁碳化合物，将其水溶液分离而获得合成碳和H_2。在用两种改性赤泥（ARM、TRM）催化剂催化氧化CO反应过程中发现：ARM在400～500℃条件下CO转化率达90%；而TRM因比表面积较大，所含的Fe—O键的键能小，而表现出了更高的催化活性。Saputra等对在$KHSO_5$参与下赤泥负载钴催化剂（Co/RM）和粉煤灰负载钴催化剂（Co/FA）对苯酚的催化氧化作用进行了研究，结果表明，Co/RM的催化活性大于Co/FA，90min就能将苯酚完全氧化，而在同样时间内CO/FA对苯酚的降解率为40%。王小华等将赤泥经酸溶-水热法制备的光催化剂用于处理染料废水，此种催化剂对染料废水的COD去除率达到75.23%，使出水处

的COD降为123.07mg/L，达到工厂废水二级排放标准。康雅宁等采用酸化方法活化赤泥发现：与未处理赤泥相比，酸化赤泥催化能力更强，且催化氧化硝基苯的效率随着臭氧浓度的增加而增加；当臭氧浓度由0.4mg/L增加至1.7 mg/L时，硝基苯的去除率由45%提高到92%，溶液pH值对RM6.0催化体系利用臭氧能力的影响与其催化臭氧氧化降解NB的影响表现出一致的结果，并且在较高温度下的赤泥催化剂还可用于废塑料的热解。此外，还可以用双氧水氧化后的赤泥制作双亲催化剂，用于净化水中的有机相和氧化性污染物。

(4) 有价值成分的提取　赤泥中稀土金属元素丰富，具有较高的高价金属和贵金属回收价值，尤其是对钪的提取。Chenna等研究发现，用盐酸溶液对稀土元素进行萃取的效果比其他酸要高，稀土元素提取的最大约为80%，钠和钙在浸出过程中可完全溶解，铝、硅、钛的溶解在30%～50%之间，但铁的溶解也偏高(60%)，钪与铁氧化物相的浸出数据显示出非常密切的关联。马黎等将低品位铝土矿与赤泥混合，用电热法进行熔炼，对铝和硅的提取率分别为50%和35%，同时还熔炼出一些含杂质的粗铝硅合金。韩玉芳等利用拜尔法赤泥配入复合添加剂，并且利用炭黑作为吸波剂和还原剂，采用微波碳热还原工艺回收赤泥中铁成分，采用X射线衍射（XRD）、扫描电镜（SEM）和能量弥散X射线谱（EDS）等手段对分离出的铁相及熔渣的成分进行分析。结果表明，此方法可将铁相矿物从熔渣中的有效分离出来，对铁元素的还原质量分数达到77.37%。张新富发现，赤泥通过用钛白废酸浸出后能够提取稀有金属元素钪、钒、钛。谢营邦等对广西平果铝赤泥进行整体资源化利用，研究铁、铝、钛、钪等有价金属的有效回收，并且对工艺过程中产生的浸出熔渣和烟气也进行了资源化利用。

目前对赤泥的综合利用比较广泛，主要有建筑材料、吸附剂净化水、金属回收利用、催化合成的催化剂或催化载体，并且利用得非常成功。但是目前对赤泥的利用率还不到赤泥总量的24%，而且现有研究都是针对某一种赤泥，有一定的局限性，不能普遍适用。总之，赤泥既是一种氧化铝工艺的废料，同时又是一种复合型的资源。应加强赤泥的综合利用开发，其意义重大。为拓宽赤泥的利用途径，有研究发现，将赤泥用于煤炭燃烧，可降低着火点，显著提高煤炭燃烧的速率和效率。赤泥中的钙基固硫剂在煤燃烧过程中有很好的固硫效果，而且赤泥可作为脱硫剂的原料制备氧化铁基高温煤气脱硫剂，用于净化煤气，但是赤泥在煤气化领域中的利用却鲜有报道。赤泥中含有大量的苛性碱、含钙化合物和Fe_2O_3，不但对煤焦与CO_2反应具有很好的催化作用，而且这些碱性物质的离子势较低，能够抑制聚合物的形成，可作为助熔材料用于降低高熔点煤的灰熔点，因此，把赤泥作为高熔点煤的助熔剂添加到高熔点煤中，降低煤灰的灰熔点，满足气流床气化对入炉煤的灰熔融流动温度的需要（FT<1350～1400℃），具有良好的经济效益和社会效益，无疑具有非常广阔的应用前景。

赤泥的碱性组分含量高，可将其作为复合助熔剂用于高熔点煤气化中，降低煤的灰熔点，使其满足液态排渣的要求，也用于煤气化中脱除高温煤气中的 H_2S 气体，净化气化合成气。

6.3.2 赤泥对煤灰熔点调控的实例

表 6-13　三种煤和两种赤泥的灰化学组成和灰熔融温度

样本	灰化学组成/%										灰熔融温度/℃			
	SiO_2	Al_2O_3	Fe_2O_3	CaO	MgO	SO_3	K_2O	Na_2O	TiO_2	P_2O_5	DT	ST	HT	FT
FZ	45.34	34.90	9.34	6.34	0.98	1.24	0.32	0.41	1.10	0.07	1497	>1500	>1500	>1500
JC	49.08	33.84	4.52	3.97	0.85	2.06	1.39	1.08	1.04	0.39	>1500	>1500	>1500	>1500
JZ	47.60	35.72	2.02	6.29	0.74	2.43	1.48	0.19	0.53	0.50	>1500	>1500	>1500	>1500
ZM	16.73	23.67	15.28	16.58	1.84	0.46	4.18	1.82	3.66	0.18	1207	1212	1218	1248
ZZ	20.06	24.03	14.87	15.98	0.86	1.38	4.66	1.19	7.64	0.21	1138	1145	1149	1173

实验选取三种煤（晋城无烟煤、方正气肥煤和焦作煤）和一种赤泥，煤来自于中国科学院山西煤炭化学研究所，赤泥由中美铝业和中州铝业提供。煤和赤泥样品经磨煤机粉碎后过 120 目分样筛，得到粒径小于 0.125mm 的样品，得到备用原材料。利用马弗炉对煤进行工业分析、元素分析，结果见表 6-13。

样品的灰成分分析采用 AXIOS advanced 波长色散型 X 射线荧光光谱仪，灰熔点分析采用英国 CARBOLITE 公司生产的 CAF digital imaging 灰熔点分析仪在弱还原性气氛下进行测定。依据 GB 212—2001，采用快速灰化法，在程序温控的马弗炉内，于（815±10)℃温度下灼烧样品至质量恒定。灰成分分析见表 6-13。由表 6-13 可知，ZM 和 ZZ 中的 CaO、Fe_2O_3 和 Na_2O 显著高于 FZ、JC 和 JZ，而赤泥中的 SiO_2 和 Al_2O_3 低于煤灰。赤泥的灰熔点远远低于煤灰。这是因为 Ca^{2+}、Na^{+} 和 Fe^{3+} 具有较低的离子势（20.20 nm^{-1}、10.53 nm^{-1} 和 39.47 nm^{-1})，它们可以促进聚合物的生成。CaO、Fe_2O_3 和 Na_2O 在弱还原性气氛下容易与莫来石发生反应生成低熔点矿物，降低灰熔点。

6.3.2.1 中美赤泥对高硅铝煤灰熔融特性的影响规律

将赤泥按照 0、5%、10%、15%、20%、25%、30%的比例添加到煤灰中，研磨均匀后在弱还原性（封碳法，活性炭：石墨粉=7：4）气氛下按照 GB/T 219—2008 测定混合样的灰熔点。由图 6-16 可知，添加 ZM 可以降低三种煤灰的灰熔融温度。对 FZ 煤灰，随着 ZM 的添加量升高，其 FZ 的灰熔融温度持续降低，但是呈非线性；当 ZM 的添加量为 12.9%时混合样的 FT 降为 1380℃，达到气流床气化要求。随着 ZM 的质量比增大，对 JC 和 JZ 煤灰的灰熔融温度呈现明显的三段式：首先基本不变（0～10%)，然后快速降低 10%～20%，最后缓慢降低 20%～30%；当 ZM 混合比例分别为 17.9%和 21.4%时，JC 和 JZ 的灰熔融温度才降到

1380℃。添加同等质量的 ZM，对 FZ、JC 和 JZ 的灰熔融温度的降低效果是不同的，这是由三种煤灰的灰化学成分不同造成的。ZM 的 CaO 和 Fe_2O_3 的含量较高，在升温过程中 CaO 和 Fe_2O_3 容易与硅铝酸盐发生反应生成钙长石、钙黄长石、铁橄榄石和铁尖晶石等低熔点共熔物，造成灰熔点降低。

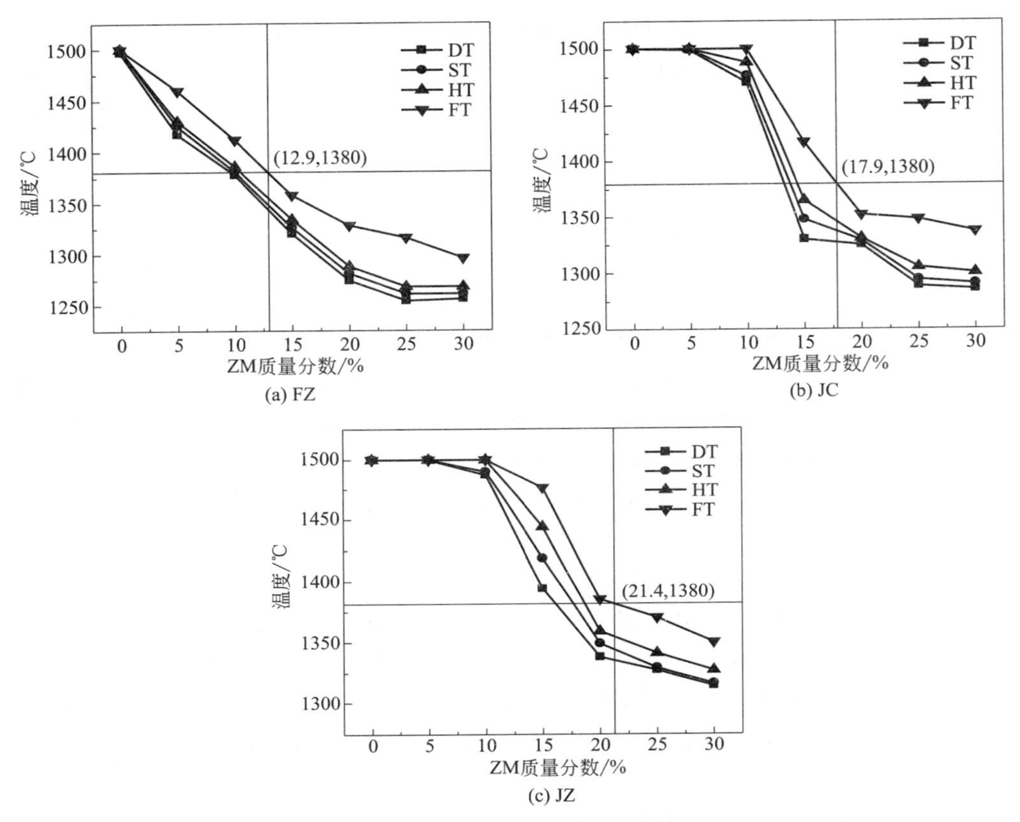

图 6-16 添加不同质量分数的 ZM 对 FZ、JC 和 JZ 灰熔点的影响

6.3.2.2 中州赤泥对高硅铝煤灰熔融特性的影响规律

由图 6-17 可知，FZ 灰熔融温度随着 ZZ 质量分数的增大而呈非线性降低。ZZ 对 FZ、JC 和 JZ 的灰熔融温度的影响规律与 ZM 相似。对 JC 煤灰，与 ZM 相对比，随着 ZZ 添加量增加，快速降低阶段范围由 10%～15%延长至 10%～20%。当 ZZ 的质量分数分别为 12.8%、16.9%和 19.5%的时候，FZ、JC 和 JZ 的灰熔融温度降低至 1380℃，达到同样的效果，ZZ 的添加量比 ZM 低。虽然 ZZ 的 CaO 和 Fe_2O_3 的含量高于 ZM，但是 ZZ 降低灰熔点的效果比 ZM 显著。这是因为在 ZZ 中 Na_2O 的含量较高。Na^+ 的离子势为 10.53nm^{-1}，比 Ca^{2+} 和 Fe^{2+} 更低，作为电子给予体更容易破坏硅铝化合物的网状结构，使 $[SiO_4]^{4-}$ 和 $[AlO_4]^{5-}$ 的关联度降低，促使莫来石转化为钠长石。另外，根据

前沿分子轨道理论，钠长石和钙长石的 ΔE 分别为 2.317eV 和 4.832eV，造成钠长石形成所需要的能量少于钙长石，钠长石和钙长石更容易形成低熔点共熔物，降低灰熔点。

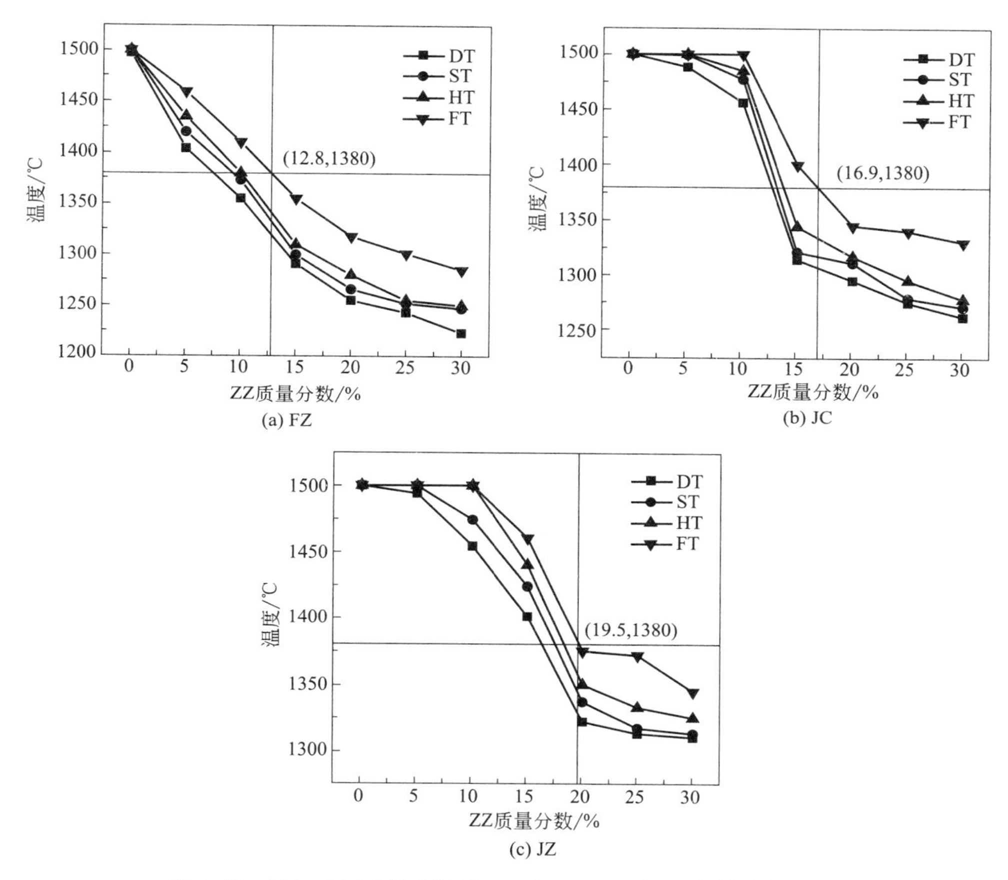

图 6-17　添加不同质量分数的 ZZ 对 FZ、JC 和 JZ 灰熔点的影响

6.3.3　赤泥对高硅铝煤灰熔融特性的调控机理研究

6.3.3.1　煤灰熔融特性的矿物质演变

将质量比为 7∶4 的活性炭和石墨粉的混合物加入 ALHR-2 型智能灰熔点测定仪的刚玉舟中，营造气化时的弱还原性气氛。然后将灰样放入长瓷舟内，将长瓷舟放入刚玉舟内并推至测定仪的恒温区域。当温度升到预设值时，停止加热，并且迅速取出长瓷舟，放入冰水混合物中冷却，以保证矿物质晶型结构不发生改变。将冷却后的灰样放入真空干燥箱内，在 105℃ 下干燥 36h，将干燥后的样品密封在样品袋内，即得高温渣样。高温处理灰样的矿物质晶型结构采用日本理学的 RIGAKU D/MAX-RB 型 X 射线衍射仪进行分析。把样品颗粒研磨至粒径小于 0.074mm，

管电压为40kV，管电流为100mA，Kα波长为0.15408nm，衍射角为5°～80°，扫描速度为5°/min，得到衍射峰的角度及对应的衍射强度，并且结合Jade5.0软件分析确定矿石晶体的种类及相对含量。

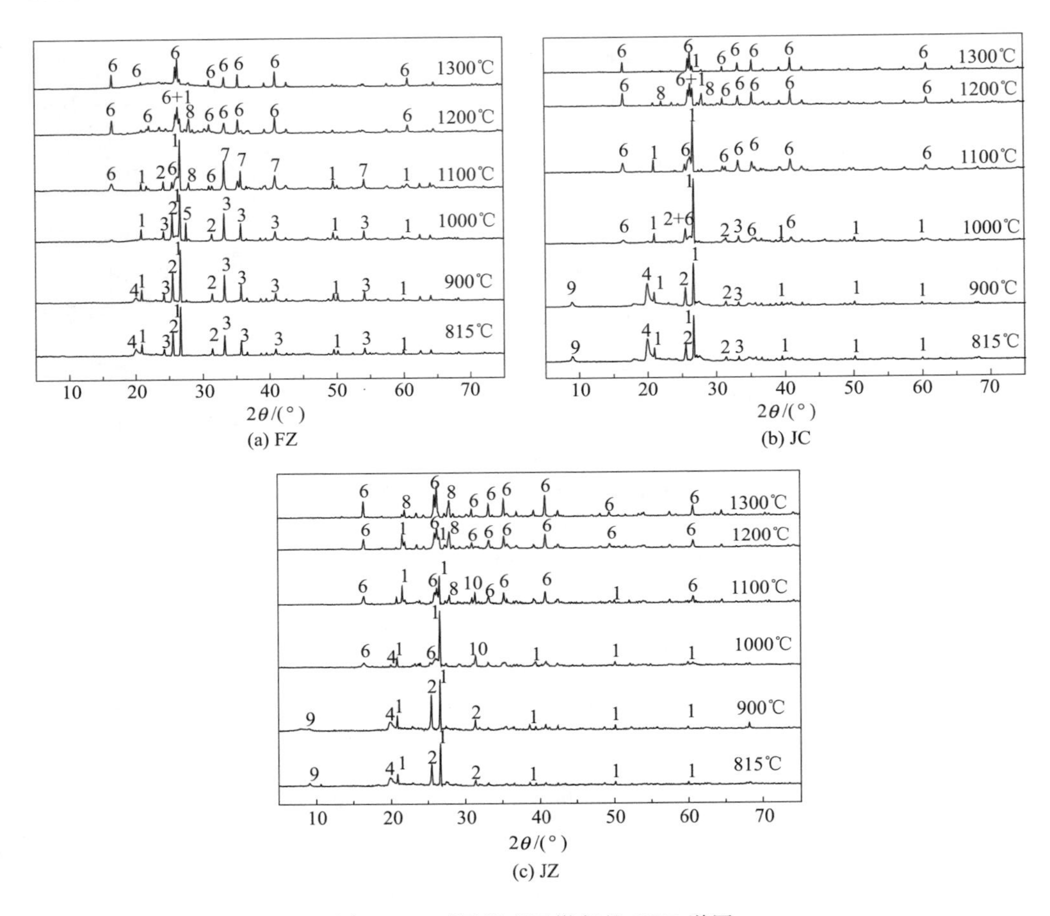

(a) FZ (b) JC (c) JZ

图6-18 不同温度下煤灰的XRD谱图

1—石英（SiO_2）；2—石膏（$CaSO_4$）；3—赤铁矿（Fe_2O_3）；4—蒙脱石-2M1［$KAl_3Si_3O_{10}(OH)_2$］；5—透长石（$KAlSi_3O_8$）；6—莫来石（$Al_6Si_2O_{13}$）；7—铁橄榄石（Fe_2SiO_4）；8—钙长石（$CaAl_2Si_2O_8$）；9—埃洛石（$Al_2Si_2O_7.6H_2O$）；10—钙黄长石（$Ca_2Al_2SiO_7$）

高硅铝煤种FZ、JC和JZ随着温度由815℃升高到1300℃，煤灰的矿物质组成发生变化，在一定程度上反映了煤灰矿物质的演变，其XRD谱图如图6-18所示。由图6-18可知，在温度低于900℃时FZ煤灰中主要矿物质为石英（SiO_2）、硬石膏（$CaSO_4$）、赤铁矿（Fe_2O_3）和蒙脱石［$KAl_3Si_3O_{10}(OH)_2$］。在1000℃，蒙脱石的衍射峰消失，透长石（$KAlSi_3O_8$）被检测出来，这是由蒙脱石失去结晶水形成的。随着温度的继续升高，SiO_2、Fe_2O_3和$CaSO_4$的衍射峰逐渐减弱，当温度为1100℃时，Fe_2O_3的衍射峰消失，铁橄榄石（Fe_2SiO_4）和莫来石（$Al_6Si_2O_{13}$）被检测出来，当温度继续升高，硬石膏消失，有少量的钙长石被发现，含铁类矿物与钙长石等形成低熔点共熔物，转移至玻璃相中，当温度为1300℃时，莫来石取代石英成为了煤灰的骨架结构。相对于FZ和JC煤灰，JZ煤灰中没有检测出Fe_2O_3，这是因为JZ煤灰中的Fe_2O_3含量较低。在900℃以下的JC和JZ煤灰中多水高岭石被发现，这使莫来石出现的温度较低（FZ为1100℃，FZ和FC为1200℃）。石英在平缓加热至火焰温度过程中，发生多次晶型转化：β-石英→α-石英→α-磷石英→方石英。

由此可以推测在弱还原性气氛下，煤灰中的矿物质演变过程为：

$$KAl_3Si_3O_{10}(OH)_2(\text{蒙脱石}) \longrightarrow KAlSi_3O_8(\text{透长石})$$

$$KAl_3Si_3O_8(\text{透长石}) \longrightarrow Al_2SiO_7(\text{偏高岭石}) + K_2O + 5SiO_2$$

$$CaSO_4(\text{硬石膏}) \longrightarrow CaO + SO_2$$

$$Al_2Si_2O_7 \cdot 6H_2O(\text{多水高岭石}) \longrightarrow Al_2SiO_7(\text{偏高岭石})$$

$$Al_2SiO_7(\text{偏高岭石}) \longrightarrow Al_6Si_2O_{13}(\text{莫来石}) + SiO_2$$

$$Al_6Si_2O_{13}(\text{莫来石}) + CaO \longrightarrow CaAl_2Si_2O_8(\text{钙长石})$$

$$CaO + CaAl_2Si_2O_8(\text{钙长石}) \longrightarrow Ca_2Al_2SiO_7(\text{钙黄长石})$$

$$Fe_2O_3(\text{赤铁矿}) + H_2(CO) \longrightarrow FeO(\text{方铁矿})$$

$$FeO + SiO_2 \longrightarrow FeSiO_3(\text{斜铁辉石})$$

$$FeSiO_3(\text{斜铁辉石}) \longrightarrow Fe_2SiO_4(\text{铁橄榄石})$$

6.3.3.2 中美赤泥对高硅铝煤灰熔融特性的调控机理研究

从图6-19可知，1200℃时FZ的矿物组成主要是莫来石（$Al_6Si_2O_{13}$）、方石英（SiO_2）和少量的钙长石（$CaAl_2Si_2O_8$）。由于中美赤泥中的CaO和Fe_2O_3的含量较高，随着ZM的添加量不断增加，CaO和Fe_2O_3容易与莫来石和方石英发生反应，形成含钙矿物和含铁矿物，造成石英和莫来石的衍射峰强度慢慢减弱，含钙矿物和含铁矿物的衍射峰强度逐渐增强。当ZM添加比例为10%时，钙长石衍射峰的强度超过莫来石和石英，当中美赤泥质量比例是20%时，莫来石的衍射峰消失。随着ZM添加量由5%增加到20%，被检测出大量的低温铁尖晶石（$Fe_2Al_2O_5$，5%）、堇青石（$MgFe_3O_4$，10%）、富铁堇青石[$(Mg,Fe)_2Al_4Si_5O_8$，15%]、富钠钙长石[$(Ca,Na)(Si,Al)_4O_8$，15%]、富铁尖晶橄榄石[$(Mg,Fe)_2SiO_4$，20%]，这是造成混合煤灰样品灰熔点降低的主要原因。当ZM的添加量大于20%以后，富钠钙长石、钙长石、堇青石和富铁尖晶橄榄石变为主要的矿物，这些矿物容易形成低温共熔物，降低灰熔点。对JC和JZ，由于两种煤灰中Fe_2O_3的含量低于FZ，使得两者含铁矿物在更高ZM添加量下被检测到（JC，铁尖晶石和堇青石25%；JZ，堇青石15%），而且当ZM的添加量大于10%时，石英和莫来石的衍射峰强度快速减弱，钙长石和富钠钙长石的含量大量增加，这是造成煤灰熔点快速降低的原因（10%～20%）。Fe_3O_4的生成是造成煤灰熔点降低速度减缓的原因。

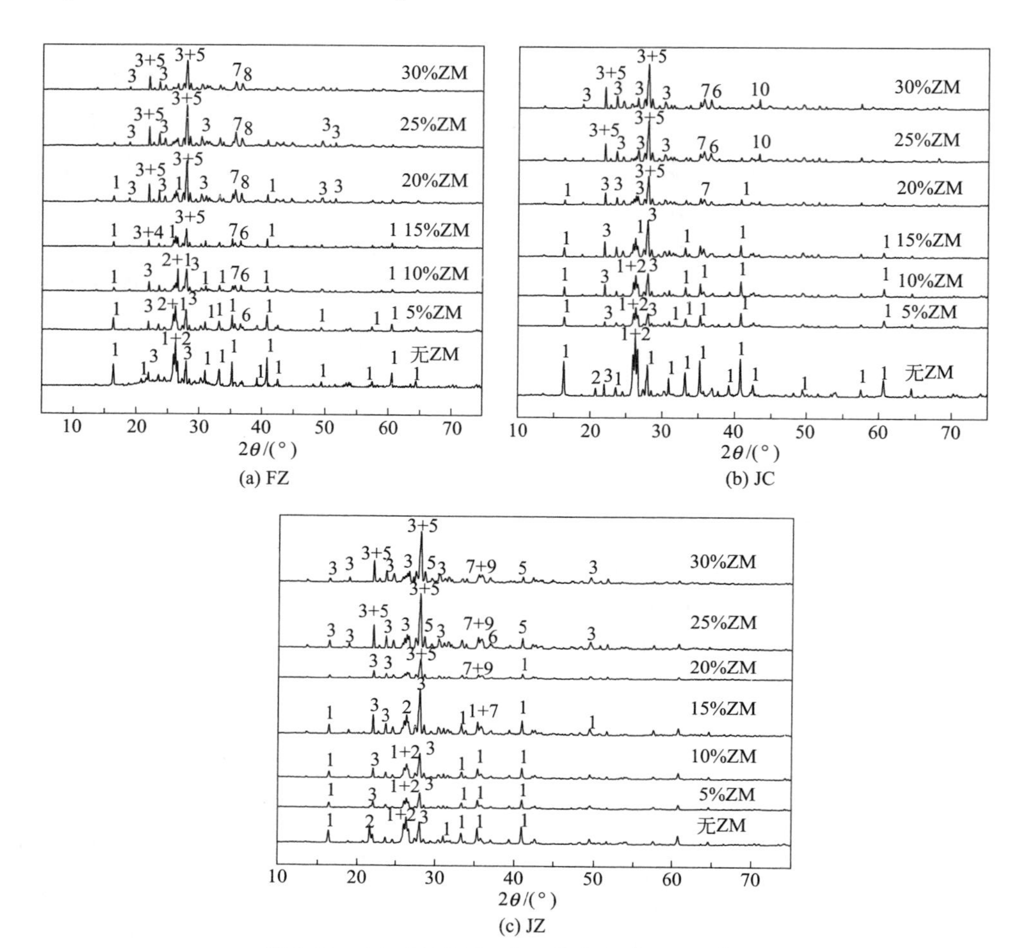

图 6-19 1200℃下 ZM 和三种煤灰的 XRD 谱图

1—莫来石（$Al_6Si_2O_{13}$）；2—石英（SiO_2）；3—钙长石（$CaAl_2Si_2O_8$）；4—富铁堇青石[$(Mg,Fe)_2Al_4Si_5O_8$]；5—富钠钙长石[$(Ca,Na)(Si,Al)_4O_8$]；6—铁尖晶石（$Fe_2Al_2O_5$）；7—堇青石（$MgFe_3O_4$）；8—富铁尖晶橄榄石[$(Mg,Fe)_2SiO_4$]；9—磁铁矿（Fe_3O_4）；10—铁橄榄石（Fe_2SiO_4）

6.3.3.3 中州赤泥对高硅铝煤灰熔融特性的调控机理研究

从图 6-20 可知，ZZ 的添加对 FZ、JC 和 JZ 矿物质组分的影响与 ZM 相似，只是当 ZZ 的添加量较高时，富钠钙长石成为主要的矿物质成分，并且当 ZZ 的添加量大于 20%时，有高熔点矿物磁铁矿形成，造成 20%～30%混合样品的灰熔点降低速度减慢。与 ZM 相对比，虽然 ZZ 的 CaO 和 Fe_2O_3 的含量比 ZM 的低，ZZ 中的 Na_2O 含量比 ZM 高（ZZ，7.64%；ZM，2.66%）。随着 ZZ 加入 FZ、JC 和 FZ，高温弱还原性气氛下 Na_2O 可与莫来石和石英反应，形成中间体霞石（$NaAlSiO_4$）和钠长石（$NaAlSi_3O_8$），中间体与钙长石发生低温共熔，形成低熔点矿物富钠钙长石。Na^+ 的离子势比 Ca^{2+} 和 Fe^{2+} 低，易于与莫来石中电负性较大的氧原子结合，从而使 Si—O 共价键断裂，形式新键—O—Na—O—，导致高熔点矿物莫来石无法形成。从而使 ZZ 对降低灰熔点的效果比 ZM 更强。

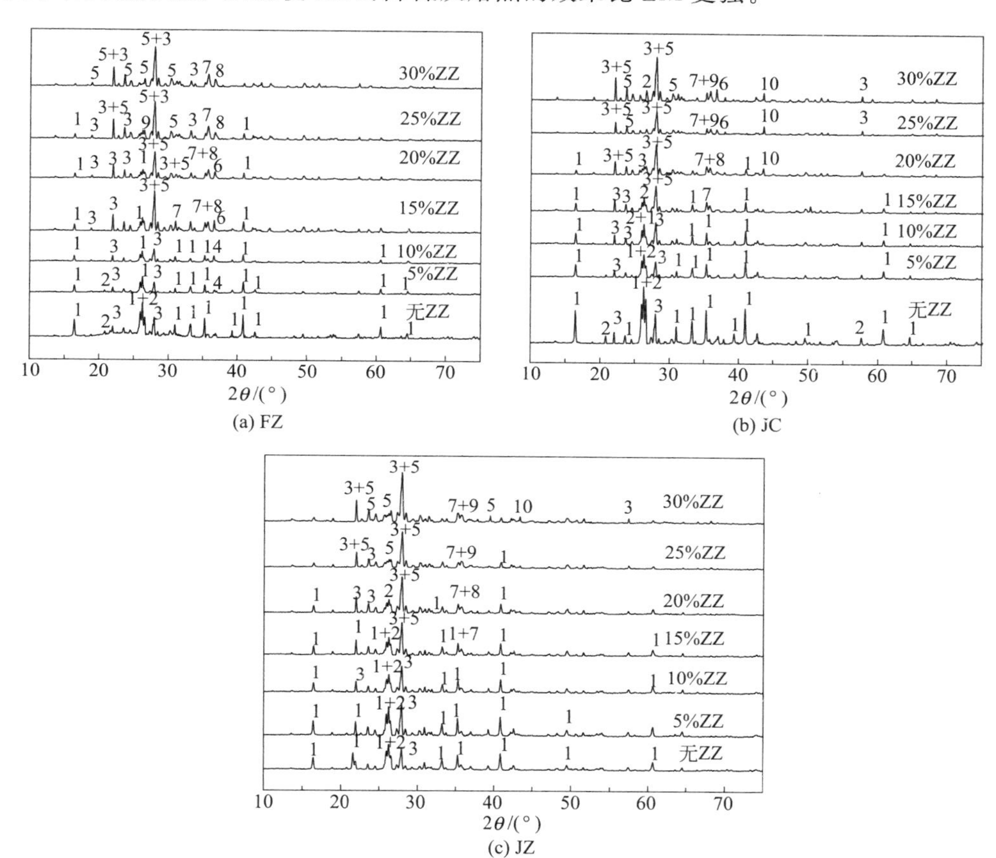

图 6-20　1200℃下 ZZ 和三种煤灰的 XRD 谱图

1—莫来石（$Al_6Si_2O_{13}$）；2—石英（SiO_2）；3—钙长石（$CaAl_2Si_2O_8$）；4—富铁堇青石［$(Mg,Fe)_2Al_4Si_5O_8$］；5—富钠钙长石［$(Ca,Na)(Si,Al)_4O_8$］；6—铁尖晶石（$Fe_2Al_2O_5$）；7—堇青石（$MgFe_3O_4$）；8—富铁尖晶橄榄石［$(Mg,Fe)_2SiO_4$］；9—磁铁矿（Fe_3O_4）；10—铁橄榄石（Fe_2SiO_4）

综合 ZZ 和 ZM 对 FZ、JC 和 JZ 煤灰矿物成分的影响，总结出以下反应机理：

$$Al_6Si_2O_{13}(\text{莫来石})+CaO \longrightarrow CaAl_2Si_2O_8(\text{钙长石})$$

$$CaO+CaAl_2Si_2O_8(\text{钙长石}) \longrightarrow Ca_2Al_2SiO_7(\text{钙黄长石})$$

$$Fe_2O_3(\text{赤铁矿})+H_2(CO) \longrightarrow FeO(\text{方铁矿})$$

$$FeO+SiO_2 \longrightarrow FeSiO_3(\text{斜铁辉石})$$

$$FeSiO_3(\text{斜铁辉石}) \longrightarrow Fe_2SiO_4(\text{铁橄榄石})$$

$$CaAl_2Si_2O_8(\text{钙长石})+FeO \longrightarrow Fe_2SiO_4(\text{铁橄榄石})+FeAl_2O_4(\text{铁尖晶石})+Fe_3Al_2SiO_{10}(\text{铁铝榴石})$$

$$FeO+MgO \longrightarrow MgFe_3O_4\text{（堇青石）}$$

$$\text{堇青石}(MgFe_3O_4)+Fe_2SiO_4\text{（铁橄榄石）}+FeAl_2O_4\text{（铁尖晶石）}\longrightarrow \text{富铁堇青石}[(Mg,Fe)_2Al_4Si_5O_8]$$

$$\text{富铁堇青石}[(Mg,Fe)_2Al_4Si_5O_8]\longrightarrow (Mg,Fe)_2SiO_4\text{（富镁尖晶橄榄石）}+Al_2SiO_7\text{（偏高岭石）}$$

$$FeO+Fe_2O_3 \longrightarrow Fe_3O_4\text{（磁铁矿）}$$

$$Na_2O+SiO_2+Al_2O_3 \longrightarrow \text{霞石}(NaAlSiO_4)+\text{钠长石}(NaAlSi_3O_8)$$

$$\text{霞石}(NaAlSiO_4)+\text{钠长石}(NaAlSi_3O_8)+CaAl_2Si_2O_8\text{（钙长石）}\longrightarrow \text{富钠钙长石}[(Ca,Na)(Si,Al)_4O_8]$$

$$Na_2O+Al_6Si_2O_{13}\text{（莫来石）}+CaO \longrightarrow \text{富钠钙长石}[(Ca,Na)(Si,Al)_4O_8]$$

$$Na_2O+CaAl_2Si_2O_8\text{（钙长石）}\longrightarrow \text{富钠钙长石}[(Ca,Na)(Si,Al)_4O_8]$$

FZ、JC 和 JZ 中的 SiO_2 和 Al_2O_3 的含量远远高于 ZZ 和 ZM，而 Fe_2O_3 和 CaO 的含量较低，这是造成煤灰熔点高于赤泥的原因。随着 ZM 和 ZZ 的添加量增加，FZ 的灰熔点呈现一直降低的趋势而 JZ 和 JC 的灰熔融温度呈现明显的三段式：基本不变段（0～10%）、快速降低段（10%～20%）和缓慢降低段（20%～30%）。针对 FZ、JC 和 JZ，当 ZM 的添加量分别为 12.9%、17.9%和 21.4%，混合灰样的灰熔点降低到 1380℃，满足气流床气化要求。达到同样的效果，需要 ZZ 赤泥的添加量分别为 12.8%、16.9%和 19.5%。虽然 ZM 中的 Fe_2O_3 和 CaO 的含量高于 ZZ，但是 ZZ 降低灰熔点的效果比 ZM 显著，这是因为 ZZ 中的 Na_2O 含量比 ZM 高，Na^+ 的离子势比 Ca^{2+} 和 Fe^{2+} 低，降低灰熔点的效果更强。高熔点矿物莫来石的生成造成 FZ、JC 和 JZ 的灰熔点较高。添加赤泥可以改变煤灰矿物质的组成。低温矿物铁尖晶石（$Fe_2Al_2O_5$）、堇青石（$MgFe_3O_4$）、富铁堇青石[$(Mg,Fe)_2Al_4Si_5O$]、富钠钙长石[$(Ca,Na)(Si,Al)_4O_8$]、富镁尖晶橄榄石[$(Mg,Fe)_2SiO_4$]和钙长石（$CaAl_2Si_2O_8$）的形成是造成灰熔点降低的主要原因。

本章小结

本章主要对于工业残余物对煤灰熔融特性的调控进行了分析。工矿企业在生产活动过程中排放出来的各种废渣、粉尘及其他废物中含有一些无机金属离子，借助这些金属离子可以对煤灰的熔融流动特性进行调控。通过工业残余物对煤灰熔融流动的调控可以变废为宝，是煤灰熔融流动特性调控发展的重要方向之一。

在对工业残余物分类、特性分析的基础上，分析了工业污泥（印染污泥、铝厂污泥）和生活污泥对煤灰熔融流动特性的调控及其调控机制。接着分析了炼铝工业废弃物赤泥对高熔点煤灰熔融特性的调控，赤泥中较高的钠含量及其在矿物质演变过程中低熔点矿物质及低熔点共熔物的生成是导致煤灰熔融流动特性变化的主要原因。

参 考 文 献

[1] 李红星．国内新型煤化工发展现状和前景分析［J］．现代化工，2014，34（8）：1-6.

[2] Collot A．Matching gasification technologies to coal properties［J］．International Journal of Coal Geology，2006，65（3/4）：191-212.

[3] Van Dyk J C，Benson S A，Laumb M L，et al. Coal and coal ash characteristics to understand mineral transformations and slag formation［J］．Fuel，2009，88（6）：1057-1063.

[4] 李风海，黄介戒，刘全润，等．耐熔剂对小龙潭褐煤灰熔融特性的影响[J]．化学工程，2012，40（10）：75-79.

[5] 陈玉爽，张忠孝，乌晓江，等．配煤对煤灰熔融特性影响的实验与量化研究［J］．燃料化学学报，2009，37（5）：521-526.

[6] Van Dyk J C，Waanders F B. Manipulation of gasification coal feed in order to increase the ash fusion temperature of coal enabling the gasifies to operate at higher temperature［J］．Fuel，2007，86（17/18）：2728-2735.

[7] 刘永晶，郭延红，刘胜华．煤灰成分对煤灰熔融特性的影响［J］．煤炭转化，2013，36（1）：68-71.

[8] Liu B，He Q H，Jiang Z H，et al. Relationship between coal ash composition and ash fusion temperatures［J］．Fuel，2013，105（3）：293-300.

[9] 黄镇宇，李燕，赵京，等．不同灰成分的低熔点煤灰熔融性调控机理研究［J］．燃料化学学报，2012，40（9）：1038-1043.

[10] 刘胜华，高娜，郭延红，等．配煤对煤灰熔融特性的影响［J］．煤炭转化，2014，37（3）：15-20.

[11] Huang Z Y，Li Y，Lu D，et al. Improvement of the coal ash slagging tendency by coal washing and additive blending with mullite generation［J］．Energy Fuels，2013，27（4）：2049-2056.

[12] Guo Q H，Zhou Z J，Wang F C，et al. Slag properties of blending coal in an industrial OMB coal water slurry entrained-flow gasifier［J］．Energy Conversion and Management，2014，86（10）：683-688.

[13] 卢丹，黄镇宇，许建华，等．基于系统分类的配煤灰熔融特性研究［J］．中国电机工程学报，2010，30（8）：20-26.

[14] 李继炳，沈本贤，李寒旭，等．配煤对煤灰熔点的影响及灰熔点预测模型研究［J］．洁净煤技术，2009，15（5）：66-70.

[15] 许洁，刘霞，李德侠，等．煤灰流动温度预测模型的研究［J］．燃料化学学报，2012，40（12）：1415-1421.

[16] 曹祥，李寒旭，刘峤，等．三元配煤矿物因子对煤灰熔融特性影响及熔融机理［J］．煤炭学报，2013，38（2）：314-319.

[17] 胡亚轩，刘建忠，王睿坤，等．配煤对水煤浆性质的影响［J］．中国电机工程学报，2012，32（2）：31-38.

[18] Wu X J，Zhang Z X，Chen Y S，et al. Main mineral melting behavior and mineral reaction mechanism at molecular level of blended coal ash under gasification condition［J］．Fuel Processing Technology，2010，91：1591-1600.

[19] Li W D，Li M，Li W F，et al. Study on the ash fusion temperatures of coal and sewage sludge mixtures［J］．Fuel，2010，89（7）：1566-1572.

[20] 王春林，周昊，李国能，等．基于支持向量机与遗传算法的灰熔点预测[J]．中国电机工程学报，2007，27（8）：11-15.

[21] 李建中，周昊，王春林．支持向量机技术在动力配煤中灰熔点预测的应用［J］．煤炭报，2007，32（1）：81-84.

[22] 赵显桥，吴胜杰，何国亮，等．支持向量机灰熔点预测模型研究［J］．热能动力工程，2011，26

(4)：436-439.

[23] 王春波，杨枨钧，陈亮，等．基于煤灰矿物相特性的灰熔点预测［J］．动力工程学报，2016，36（1）：7-15.

[24] 徐志明，郑娇丽，文孝强，等．基于偏最小二乘回归的灰熔点预测［J］．动力工程学报，2010，30（10）：788-792.

[25] 杨伏生，魏本龙，周安宁，等．基于 GA-BP 算法的气化配煤灰熔点预测[J]．煤炭技术，2015，34（12）：281-283.

[26] 刘彦鹏，仲玉芳，钱积新，等．蚁群前馈神经网络在煤灰熔点预测中的应用［J］．热力发电，2007，36（8）：23-26.

[27] 芦涛，张霄，张晔，丰芸，等．煤灰中矿物质组成对煤灰熔融温度的影响[J]．燃料化学学报，2010，38（1）：23-28.

[28] 龙永华，高晋生．煤中矿物质与气化工艺的选择［J］．洁净煤技术，1998，4（3）：34-37.

[29] Jake. Prediction of coal ash fusion temperatures with the FACT thermodynamic computer package [J]. Fuel，2002，81（13）：1655-1668.

[30] Song W，Tang L H，Zhu X，Zhu Z，Koyama S. Prediction of Chinese coal ash fusion temperatures in Ar and H，atmospheres [J]. Energy Fuels，2009，23（4）：1990-1997.

[31] 戴爱军，杜彦学，谢欣馨．煤灰成分与灰熔融性关系研究进展［J］．煤化工，2009，(4)：16-19.

[32] 张德祥，龙永华，高晋生．煤灰中矿物的化学组成与灰熔融性的关系［J］．华东理工大学学报，2003，29（6）：590-594.

[33] 郝丽芬，李东雄，靳智平．灰成分与灰熔融性关系的研究［J］．电力学报，2006，21（3）：294-296.

[34] Seggianim M，Pannocchia G. Prediction of coal ash thermal properties using partial least-squares regression [J]. Ind Eng Chem Res，2003，42：4919-4926.

[35] Lolja S. Correlation between ash fusion temperatures and chemical composition in Albanian coal ashes [J]. Fuel，2003，81（17）：2257-2261 .

[36] Jayaraman K，Gokalp I. Gasification characteristics of petcoke and coal blended petcoke using thermogravimetry and mass spectrometry analysis [J]. Appl Therm Eng，2015. 80：10-19.

[37] Li F，Xu M，Wang T，Fang Y，Ma M. An investigation on the fusibility characteristics of low-rank coals and biomass mixtures [J]. Fuel，2015，158：884-890.

[38] Datta S P，Sarkar P D，Chavan S，Saha G，Sahu A K，Sinha V K. Agglomeration behaviour of high ash Indian coals in fluidized bed gasification pilot plant [J]. Appl Therm Eng，2015，86：222-228.

[39] Seggiani M，Pannocchia G. Prediction of coal ash thermal properties using partial least-squares regression [J]. Ind Eng Chem Res，2003，42：4919-4926.

[40] Nel M V，Strydom C A Schobert H H，Beukes J P，Bunt J R. Reducing atmosphere ash fusion temperatures of a mixture of coal-associated minerals—The effect of inorganic additives and ashing temperature [J]. Fuel ProcessTechnol，2014，124：78-86.

[41] Li W，Li M，Li W，Liu H. Study on the ash fusion temperatures of coal and sewage sludge mixtures [J]. Fuel，2010，89：1566-1572.

[42] Liu B，He Q，Jiang Z，Xu R，Hu B. Relationship between coal ash composition and ash fusion temperatures [J]. Fuel，2013，105：293-300.

[43] Xuan W，Zhang J，Xia D. Crystallization characteristics of a coal slag and influence of crystals on the sharp increase of viscosity [J]. Fuel，2016，176：102-109.

[44] Kong L，Bai J，Li W，Wen X，Li X，Bai Z，Guo Z，Li H. The internal and external factor on coal ash slag viscosity at high temperatures，Part 1：Effect of cooling rate on slag viscosity，measured continuously [J]. Fuel，2015，158：968-975.

[45] Wu X, Zhang X, Yan K, Chen N, Zhang J, Xu X, Dai B, Zhang J, Zhang L. Ash deposition and slagging behavior of Chinese Xinjiang high-alkali coal in $3MW_{th}$ pilot-scale combustion test [J]. Fuel, 2016, 181: 1191-1202.

[46] Chen X, Tang J, Tian X, Li W. Influence of biomass addition on Jincheng coal ash fusion temperatures [J]. Fuel, 2015, 160: 614-620.

[47] 高俊荣，陶秀祥，侯彤，等. 褐煤干燥脱水技术的研究进展 [J]. 洁净煤技术，2008，14：73-76.

[48] Song W, Tang L, Zhu X, et al. Fusibility and flow of coal ash and slag [J]. Fuel, 2009, 88: 297-304.

[49] Dahlin R S, Dorminery R J, Peng W W, et al. Preventing ash agglomeration during gasification of high-sodium lignite [J]. Energy Fuels, 2009, 23: 785-793.

[50] 李风海，黄戒介，房倚天，等. 流化床气化中小龙潭褐煤灰结渣行为 [J]. 化学工程，2010，38 (10)：127-131.

[51] Yang J K, Xiao B, Boccaccinia A R. Preparation of low melting temperature glass-ceramics from municipalwaste incineration fly ash [J]. Fuel, 2009, 88: 1275-1280.

[52] 于戈文，王延铭，徐元源. 弱还原性气氛条件下 CaO 对高灰熔点煤灰熔融性影响的研究 [J]. 内蒙古科技大学学报，2007，26：59-62.

[53] Fang X, Jia L. Experimental study on ash fusion characteristics of biomass [J]. Bioresource Technology, 2012, 104: 769-774.

[54] Lahijani P, Zainal Z A, Mohamed A R, et al. Ash of palm empty fruit bunch as a natural catalyst for promoting the CO_2 gasification reactivity of biomass char [J]. Bioresource Technology, 2013, 132: 351-355.

[55] Satyam N V, Aghalayam P, Jayanti S. Synergetic and inhibition effects in carbon dioxide gasification of blends of coals and biomass fuels of Indian origin [J]. Bioresource Technology, 2016, 209: 157-165.

[56] Fermoso J, Arias B, Gil M V, et al. Co-gasification of different rank coals with biomass and petroleum coke in a high-pressure reactor for H_2-rich gas production [J]. Bioresource Technology, 2010, 101: 3230-3235.

[57] Senapati P K, Behera S. Experimental investigation on an entrained flow type biomass gasification system using coconut coir dust as powdery biomass feedstock [J]. Bioresource Technology, 2012, 117: 99-106.

[58] Liao Y, Cao Y, Chen T, et al. Experiment and simulation study on alkalis transfer characteristic during direct combustion utilization of bagasse[J]. Bioresource Technology, 2015, 194: 196-204.

[59] 闫金定. 我国生物质能源发展现状与战略思考 [J]. 林产化学与工业，204，4 (4)：151-158.

[60] 吴创之，刘华财，阴秀丽. 生物质气化技术发展分析 [J]. 燃料化学学报，3013，41：798-804.

[61] Li F, Xu M, Wang T, et al. An investigation on the fusibility characteristics of low-rank coals and biomass mixtures [J]. Fuel, 2015, 158: 884-890.

[62] Lahijani P, Zainal Z A, Mohamed A R, et al. Ash of palm empty fruit bunch as a natural catalyst for promoting the CO_2 gasification reactivity of biomass char [J]. Bioresource Technology, 2013, 132: 351-355.

[63] García R, Pizarro C, Lavín A G, et al. Biomass proximate analysis using thermogravimetry [J]. Bioresource Technology, 2013, 139: 1-4.

[64] Zhou C, Liu G, Wang X, et al. Combustion characteristics and arsenic retention during co-combustion of agricultural biomass and bituminous coal [J]. Bioresource Technology, 2016, 214: 218-224.

[65] Haykiri-Acma H, Yaman S, Kucukbayrak S, et al. Does blending the ashes of chestnut shell and lignite create synergistic interaction on ash fusion temperatures [J]. Fuel Processing Technology, 2015, 140: 165-171.

[66] Chen X, Tang J, Tian X, et al. Influence of biomass addition on Jincheng coal ash fusion temperatures [J]. Fuel, 2015, 160: 614-620.

[67] Xu J, Yu G, Liu X, et al. Investigation on the high-temperature flow behavior of biomass and coal blended ash [J]. Bioresource Technology, 2014, 166: 494-499.

[68] 樊惠玲，刘生昕，孙婷，等．氧化铁脱硫剂的织构及其对脱硫性能的影响 [J]．中国矿业大学学报，2012，41 (1)：102-107.

[69] 李海宾，韩敏芳．拜耳法赤泥催化煤焦-CO_2 气化反应特性 [J]．煤炭学报，2015，40 (4)：235-241.

[70] Miroslav M, Ian T B, Matthias R, et al. Red mud a byproduct of aluminum production contains soluble vanadium that causes genotoxic and cytotoxic effects in higher plants [J]. Science of The Total Environment, 2014, 493: 883-890.

[71] Grenerczy G, Wegmtiller U. Deformation analysis of a burst red mud reservoir using combined descending and ascending pass ENVISATASAR data [J]. Natural Hazards, 2013, 65: 2205-2214.

[72] Gu H, Wang N, Liu S. Radiological restrictions of using red mud as building material additive [J]. Waste Management Research, 2012, 30: 961-965.

[73] Liu W, Yang J, Xiao B. Application of Bayer red mud for iron recovery and building material production from alumosilicateresidues [J]. Journal Hazardous Materials, 2009, 161 (1): 474-478.

[74] Liu X, Zhang N. Structuralinvestigation relating to the cementitious activity of bauxite residue - Red mud [J]. Cementand Concrete Research, 2011, 41 (8): 847-853.

[75] Eliz P M, Malik C, Janaíde C R. Microstructure, mineralogy and environmental evaluation of cementitious composites produced with red mud waste [J]. Construction and Building Materials, 2014, 67: 29-36.

[76] 刘生昕，樊惠玲，孙婷，等．氢对氧化铁脱硫剂脱硫行为的影响 [J]．煤炭学报，2013，38 (1)：156-160.

[77] Mehdi S, Seyed J J, Omid G, et al. Removal of acid blue 113 and reactive black 5 dye from aqueous solutionsby activated red mud [J]. Journal of Industrial and Engineering Chemistry, 2014, 20: 1432-1467.

[78] 李德贵，阮素云，覃铭，等．赤泥原料及其对吸附剂吸附性能的影响 [J]．当代化工，2015，(1)：41-44.

[79] Gupta V K, Gupta M, Sharma S. Process development for the removal of lead and chromium from aqueous solutions using red mud-an aluminum industry waste [J]. Water Research, 2001, 35: 1125-1134.

[80] 吴玉锋，王宝磊，章启军，等．固体废弃物在催化合成领域中的应用与发展 [J]．现代化工，2014，34 (2)：32-36.

[81] Sushil S, Alabdulrahman A M, Balakrishnan M, et al. Carbon deposition and phase transformations in red mud on exposure to methane [J]. Journal of Hazardous Materials, 2010, 180: 409-418.

[82] Sushil S, Batm V S. Modification of red mud by acid treatment and its application for CO_2 removal [J]. Journal of Hazardous Materials, 2012, 203-204: 264-273.

[83] Saputra E, Muhammad S, Sun H Q, et al. Red mud and fly ash supported Co catalysts for phenol oxidation [J]. Catalysis Today, 2012, 190: 68-72.

[84] 康雅凝，李华楠，徐冰冰，等．酸活化赤泥催化臭氧氧化降解水中硝基苯的效能研究 [J]．环境科学，2013，34：1790-1796.

[85] Oliveira A A S, Teixeira I F, Christofani T, et al. Biphasic oxidation reactions promoted by amphiphilic catalysts based on red mud residue [J]. Applied Catalysis B: Environmental, 2014, 114: 144-151.

[86] Chenna R B, Yiannis P, Koen B, et al. Leaching of rare earths from bauxite residue (red mud) [J]. Minerals Engineering, 2015, 76: 20-27.